高等学校计算机专业规划教材

# 计算机操作系统

翟一鸣 任满杰 孔繁茹 郑小鹏 编著

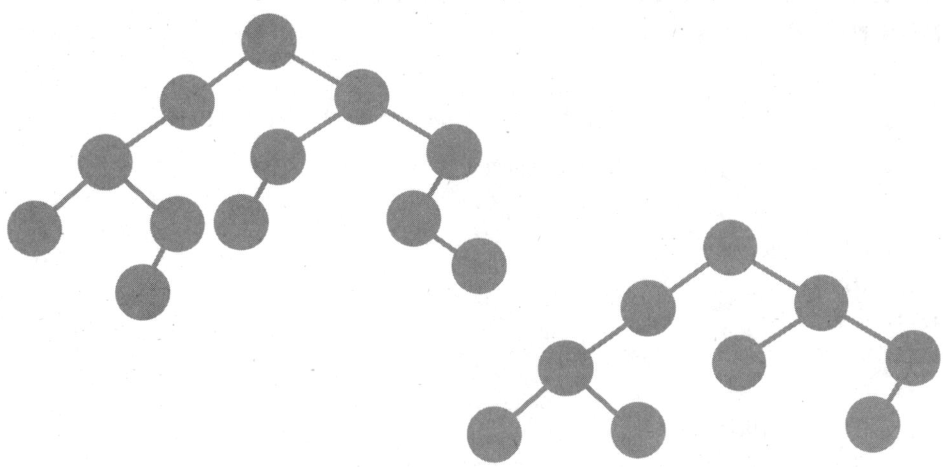

清华大学出版社

北 京

## 内容简介

本书详细介绍了计算机操作系统的基本概念、基本原理和典型实现技术，特点是理论学习与实践应用相结合。全书共6章，分别介绍操作系统的基本概念、功能和特征，进程的概念及进程管理的各种策略，存储管理的方法及实现，文件和文件系统的基本概念和实现过程，设备管理技术，系统安全的概念与系统保护措施。

本书可作为高等院校计算机科学与技术及相关专业的本科生教材，也可作为从事信息科学和计算机工作的科技人员学习操作系统的参考书。



**图书在版编目（CIP）数据**

计算机操作系统/翟一鸣等编著. --北京：清华大学出版社，2012.8(2020.12重印)
高等学校计算机专业规划教材
ISBN 978-7-302-28804-6

Ⅰ.①计… Ⅱ.①翟… Ⅲ.①操作系统－高等学校－教材 Ⅳ.①TP316

中国版本图书馆CIP数据核字(2012)第098706号

**责任编辑**：袁勤勇 顾 冰
**封面设计**：傅瑞学
**责任校对**：时翠兰
**责任印制**：沈 露

**出版发行**：清华大学出版社
**网 址**：http://www.tup.com.cn，http://www.wqbook.com
**地 址**：北京清华大学学研大厦A座 **邮 编**：100084
**社 总 机**：010-62770175 **邮 购**：010-83470235
**投稿与读者服务**：010-62776969，c-service@tup.tsinghua.edu.cn
**质量反馈**：010-62772015，zhiliang@tup.tsinghua.edu.cn
**课件下载**：http://www.tup.com.cn，010-83470236
**印 装 者**：大厂回族自治县彩虹印刷有限公司
**经 销**：全国新华书店
**开 本**：185mm×260mm **印 张**：16.5 **字 数**：380千字
**版 次**：2012年8月第1版 **印 次**：2020年12月第9次印刷
**定 价**：39.00元

产品编号：045792-02

# 前言

PREFACE

操作系统是计算机软件的核心，是所有计算机系统的基础和支撑，它管理和控制着计算机系统中的所有软、硬件资源，可以说操作系统是计算机系统的灵魂。但是操作系统原理过于抽象，要真正理解操作系统的概念，必须将原理与实践相结合。本书将操作系统原理、概念和实例融为一体，使学生通过操作系统课程的学习，对计算机的操作系统有一个明确清晰的认识。

本书编著者结合多年教学经验，参考国内外众多最新教材及网上资料，注重基础性、系统性、实用性和新颖性，结合实际操作系统，深入浅出地阐述了操作系统的概念、原理与实现技术。对于应用型高等学校，教材的应用性和实践性尤为重要。本书本着有利于培养学生获取知识的能力、运用知识的能力和科学创新能力的原则，安排教材的内容，不仅有操作系统原理，更有操作系统实现，把理论学习和实践应用融为一体，使学生在理解操作系统原理的基础上，能够进行操作系统的实验及设计。每章都以目前流行的 Linux 为例，介绍具体的实现方案，这样既体现了应用性又将新技术新知识融入到各章之中。

本书共分 6 章：第 1 章主要阐述操作系统的定义、发展历史、分类、功能、特性及目前常用的操作系统；第 2 章主要介绍进程、线程的概念，进程、线程的关系，进程调度与处理机利用率的关系，进程同步与互斥，进程调度与死锁等内容；第 3 章主要介绍存储管理的概念，存储管理的目的，存储管理的四大基本功能——内存分配与回收、逻辑地址到物理地址的转换、存储保护和内存扩充，以及实存管理、虚存管理的各种策略；第 4 章主要介绍文件系统的概念、文件的组织结构及存取方法、文件存储空间的管理、文件的安全与保护；第 5 章主要介绍设备管理的任务与功能、设备管理的硬件组织与软件组织、缓冲技术、驱动程序设计技术；第 6 章主要介绍操作系统安全的概念与保护的几种机制。每章最后有小结并配有适量习题。

本课程课堂授课 48 学时，实验 16 学时。各章重点、难点及学时分配如下。

第 1 章　授课 3 学时，重点是操作系统的基本概念、功能和特征。

第 2 章　授课 14 学时，实验 6 学时。重点是进程的概念、同步的概念、同步机制、通信方式、调度算法、死锁的概念及解决方法、线程的概念、线程与进程的关系。难点是同步问题的程序实现。

第 3 章　授课 11 学时，实验 4 学时。重点是各种存储管理方式及实现方法。难点是虚拟存储概念及实现。

第 4 章　授课 9 学时，实验 4 学时。重点是文件的基本概念及实现过程。难点是目录管理和文件空间管理。

第 5 章　授课 8 学时，实验 2 学时。重点是 I/O 数据传送方式、设备无关性和缓冲技术。难点是驱动程序设计。

第 6 章　授课 3 学时。重点是系统安全的概念和保障系统安全采取的措施。

本书可作为高等院校计算机科学与技术及相关专业的本科生教材，也可作为从事信息科学和计算机工作的科技人员学习操作系统的参考书。

本书由翟一鸣担任主编，完成全书的统稿，并编写第 3、4、6 章；第 1、2 章由任满杰编写；第 5 章由孔繁茹编写；每章中有关 Linux 设计与实现部分由郑小鹏编写。

感谢清华大学出版社在本书的出版过程中给予的大力支持。

感谢教材编写委员会对本书的认真修改。

感谢家人在编写和统稿期间对编者的关爱与支持。

由于编著者水平有限，书中疏漏与错误在所难免，欢迎广大读者批评指正。

编著者
zhaiyiming@163.com
2012 年 2 月

# 目录

CONTENTS

# 第 1 章 操作系统概述

CHAPTER

**教学要点**

本章主要介绍操作系统的基本概念、操作系统的发展历史、操作系统的功能和主要特征以及常用的操作系统。

读者应重点掌握操作系统基本概念、操作系统的功能,并对操作系统的发展历史有一定的了解,进而对现在流行的操作系统及其发展方向能有深刻的认识。

在现代计算机系统中,如果不安装操作系统,很难想象还会有谁使用计算机。操作系统是计算机系统中重要的系统软件,是整个计算机系统的控制中心。操作系统不仅将裸机改造成为功能强、服务质量高、使用方便灵活、运行安全可靠的虚拟机来为用户提供使用计算机系统的良好环境,而且采用合理有效的方法组织多个用户共享计算机系统中的各种资源,最大限度地提高系统资源的利用率。

## 1.1 操作系统的定义

操作系统是配置在计算机硬件平台上的第一层软件,是一组系统软件。一个新的操作系统往往融合了计算机发展中的一些传统的技术和新的研究成果。在计算机系统中,处理机、内存、磁盘、终端、网卡等硬件资源通过主板连接构成了看得见、摸得着的计算机硬件系统。为了能使这些硬件资源高效地、尽可能并行地供用户程序使用,为了给用户提供通用的使用这些硬件的方法,必须为计算机配备操作系统软件。操作系统的工作就是管理计算机的硬件资源和软件资源,并组织用户尽可能方便地使用这些资源。操作系统是软硬件资源的控制中心,它以尽量合理有效的方法组织用户共享计算机的各种资源。下面从系统软件、资源管理器和接口三个方面介绍操作系统。

**1. 操作系统是最重要的系统软件**

计算机系统可以看成由硬件和软件按层次结构组成的系统,如图 1.1

所示。硬件系统是指构成计算机系统所必须配置的硬件设备。现代计算机系统一般都包含一个或多个处理器、内存、磁盘驱动器、光盘驱动器、打印机、时钟、鼠标、键盘、显示器、网络接口以及其他输入/输出设备。计算机硬件系统构成了计算机本身和用户作业赖以活动的物质基础。只有硬件系统而无软件系统的计算机称为裸机。用户直接使用裸机不仅不方便,而且将严重降低系统效率。软件系统是一个为计算机系统配置的程序和数据的集合。软件系统又有应用软件和系统软件之分。应用软件是为解决某一具体应用问题而开发的软件,如财务软件、字处理软件等;系统软件是专门为计算机系统所配置的,如操作系统、各种语言处理程序等。操作系统是以硬件为基础的系统软件,是硬件层的第一次扩充,在这一层上实现了操作系统的全部功能,并提供了相应的接口。其他各软件层都是在操作系统的基础上开发出来的。语言处理程序层包括各种程序设计语言的编译程序以及动态调试程序等实用性程序。语言处理程序层是操作系统层的扩充,而应用程序层是语言处理程序层的进一步扩充。在应用程序层,用户可以使用各种程序设计语言,在操作系统的支持下,编写并运行满足用户需要的各种应用程序。

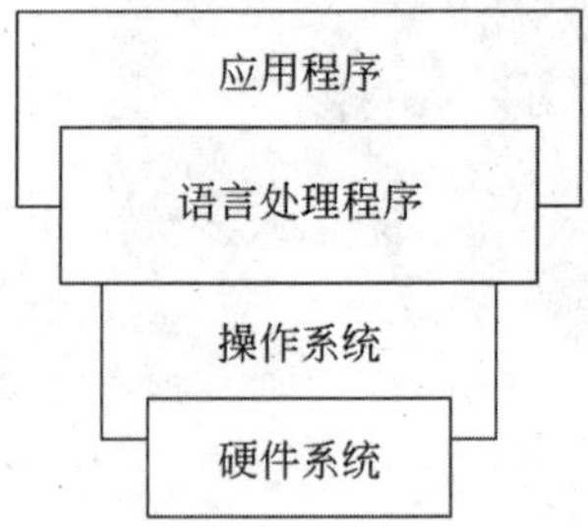


图 1.1 计算机系统组成

由此可见,操作系统是计算机系统中最重要的系统软件。

**2. 操作系统是资源管理器**

计算机系统的资源包括硬件资源和软件资源。站在资源管理的角度,把计算机系统资源分为四大类:处理机、存储器、输入/输出设备和信息,前三类为硬件资源,最后一类为软件资源。操作系统的任务就是使整个计算机系统的资源得到充分有效的利用,并且在相互竞争的程序之间合理有序地控制系统资源的分配,从而实现对计算机系统工作流程的控制。

作为资源管理器,操作系统要完成以下工作。

(1) 跟踪资源状态。时刻维护系统资源的全局信息,掌握系统资源的种类和数量、已分配和未分配的情况。

(2) 分配资源。处理对资源的使用请求,协调请求中的冲突,确定资源分配算法。当有多个用户争用某个资源时,进行裁决。同时,根据资源分配的条件、原则和环境决定是立即分配还是暂缓分配。

(3) 回收资源。用户程序在资源使用完毕之后要释放资源。此时,资源管理器应及时回收资源,以便下次重新分配。

(4) 保护资源。资源管理器负责对资源进行保护,防止资源被有意或无意地破坏。

系统资源的使用方法和管理策略决定了操作系统的规模、类型、功能与实现方法,基于这一点,可以把操作系统看成由一组资源管理器(即资源管理程序)组成的。根据资源的分类情况,可以为操作系统建立相应的四类管理器:处理机管理、存储器管理、输入/输出设备管理和信息管理(通常指文件系统)。因此说,操作系统是资源管理器。

**3. 操作系统是用户(应用程序)与计算机硬件系统之间的接口**

在计算机系统组成的四个层次中,硬件是最低层。操作系统处于用户与计算机系统硬件之间，用户通过操作系统来使用计算机。对多数计算机而言，在机器语言级的体系结构(包括指令系统、存储组织、I/O 和总线结构)上编程是相当困难的，尤其是输入/输出操作。为了让用户和程序员在使用计算机时不涉及硬件细节，使程序员与硬件细节独立开来，需要建立一种高度抽象。这种抽象就是为用户提供一台等价的扩展计算机，这样的计算机称为虚拟计算机，简称虚拟机。操作系统作为虚拟机为用户使用计算机提供了方便，用户可不必了解计算机硬件工作的细节，通过操作系统来使用计算机，操作系统就成了用户和计算机之间的接口。

用户可通过三种方式使用计算机：

(1) 命令方式——用户可通过键盘输入由操作系统提供的一组命令，来直接操纵计算机系统。

(2) 系统调用方式——用户可在自己的应用程序中，通过调用操作系统提供的一组系统调用，来操纵计算机系统。

(3) 图形、窗口方式——用户通过屏幕上的窗口和图标，来操纵计算机系统和运行自己的程序。有了这几种方式，用户就可以不涉及硬件的实现细节，方便而有效地取得操作系统所提供的各种服务，合理地组织计算机工作流程。所以说，操作系统是用户与计算机硬件系统之间的接口。

综上所述，我们给操作系统下个定义：操作系统是一组控制和管理计算机系统的硬件和软件资源，合理地组织计算机工作流程并为用户使用计算机提供方便的程序和数据的集合。

在计算机系统中设置操作系统的目的在于提高计算机系统的效率，增强系统的处理能力，提高系统资源的利用率，方便用户使用计算机。

## 1.2　操作系统的发展历史

### 1.2.1　手工操作阶段

在计算机刚刚出现时，由于计算机的存储容量小，运算速度慢，输入/输出设备只有纸带输入机、卡片阅读机、打印机和控制台，人们使用这样的计算机只能采用人工操作方式，根本没有操作系统。在人工操作情况下，用户一个挨一个地轮流使用计算机。每个用户的使用过程大致如下：先把手工编写的程序(机器语言编写的程序)穿成纸带(或卡片)装上输入机，然后经人工操作把程序和数据输入计算机，接着通过控制台开关启动程序运行。待计算完毕，用户拿走打印结果，并卸下纸带(或卡片)。在这个过程中需要人工装纸带、人工控制程序运行、人工卸纸带，进行一系列的“人工干预”。这种由一道程序独占机器的情况，在计算机运算速度较慢的时候是可以容忍的，因为此时计算所需的时间相对而言较长，人工操作时间所占比例还不算很大。随着计算机技术的发展，计算机的速度、容量、外设的功能和种类等方面都有了很大的发展。比如，计算机的速度有了几十倍、上百倍的提高，手工操作的慢速度和计算机运算的高速度之间形成了一对矛盾，即人-机矛盾。

随着计算机速度的提高，人-机矛盾已到了不可容忍的地步。为了解决这一矛盾，只有设法去掉人工干预,实现作业的自动过渡,这样就出现了批处理技术。

由于当时软件发展处于初级阶段,用于管理的软件还没有产生,因此所有的运行管理和具体操作都由用户自己承担。为了实现作业建立和作业过渡的自动化引入了批量监督程序(常驻内存的核心代码),每一种语言翻译程序(汇编语言或高级语言的编译程序),或实用程序(如链接程序)都作为监督程序的子例程。

### 1.2.2 联机批处理系统

监督程序的工作对象是以作业流形式提供的。每个用户需要计算机解决的计算工作均组织成一个作业。每个作业有一个和程序分开的说明文件,即作业说明书,它提供了用户标识、用户要使用的编译程序以及所需要的系统资源等基本信息。每个作业还包含一个程序和一些原始数据,最后是该作业的终止信息。终止信息给监督程序一个信号,表示此作业已经结束,应为下一个用户作业做好服务准备。

各用户把自己的作业交给机房,由操作员把一批作业装到输入设备上(如果输入设备是纸带输入机,则这一批作业在一盘纸带上。若输入设备是读卡机,则该批作业在一叠卡片上),然后在监督程序控制下送到外部存储器,如磁带、磁鼓或磁盘上。为了执行一个作业,批处理监督程序将解释这个作业的说明书,若系统资源能满足其要求,则将该作业调入内存,并从外部存储器(如磁带)上输入所需要的编译程序。编译程序将用户源程序翻译成目标代码,然后由链接装配程序把编译后的目标代码及其所需的子程序装配成一个可执行的程序,接着开始执行。计算完成后输出该作业的计算结果。只有一个作业处理完毕后,监督程序才可以自动地调度下一个作业进行处理,依次重复上述过程,直到该批作业全部处理完毕。在这种批处理系统中,作业的输入/输出是联机的,也就是说作业从输入机到磁带,由磁带调入内存,以及结果的输出打印都是由 CPU 直接控制的。随着 CPU 速度的不断提高,CPU 和输入/输出设备之间的速度差距就形成了一对矛盾。因为在进行输入/输出时,CPU 是空闲的,高速的 CPU 要等待慢速的输入/输出设备的工作,不能发挥 CPU 应有的效率。

### 1.2.3 脱机批处理系统

为了克服联机批处理存在的缺点,在批处理系统中引入了脱机输入/输出技术,从而形成了脱机批处理系统。脱机批处理系统由主机和卫星机组成。卫星机又称外围计算机,它不与主机直接连接,只与外部设备打交道。作业通过卫星机输入到磁带上,当主机需要输入作业时,就把输入带同主机连上。主机从输入带上把作业调入内存,并予以执行。作业完成后,主机负责把结果记录到输出带上,再由卫星机负责把输出带上的信息打印输出。这样,主机摆脱了慢速的输入/输出工作,可以较充分地发挥它的高速计算能力。同时,由于主机和卫星机可以并行操作,因此脱机批处理系统与早期联机批处理系统相比大大提高了系统的处理能力。

批处理系统是在解决人-机矛盾以及高速度的 CPU 和低速度的 I/O 设备间矛盾的过程中发展起来的。它的出现改善了 CPU 和外设的使用情况,实现了作业的自动定序、自动过渡,从而使整个计算机系统的处理能力得以提高。但仍存在着许多缺陷,如卫星机与主机之间的磁带装卸仍需人工完成,操作员需要监督机器的状态等。如果一个程序进入死循环,系统就会踏步不前,只有当操作员提出请求,要求终止该作业,删除它并重新启动,系统才能恢复正常运行。当目标程序执行一条引起停机的非法指令时,机器就会错误地停止运行。此时,只有操作员进行干预,即在控制台上按启动按钮后,程序才会重新启动运行。并且,由于系统没有任何保护自己的措施,无法防止用户程序破坏监督程序和系统程序。系统保护的问题亟待解决。

### 1.2.4　执行系统

20 世纪 60 年代初期,计算机硬件有两方面的发展值得一提,一是通道的引入,二是中断技术的出现,这两项重大成果使操作系统进入执行系统阶段。通道是一种输入/输出专用处理机,它能控制一台或多台外设工作,负责外部设备与内存之间的信息传输。它一旦被启动,就能独立于 CPU 运行,这样就可使 CPU 和通道并行操作,而且 CPU 和各种外部设备也能并行操作。中断是指当 CPU 接到外部硬件(如 I/O 设备)发来的信号时,马上停止原来的工作,转去处理这一事件,在处理完以后,CPU 又回到原来的工作点继续工作。借助于通道、中断技术,输入/输出工作可以在 CPU 控制之下完成。这时,原有的监督程序不仅要负责调度作业自动地运行,而且还要提供输入/输出控制功能(即用户不能直接使用启动外设的指令,它的输入/输出请求必须通过系统去执行),它比原有的功能增强了。这个扩展后的监督程序常驻内存,称为执行系统。执行系统比脱机处理前进了一步,它节省了卫星机,降低了成本,而且同样能支持主机和通道、主机和外设的并行操作。在执行系统中用户程序的输入/输出工作是委托给执行系统实现的,由执行系统检查其命令的合法性,提高了系统的安全性,可以避免由于不合法的输入/输出命令造成对系统的威胁。批处理系统和执行系统的普及,发展了标准文件管理系统和外部设备的自动调节控制功能。许多成功的批处理操作系统在 50 年代末到 60 年代初期开发成功,比较著名的有 FMS(FORTRAN Monitor System)和 IBSYS(IBM 为 7094 机配备的操作系统)。

### 1.2.5　多道批处理系统

中断和通道技术出现以后,输入/输出设备和 CPU 可以并行操作,初步解决了高速 CPU 和低速外部设备的矛盾,提高了计算机的工作效率。但不久就发现,这种并行是有限度的,并不能完全消除 CPU 对外部传输的等待。比如,一个作业在运行过程中请求输入一批数据,当纸带输入机花 1000ms 输入 1000 个字符后,CPU 只花 300ms 就处理完了,而这时,第二批输入数据还需等 700ms 时间才能输入完毕。因此,尽管 CPU 具有和外部设备并行工作的能力,但是在这种情况下无法让它多做工作。单道程序工作示例如图 1.2 所示。

在输入操作未结束之前,CPU 处于空闲状态,其原因是输入/输出操作与本道作业相关。商业数据处理、文献情报检索等任务涉及的计算量比较少,而输入/输出量比较大,所以需要较多地调用外部设备。当由慢速的机械传动读卡机、纸带输入机或从磁带、磁盘等设备输入数据到存储器时,CPU 不得不等待。在处理结束后,又有很多时间被耗费在处理机等待通道将结果送到磁带、磁盘或用机械打印机打印在纸上。而对于科学和工程计

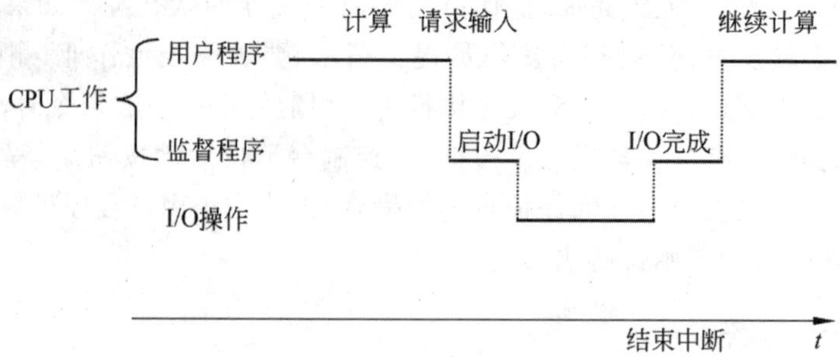


图 1.2 单道程序工作示例

算任务，主要涉及的是计算量大而使用外部设备较少的作业，因而当 CPU 运算时，外部设备经常处于空闲状态。此外，计算机在处理一些小题目时，存储器空间也未能得到充分利用。以上种种情况说明了单道程序工作时，计算机系统的各部件的效能没有得到充分发挥。那么，为了提高设备的利用率，能否在系统内同时存放几道程序呢？于是引入了多道程序的概念。

多道程序设计技术是在计算机内存中同时存放几道相互独立的程序，使它们在管理程序控制之下，相互交替地运行。当某道程序因某种原因不能继续运行下去时(如等待外部设备传输数据)，管理程序便将内存中的另一道程序投入运行，这样可以使 CPU 及各外部设备尽量处于忙碌状态，从而大大提高了计算机的使用效率。例如，用户程序 A 首先在 CPU 上运行，当它需要从光电机(即纸带输入机)输入新的数据而转入等待时，系统帮助它启动光电机进行输入工作，并让用户程序 B 开始在 CPU 上运行，直到程序 B 需要进行输入/输出操作时，再启动相应的外部设备进行工作。

如果此时程序 A 的输入尚未结束，也无其他用户程序需要运行，则 CPU 就处于空闲状态，直到程序 A 或程序 B 在输入结束后重新运行。若当程序 B 的输入/输出处理结束时，程序 A 仍在执行，则程序 B 需等待，直到程序 A 计算结束请求输出时，才转入程序 B 的执行。从图 1.3 中可以看出，在有两道程序执行的情况下，CPU 的效率已大大提高。因此，当有多道程序工作时，CPU 将几乎始终处于忙碌状态。多道程序设计技术使得几道程序在系统内并行工作。但在冯·诺伊曼型计算机结构中(在单 CPU 情况下)，CPU 严格地按照指令计数器的内容顺序地执行每一个操作，即一个时刻只能有一个程序在处理机上执行。那么，如何理解多道程序的并行执行呢？多道程序设计技术可以实现同时被接收进入计算机内存的若干道程序相互交替地运行，即当一个正在 CPU 上运行的程

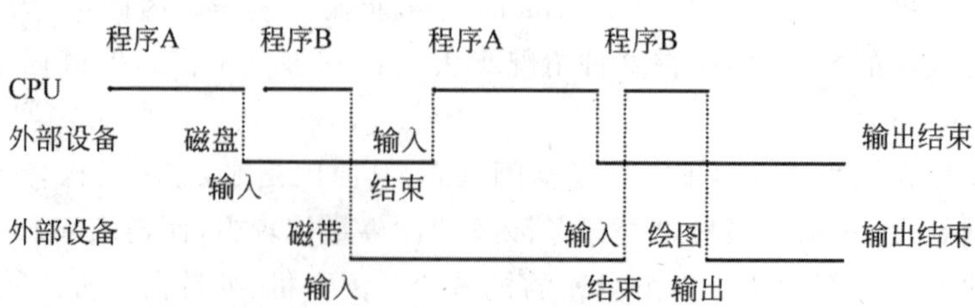


图 1.3 多道程序工作示例

序因为要进行输入/输出操作而不能继续运行下去时，就把 CPU 让给另一个程序。所以，从微观上看，一个时刻只有一个程序在 CPU 上运行；但从宏观上看，几道程序都处于执行状态（因为都已存放在内存），有的正在 CPU 上运行，有的在打印结果，有的正在输入数据，它们的工作都在向前推进。我们把多道程序在单处理机上的逻辑上的同时执行称为并发执行。

综上所述，多道程序运行的特征如下。

(1) 多道。即计算机内存中同时存放几道相互独立的程序。

(2) 宏观上并行。同时进入系统的几道程序都处于运行过程中，即它们先后开始了各自的运行，但都未运行完毕。

(3) 微观上串行。从微观上看，内存中的多道程序轮流地或分时地占有处理机，交替执行（单处理机情况）。

在批处理系统中采用多道程序设计技术就形成了多道批量处理操作系统，简称多道批处理系统。该系统把用户提交的作业（相应的程序、数据和处理步骤）成批送入计算机，然后由作业调度程序自动选择作业运行。这样能缩短作业之间的交接时间，减少 CPU 的空闲等待，从而提高了系统效率。在多道批处理系统中，交到机房的一批作业由操作员负责将其由输入机转储到辅存设备上，等待运行。当需要调入作业时，作业调度程序按一定的调度原则选择一个或几个作业装入内存，内存中的几个作业交替运行，直到某作业完成计算任务，输出其结果，收回该作业占用的全部资源。在这种系统中，机器的利用率是很高的。因为，作业的输入、作业的调度等完全由系统控制，并允许几道程序同时投入运行，只要合理搭配作业，比如把计算量大的作业和输入/输出量大的作业合理搭配，就可以充分利用系统的资源。

多道批处理的优点是系统的吞吐量高，缺点是对用户的响应时间（用户向系统提交作业到获得系统的处理这一段时间为响应时间）较长，用户不能及时了解自己程序的运行情况并加以控制。

### 1.2.6 分时系统

尽管多道批处理系统很适于大型科学计算和繁忙的商务数据处理，但实际上许多程序员希望即时地调试自己的程序。在批处理系统中，一个作业从提交到取回运算结果往往需要几个小时。更有甚者，有时一个逗号就会导致编译失败，浪费程序员半天时间。程序员们希望很快得到响应，这种需求导致了分时系统的出现。分时系统实际上是多道程序的一个变种，不同之处只是每个用户都有一个联机终端，让用户在终端直接操作、控制自己程序的运行，这种操作方式称为联机工作方式。在这种方式下，用户可以通过终端（控制台）及时与机器交互。

当计算机硬件技术和软件技术发展到 20 世纪 60 年代中期时，便产生了一种新的，既能实现用户的联机操作、又能保证机器使用效率的计算机系统——分时系统。在分时系统中，一个计算机和许多终端设备连接，每个用户可以通过终端向系统发出命令，请求完成某项工作，而系统则分析从终端设备发来的命令，完成用户提出的要求。之后，用户又根据系统提供的运行结果，向系统提出下一个请求，就这样重复上述交互会话过程，直到用户完成全部工作为止。如著名的 CTSS 和 MULTICS 等。在分时系统中，计算机能同时为许多终端用户服务，而且能在很短的时间内响应用户的要求。因为系统采用了分时技术，把处理机运行时间划分成很短的(如几百毫秒)时间片轮流地分配给各个联机作业使用，如果某个作业在分配给它的时间片用完之前计算还未完成，该作业就暂时中断，等待下一轮继续计算，此时处理机让给另一个作业使用。这样，各个用户的每次请求都能得到快速响应，给每个用户的印象就好像他独占一台计算机一样。

在多道系统中采用分时技术就形成了分时操作系统。它一般采用时间片轮转的办法，使一台计算机同时为多个终端用户服务，对每个用户都能保证足够快的响应时间，并提供交互会话功能。分时系统通过给每个用户提供一台"个人计算机"的方法提高了整个系统的效率。

分时系统具有以下特点。

(1) 多路性。众多联机用户可以同时使用一台计算机，所以也称同时性。系统按分时原则为每个用户服务。宏观上，是多个用户同时工作，共享系统资源；而微观上，则是一个 CPU 轮流地按时间片为每个用户作业服务。

(2) 独占性。由于所配置的分时操作系统是采用时间片轮转的办法使一台计算机同时为许多终端用户服务的，因此，客观效果是这些用户彼此之间都感觉不到别人也在使用这台计算机，好像只有自己独占计算机一样。一般分时系统在 3 秒之内响应用户要求，用户就会感到满意，因为这时用户在终端上感觉不到需要等待。

(3) 交互性。用户与计算机之间进行"会话"，用户从终端输入命令，提出计算要求，系统收到命令后分析用户的要求并给予执行，然后把运算结果通过屏幕或打印机输出，用户可以根据运算结果提出下一步要求，这样一问一答，直到全部工作完成。

(4) 及时性。用户的请求能在很短的时间内获得响应，此时时间间隔是以人们所能接受的等待时间来确定的，通常不超过 3 秒。

多道批处理系统和分时系统的出现标志着操作系统的形成。在某些计算机系统中配置的操作系统结合了批处理能力和交互作用的分时能力。它以前台/后台方式提供服务，前台以分时方式为多个联机终端服务，当终端作业运行完毕时，后台系统就可以运行批量的作业。

### 1.2.7 实时系统

早期的计算机基本上用于科学和工程问题的数值计算。20 世纪 50 年代后期，计算机开始用于生产过程的控制，产生了实时系统。随着计算机硬件的更新换代，整个计算机系统的功能大大增强了，计算机的应用领域越来越广泛。例如，炼钢、化工生产的过程控制，航天和军事防空系统中的实时控制等。更为重要的是计算机广泛用于信息管理，如仓库管理、医疗诊断、教学、气象、地质勘探、图书检索、飞机订票、银行储蓄、出版编辑等。

实时操作系统是操作系统的又一种类型。对外部输入的信息，实时操作系统能够在规定的时间内处理完毕并做出反应。"实时"二字的含义是指计算机对于外来信息能够及时进行处理，并在被控对象允许的时间范围内做出快速反应。实时系统对响应时间的要求比分时系统更高，一般要求响应时间为秒级、毫秒级甚至微秒级。

实时系统按其使用方式不同分为两类：实时控制系统和实时信息处理系统。

实时控制系统是指利用计算机对实时过程进行控制和提供环境监督。过程控制系统是把从传感器获得的输入数据进行分析处理后，激发一个活动信号，从而改变可控过程，以达到控制的目的。例如对轧钢系统中炉温的控制，就是通过传感器把炉温传给计算机控制程序，控制程序通过分析后再发出相应的控制信号以便对炉温进行调整，系统响应时间要满足温控要求。

实时信息处理系统是指利用计算机对实时数据进行处理的系统。这类应用大多属于实现服务性工作，比如自动订购飞机票系统、情报检索系统等。用户可以通过这样的系统预订飞机票、查阅文献资料。用户还可通过终端设备向计算机提出某种要求，而计算机系统处理后将通过终端设备回答用户，系统响应时间与分时系统相同，即满足人的反应时间。

实时系统主要是为联机实时任务服务的，其特点如下。

(1) 及时响应。系统对外部实时信号必须能及时响应，响应时间要满足能够控制发出实时信号的那个环境的要求。

(2) 高可靠性和安全性。实时系统要求有高可靠性和安全性，系统的效率则放在第二位。

(3) 系统的整体性强。实时系统要求所管理的联机设备和资源，必须按一定的时间关系和逻辑关系协调工作。

(4) 交互会话功能较弱。实时系统没有分时系统那样强的交互会话功能，通常不允许用户通过实时终端设备去编写新的程序或修改已有的程序。实时终端设备通常只是作为执行装置或询问装置，是为特殊的实时任务设计的专用系统。

### 1.2.8 网络操作系统

计算机技术和通信技术的结合使得共享资源和分散计算能力的愿望成为现实。这两种技术的结合已经对计算机的组织方式产生了深远的影响。“计算机中心”的概念正在迅速地变得陈旧，集中式计算机系统的模式正被一种新的模式所取代。在这种新模式中，计算任务是由大量分离而又互相连接的计算机来完成的，某一台计算机上的用户可以使用其他机器上的资源。于是引出了计算机网络的概念。计算机网络就是利用通信线路，将分散在不同地点的一些独立自治的计算机系统相互连接，按照网络协议进行数据传输和通信，实现资源的共享。这里要求计算机是“独立自治”的，即计算机网络中的各个计算机是平等的，可以独立工作的，任何一台计算机都不能强制性地启动、停止或控制另一台计算机。“互联”指的是两台计算机之间能彼此交换信息。连接不一定必须经过导线，也可以采用激光、微波来实现。

计算机联网的目的有以下两点。

(1) 各计算机间资源共享、负载均衡。

(2) 通过提供可替换的资源而达到高度的可靠性。

计算机网络能够使用户突破地域条件的限制使用远程计算机，并借助网络互相交换信息，从而大大拓展了计算机的应用范围。

计算机网络分为两大类：广域网和局域网。两者之间的主要区别是网络覆盖区域的大小不同。因特网(Internet)是一种广泛区域内的数据包交换网络，已成为世界上连接范围最广、用户数量最多的广域网。网中的每一台主机都作为客户服务器运行。实际上，因特网的每一个组元节点都被看做一台主机，甚至路由器也被视为主机。每一台主机都有一个唯一的因特网协议(Internet Protocol，IP)地址。

网络上的计算机是独立自治的，即各个计算机有自己的处理器、存储器、外部设备、各种软件资源和自己的用户。用户只能利用特定的语言和操作命令使用计算机。当计算机联网后，怎样才能适应网络环境的需要？一种较简单的方法是对原有的操作系统做某种改造，这样，既不会使原有的软件失效，又可以实现网络通信的需要。这种方法是在原有的操作系统中增加一个模块——网络通信模块。它负责本机系统同网上其他系统之间的资源共享和负载均衡，并实现网上信息的传输。

目前流行的网络操作系统以及具有联网功能的操作系统主要有 Windows XP、Windows 7、UNIX、Linux、iOS 等。网络操作系统已比较成熟，它必将随着计算机网络的广泛应用而得到进一步的发展和完善。

### 1.2.9 个人计算机操作系统

个人计算机(Personal Computer)操作系统是一种单用户多任务的操作系统。个人计算机操作系统主要供个人使用，功能强、价格便宜，可以在几乎任何计算机上安装使用。它能满足一般人操作、学习、游戏等方面的需求。个人计算机操作系统的主要特点是：计算机在某一时间内为单个用户服务；采用图形界面进行人机交互，界面友好；使用方便，用户无需专门学习，也能熟练操作计算机。知名的个人计算机操作系统有：DOS、Windows、Linux、iOS 等。

### 1.2.10 嵌入式操作系统

嵌入式系统(Embedded System)是以应用为中心、以计算机技术为基础，软件硬件可裁剪，对功能、可靠性、成本、体积、功耗严格要求的专用计算机系统。嵌入式操作系统是运行在嵌入式系统环境中，对整个嵌入式系统以及它所操作、控制的各种部件装置等资源进行统一协调、调度、指挥和控制的系统软件。它有以下特点：

(1) 系统内核小。由于嵌入式系统一般是应用于小型电子装置的，系统资源相对有限，所以内核较之传统的操作系统要小得多。

(2) 专用性强。嵌入式系统的个性化很强，其中的软件系统和硬件的结合非常紧密，一般要针对硬件进行系统的移植，即使在同一品牌、同一系列的产品中也需要根据系统硬件的变化和增减不断进行修改。同时针对不同的任务，往往需要对系统进行较大更改，程序的编译下载要和系统相结合，这种修改和通用软件的“升级”完全是两个概念。

(3) 系统精简。嵌入式系统一般没有系统软件和应用软件的明显区分，不要求其功能设计及实现上过于复杂，这样一方面利于控制系统成本，同时也利于实现系统安全。

(4) 高实时性。高实时性的系统软件是嵌入式系统的基本要求，而且要求固态存储，以提高速度，代码要求高质量和高可靠性。

常见的嵌入式操作系统有：通用系统，可用于多种硬件平台，如 Linux、VxWorks、Windows CE 等；专用系统，面向移动电话、平板电脑、电子书等消费类电子产品，如微软的 Windows Phone，诺基亚的 Symbian，以及近来流行的 Android 等。

### 1.2.11 分布式操作系统

一组相互连接并能交换信息的计算机形成了一个网络。这些计算机之间可以相互通信，任何一台计算机上的用户可以共享网络上其他计算机的资源。但是，计算机网络并不是一个一体化的系统，它没有标准的、统一的接口。网上各站点的计算机有各自的系统调用命令、数据格式等。若一台计算机上的用户希望使用网上另一台计算机的资源，他必须指明是哪个站点上的哪一台计算机，并以该计算机上的命令、数据格式来请求才能实现资源共享。为完成一个共同的计算任务，分布在不同主机上的各合作进程的同步协作也难以自动实现。因此，计算机网络存在的问题之一，是在网络上的不同类型计算机中，用某一种计算机所编写的程序如何在另一类计算机上运行。存在的另一个问题，是如何在具有不同数据格式、不同字符编码的计算机系统之间实现数据共享。另外，还需要解决分布在不同主机上的多个进程如何自动实现紧密合作的问题。

大量的实际应用要求一个完整的一体化的系统，而且又具有分布处理能力。如在分布事务处理、分布数据处理、办公自动化系统等实际应用中，用户希望以统一的界面、标准的接口使用系统的各种资源，实现所需要的各种操作。这就导致了分布式系统的出现。一个分布式系统由若干台独立的计算机构成，整个系统给用户的印象就像一台计算机。实际上，系统中的每台计算机都有自己的处理器、存储器和外部设备，它们既可独立工作（自治性），也可合作。在这个系统中各机器可以并行操作且有多个控制中心，即具有并行处理和分布式控制的功能。分布式系统是一个一体化的系统，在整个系统中要有一个全局的操作系统，它负责全系统（包括每台计算机）的资源分配和调度、任务划分、信息传输、控制协调等工作，并为用户提供一个统一的界面、标准的接口。于是，分布式操作系统便诞生了。有了分布式操作系统，用户通过统一界面实现所需操作和使用系统资源，至于操作是在哪个计算机上执行的或使用的是哪个计算机的资源则是系统的事，用户无须了解，也就是说系统对用户是透明的。

计算机网络是分布式系统的物理基础，因为计算机之间的通信是经由通信链路的消息交换完成的。它和常规网络一样具有模块性、并行性、自治性和通信性等特点。但是，它比常规网络又有进一步的发展。例如，常规网络中的并行性仅仅意味着独立性，而分布式系统中的并行性还意味着合作。原因在于，分布式系统已不再是一个物理上的松散耦合的系统，而是一个逻辑上的紧密耦合的系统。

分布式系统和计算机网络的区别在于前者具有多机合作和健壮性。多机合作表现在自动的任务分配和协调；健壮性表现在，当系统中有一个甚至几个计算机或通路发生故障时，其余部分可自动重构成为一个新的系统，该系统仍可以工作，甚至可以继续其失效部分的全部工作。当故障排除后，系统自动恢复到重构前的状态。这种自动恢复功能就体现了系统的健壮性。研制分布式系统的根本出发点和目的就是因为它具有多机合作和健壮性。正是由于多机合作，系统才具有响应时间短、吞吐量大以及可用性好和可靠性高等特点。分布式系统是具有强大生命力的新生事物，是当前正在进行深入研究的热点之一。

经过多年的系统发展和技术沉淀，现代操作系统通常分为批处理操作系统、分时操作系统、实时操作系统、嵌入式操作系统、网络操作系统、分布式操作系统和个人计算机操作系统。

## 1.3 操作系统的功能和主要特征

### 1.3.1 操作系统的功能

从资源管理的角度来说，操作系统的主要任务是对系统中的硬件、软件实施有效的管理，以提高系统资源的利用率。计算机硬件资源主要是指处理机、主存储器和外部设备，软件资源主要是指信息（文件系统）。因此，操作系统的主要功能相应地就有处理机管理、存储管理、设备管理和文件管理。从用户使用的角度来说，操作系统为用户提供了用户接口。下面分别叙述这些功能。

**1. 处理机管理**

在多道程序或多用户的环境下，要组织多个作业同时运行，就要解决处理机管理的问题。在多道程序系统中，处理机的分配和运行都是以进程为基本单位的，因而对处理机的管理可归结为对进程的管理。进程管理包括以下几方面。

(1) 进程控制。为多道程序并发执行而创建进程，并为之分配必要的资源。当进程运行结束时，撤销该进程，回收该进程所占用的资源，同时，控制进程在运行过程中的状态转换。

(2) 进程同步。为使系统中的进程有条不紊地运行，系统要设置进程同步机制，为多个进程的运行进行协调。

(3) 进程通信。系统中的各进程之间有时需要合作，需要交换信息，为此需要进行进程通信。

(4) 进程调度。从进程的就绪队列中，按照一定的算法选择一个进程，把处理机分配给它，并为它设置运行现场，使之投入运行。

**2. 存储管理**

存储管理的主要任务是为多道程序的运行提供良好的环境，方便用户使用存储器，并提高内存的利用率。存储管理包括以下几个方面。

(1) 内存分配。为每道程序分配内存空间，并使内存得到充分利用，在作业结束时收回其所占用的内存空间。

(2) 内存保护。保证每道程序都在自己的内存空间运行，彼此互不侵犯，尤其是操作系统的数据和程序，绝不允许用户程序干扰。

(3) 地址映射。在多道程序设计环境下，每个作业是动态装入内存的，作业的逻辑地址必须转换为内存的物理地址，这一转换称为地址映射。

(4) 内存扩充。内存的容量是有限的。为满足用户的需要，通过建立虚拟存储系统来实现内存容量的逻辑上的扩充。

**3. 设备管理**

在计算机系统的硬件中,外部设备占了很大的比例,外部设备种类繁多,物理特性相差很大。因此,操作系统的设备管理往往很复杂。设备管理主要包括以下内容。

(1) 缓冲管理。由于 CPU 和 I/O 设备的速度相差很大,为缓和这一矛盾,通常在设备管理中建立 I/O 缓冲区,而对缓冲区的有效管理便是设备管理的一项任务。

(2) 设备分配。根据用户程序提出的 I/O 请求和系统中设备的使用情况,按照一定的策略,将所需设备分配给申请者,设备使用完毕后及时收回。

(3) 设备处理。设备处理程序又称设备驱动程序,对于未设置通道的计算机系统其基本任务通常是实现 CPU 和设备控制器之间的通信。即由 CPU 向设备控制器发出 I/O 指令,要求它完成指定的 I/O 操作,并能接收由设备控制器来的中断请求,给予及时的响应和相应的处理。对于设置了通道的计算机系统,设备处理程序还应能根据用户的 I/O 请求,自动构造通道程序。

(4) 设备独立性和虚拟设备。设备独立性是指应用程序独立于具体的物理设备,使用户编程与实际使用的物理设备无关。虚拟设备的功能是将低速的独占设备改造为高速的共享设备。

**4. 文件管理**

处理机管理、存储管理和设备管理都属于硬件资源的管理。软件资源的管理称为信息管理,即文件管理。

现代计算机系统中,总是把程序和数据以文件的形式存储在文件存储器(如磁盘、光盘、磁带等)中供用户使用。为此,操作系统必须具有文件管理功能。文件管理的主要任务是对用户文件和系统文件进行管理,并保证文件的安全性。文件管理包括以下内容。

(1) 文件存储空间的管理。所有的系统文件和用户文件都存放在文件存储器上。文件存储空间管理的任务是为新建文件分配存储空间,在一个文件被删除后应及时释放所占用的空间。文件存储空间管理的目标是提高文件存储空间的利用率,并提高文件系统的工作速度。

(2) 目录管理。为方便用户在文件存储器中找到所需文件,通常由系统为每一文件建立一个目录项,包括文件名、属性以及存放位置等,由若干目录项又可构成一个目录文件。目录管理的任务是为每一文件建立其目录项,并对目录项加以有效的组织,以方便用户按名存取。

(3) 文件读、写管理。文件读、写管理是文件管理的最基本的功能。文件系统根据用户给出的文件名去查找文件目录,从中得到文件在文件存储器上的位置,然后利用文件读、写函数,对文件进行读、写操作。

(4) 文件存取控制。为了防止系统中的文件被非法窃取或破坏,在文件系统中应建立有效的保护机制,以保证文件系统的安全性。

**5. 用户接口**

为方便用户使用操作系统,操作系统必须为用户或程序员提供相应的接口,通过使用这些接口达到方便地使用计算机的目的。

操作系统为用户提供了以下接口。

(1) 命令接口。命令接口分为联机命令接口和脱机命令接口。联机命令接口是为联机用户提供的,它由一组键盘命令及其解释程序所组成。当用户在终端或控制台上输入一条命令后,系统便自动转入命令解释程序,对该命令进行解释并执行。在完成指定操作后,控制又返回到终端或控制台,等待接收用户输入的下一条命令。这样,用户可通过不断输入不同的命令,达到控制自己作业的目的。脱机命令接口是为批处理系统的用户提供的。在批处理系统中,用户不直接与自己的作业进行交互,而是使用作业控制语言(Job Control Language,JCL),将用户对其作业控制的意图写成作业说明书,然后将作业说明书连同作业一起提交给系统。当系统调度到该作业时,通过解释程序对作业说明书逐条进行解释并执行。这样,作业一直在作业说明书的控制下运行,直到遇到作业结束语句时,系统停止该作业的执行。

(2) 程序接口。程序接口是用户获取操作系统服务的唯一途径。程序接口由一组系统调用组成。每一个系统调用都是一个完成特定功能的子程序。早期的操作系统(如UNIX、MS-DOS等),系统调用都是用汇编语言写成的,因而只有在用汇编语言写的应用程序中可以直接调用。近年来推出的操作系统,如UNIX System Ⅴ、OS/2 2.x版本中,系统调用是用C语言编写的,并以函数的形式提供,从而可在用C语言编写的程序中直接调用。而在其他高级语言中,往往提供与系统调用一一对应的库函数,应用程序通过调用库函数来使用系统调用。

(3) 图形接口。以终端命令和命令语言方式来控制程序的运行固然有效,但给用户增加了不少负担,即用户必须记住各种命令,并从键盘输入这些命令以及所需数据来控制程序的运行。大屏幕高分辨率图形显示和多种交互式输入/输出设备(如鼠标、光笔、触摸屏等)的出现,使得改变"记忆并输入"的操作方式为图形接口方式成为可能。图形用户接口的目标是通过出现在屏幕上的对象直接进行操作,以控制和操纵程序的运行。这种图形用户接口大大减轻或免除了用户记忆的工作量,其操作方式也使原来的"记忆并输入"改变为"选择并点取",极大地方便了用户,并受到用户的普遍欢迎。

图形用户接口的主要构件是窗口、菜单和对话框。国际上为了促进图形用户接口(Graphical User Interface,GUI)的发展,1988年制定了GUI标准。到了20世纪90年代各种操作系统的图形用户接口普遍出现,如Microsoft公司的Windows操作系统。

## 1.3.2 操作系统的主要特征

安装操作系统的目的在于提高计算机系统的效率,增强系统的处理能力,提高系统资源的利用率,方便用户的使用。为此,现代操作系统广泛采用并行操作技术,使多种硬件设备能并行工作。例如I/O操作和CPU计算同时进行,在内存中同时存放并执行多道程序等。以多道程序设计为基础的现代操作系统具有以下主要特征。

### 1. 并发性

并发性是指两个或多个事件在同一时间间隔内发生。在多道程序环境下,并发性是指在一段时间内,宏观上有多个程序在同时运行,但在单处理机系统中,每一时刻却仅能有一道程序执行,所以微观上这些程序只能是分时地交替执行。倘若在计算机系统中有多个处理机，则这些可以并发执行的程序便可被分配到多个处理机上，实现并行执行，即利用每个处理机来处理一个可并发执行的程序，这样，多个程序便可同时执行。两个或多个事件在同一时刻发生称为并行。在操作系统中存在着许多并发或并行的活动。例如，系统中同时有三个程序在运行，它们可能以交叉方式在 CPU 上执行，也可能一个在执行计算，一个在进行数据输入，另一个在进行计算结果的打印。由并发而产生的一些问题是：如何从一个活动转到另一个活动，如何保护一个活动不受另一个活动的影响，以及如何实现相互制约活动之间的同步。为使并发活动有条不紊地地行，操作系统就要对其进行有效的管理与控制。

**2. 共享性**

共享是指系统中的资源可供内存中多个并发执行的程序共同使用。由于资源属性的不同，对资源共享的方式也不同，目前主要有以下两种资源共享方式。①互斥共享方式。系统中的某些资源，如打印机、磁带机，虽然它们可以提供给多个用户程序使用，但为使所打印或记录的结果不致造成混淆，应规定在一段时间内只允许一个用户程序访问该资源。这种资源共享方式称为互斥式共享。②同时访问方式。系统中还有另一类资源，允许在一段时间内由多个用户程序“同时”对它们进行访问。这里所谓的“同时”往往是宏观上的，而在微观上，这些用户程序可能是交替地对该资源进行访问。例如对磁盘设备的访问。

并发和共享是操作系统的两个最基本的特征，它们又互为对方存在的条件。一方面，资源共享是以程序的并发执行为条件的，若系统不允许程序并发执行，自然不存在资源共享问题；另一方面，若系统不能对资源共享实施有效管理，协调好多个程序对共享资源的访问，也必然影响到程序并发执行的程度，甚至根本无法并发执行。

**3. 虚拟性**

虚拟是指将一个物理实体映射为若干个逻辑实体。前者是客观存在的，后者是虚构的，是一种感觉性的存在，即主观上的一种想象。例如，在多道程序系统中，虽然只有一个 CPU，每次只能执行一道程序，但采用多道程序技术后，在一段时间间隔内，宏观上有多个程序在运行。在用户看来，就好像有多个 CPU 在各自运行自己的程序。这种情况就是将一个物理的 CPU 虚拟为多个逻辑上的 CPU，逻辑上的 CPU 称为虚拟处理机。类似的还有虚拟存储器、虚拟设备等。

**4. 不确定性**

在多道程序环境下，允许多个程序并发执行，但只有程序在获得所需的资源后才能执行。在单处理机环境下，由于系统中只有一个处理机，因而每次只允许一个程序执行，其余程序只能等待。当正在执行的程序提出某种资源要求时，如打印请求，而此时打印机正在为其他某程序打印，由于打印机属于互斥型共享资源，因此正在执行的程序必须等待，且放弃处理机，直到打印机空闲，并再次把处理机分配给该程序时，该程序才能继续执行。可见，由于资源等因素的限制，使程序的执行通常都不是“一气呵成”，而是以“停停走走”的方式运行。内存中的每个程序在何时能获得处理机运行，何时又因提出某种资源请求而暂停，以及程序以怎样的速度向前推进，每道程序总共需多少时间才能完成，等等，都是不可预知的。因此,在操作系统中,存在着不确定性。

## 1.4 常用的操作系统

目前常用的操作系统是 Windows、UNIX 和 Linux。其中,UNIX 目前常用的变种有 SUN 公司的 Solaris、IBM 公司的 AIX、惠普公司的 HP UX 等。其他比较常用的操作系统还有 Mac iOS、NetWare、zOS(OS/390)、OS/400、OS/2 等。20 世纪 80 年代和 90 年代初,DOS 曾经是最常用的操作系统之一。

### 1.4.1 MS-DOS 及 Windows 系列

Windows 系列与 MS-DOS 都是微软公司的产品。1975 年微软公司成立之初,只有一个 BASIC 程序及比尔·盖茨和保罗·艾伦两个人。时至今日,微软公司已成为世界上最大的软件公司,其产品涵盖操作系统、编译程序、数据库管理系统、办公自动化软件等各个领域。Windows 系列操作系统是由微软公司从 1985 年起开发的产品,包括个人(家用)、商用和嵌入式操作系统(见图 1.4)。个人操作系统包括 Windows Me、Windows 95/98,及更早期的版本 Windows 1.x、2.x、3.x 等,主要在 IBM 个人机系列上运行。商用操作系统是 Windows 2000 和其前身版本 Windows NT,主要在服务器、工作站等上运行,也可以在 IBM 个人系列机上运行。嵌入式操作系统有 Windows CE 和手机用操作系统 Stinger 等。Windows XP 使家用和商用两条产品线合二为一。截至 20 世纪末,全世界运行各种 Windows 版本的计算机有两亿台左右。微软公司从 1983 年开始研制 Windows 操作系统。当时,IBM PC 进入市场已有两年,微软公司开发的磁盘操作系统 DOS 和编程语言 BASIC 随 IBM PC 捆绑销售,取得了很大的成功。Windows 操作系统最初的研制目标是在 DOS 的基础上提供一个多任务的图形用户界面。不过,第一个取得成功的图形用户界面系统是苹果公司于 1984 年推出的 Mac OS (运行于苹果公司的 Macintosh 个人计算机上),Macintosh 机及其上的操作系统当时已风靡美国多年,是 IBM PC 和 DOS 操作系统在当时市场上的主要竞争对手。当年苹果公司曾对 PC 和 Windows 操作系统不屑一顾,并大力抨击微软公司抄袭 Mac OS 的外观和灵感。但苹果机和 Mac OS 是封闭式体系 (硬件接口不公开、系统源代码不公开等),而 IBM PC 和 MS-DOS 是开放式体系 (硬件接口公开、允许并支持第三方厂家做兼容机、公开操作系统源代码等)。这个关键的区别使得 IBM PC 后来者居上,销量超过了苹果机,并使得在 IBM PC 上运行的 Windows 操作系统的普及率超过了 Mac OS,成为个人计算机市场占主导地位的操作系统。

**1. MS-DOS**

DOS 是微软公司与 IBM 公司开发的、广泛运行于 IBM PC 及其兼容机上的操作系统,全称是 MS-DOS。

20 世纪 80 年代初,IBM 公司开始涉足 PC 领域时,曾多方考察选择合适的操作系统。1980 年 11 月,IBM 和微软公司正式签约,之后的 IBM PC 均使用 DOS 作为标准的操作系统。由于 IBM PC 大获成功,微软公司也随之得到了飞速发展,MS-DOS 从此成为

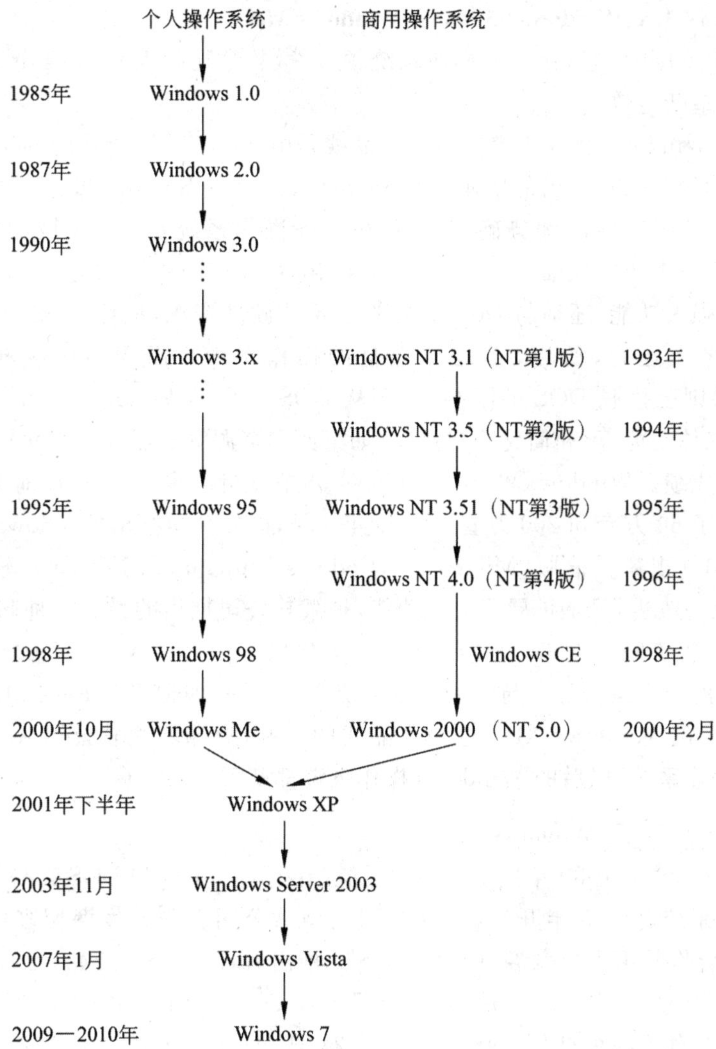


图 1.4 微软公司 Windows 操作系统产品线

个人计算机操作系统的代名词，发展成为个人计算机的标准平台。

IBM PC 上所配的操作系统称 PC DOS 或 IBM DOS，是 IBM 向微软公司买下 MS-DOS的版权，另外作了修改和扩充而产生的。MS-DOS 最早的版本是 1981 年 8 月推出的 1.0 版，至 1993 年 6 月推出了 6.0 版，微软公司推出的最后一个 MS-DOS 版本是 DOS 6.22，以后不再推出新的版本。MS-DOS 是一个单用户操作系统，自 4.0 版开始具有多任务处理功能。

20 世纪 80 年代 DOS 最盛行时，全世界大约有 1 亿台个人计算机使用 DOS 系统，用户在 DOS 下开发了大量应用程序。由于这个原因，20 世纪 90 年代新的操作系统都提供对 DOS 的兼容性。

**2. Windows 3.x、Windows 95/98 及 Windows Me**

从 20 世纪 90 年代起，在个人操作系统领域，微软公司的 Windows 个人操作系统系列占有绝对的垄断地位。

微软公司 Windows 操作系统的个人产品线是由 20 世纪 80 年代的 DOS 平台演变而来。其中，影响较大和较突出的版本是 Windows 3.0 和 Windows 95。Windows 3.0 的大量全新特性以压倒性的优势确定了 Windows 操作系统在 PC 领域的垄断地位，而 Windows 95 则一上市就风靡世界。Windows 3.1 及以前的版本均为 16 位系统，不能充分利用硬件的强大功能，还须与 DOS 共同管理系统硬件资源，依赖 DOS 管理文件系统，只能在 DOS 之上运行，所以，不能算完整的操作系统。而 Windows 95（及稍前的 Windows NT）则已摆脱 DOS 的限制（不用从 DOS 下启动 Windows），在提供强大功能（如网络和多媒体功能等）和简化用户操作（如桌面和资源管理器等新特性）这两个方面都取得了突出的成绩。Windows 95 和 Windows 98 在上市的第一个月和前半年分别在零售商店销售出了 60 万套和 200 万套。2000 年 9 月，微软公司推出 Windows 98 的后续版本 Windows Me（视窗千禧版，Microsoft Windows Millennium Edition），较之 Windows 98 没有本质上的改进，只是扩展了一些功能，是微软公司推出的最后一种基于 DOS 系统的操作系统，零售价每套 40 美元左右，上市 4 天售出 25 万套。Windows Me 的后续版本是把微软公司的个人操作系统与商用操作系统合二为一（即把 Windows Me 和 Windows 2000 合二为一）的 Windows XP。这种产品线的合并，意味着微软公司从此不再有基于 DOS 平台的操作系统，以后的 Windows 操作系统都基于 NT 平台。

**3. Windows NT 及 Windows 2000**

微软公司在 20 世纪 80 年代中后期的主流产品 Windows 和 DOS 都是个人计算机上的单用户操作系统。1985 年开始，IBM 公司与微软公司合作开发商用多用户操作系统 OS/2，但这次合作并不十分融洽，1987 年 OS/2 推出后，微软公司开始计划建立自己的商用多用户操作系统。1988 年 10 月，微软公司聘任 Dave Culter 作为 NT 的主设计师，开始组建开发新操作系统的队伍。1993 年 5 月 24 日，经过几百个人四年多的工作，微软公司正式推出 Windows NT。在相继推出 Windows NT 1.0、2.0、3.0、4.0 后，2000 年 2 月推出 Windows 2000（原来称为 Windows NT 5.0）。而 Windows 2000 的下一个版本是 Windows XP。

Windows NT 及后来的 Windows 2000 是商用多用户操作系统，其开发目标是作为工作站和服务器上的 32 位操作系统，以充分利用 32 位处理器等硬件的新特性，并使其易于适应将来的硬件变化，能容易地随着新的市场需求而扩充，同时与已有应用程序保持兼容。

Windows NT 最初采用 OS/2 的界面，后来因 Windows 操作系统的成功推出又改为用 Windows 系列的界面。Windows NT 最初计划基于 Intel i860 CPU，1990 年转为基于 Intel 80386/486 和 RISC CPU。Windows NT 较好地实现了设计目标（充分利用硬件新特性、可扩充性、可移植性、兼容性等），采用和实现了大量的新技术，其结构具有微内核、客户/服务器、面向对象等先进特性。Windows NT 支持对称多处理、多线程程序、多个可装卸文件系统(FAT、HPFS、CDFS、NTFS 等),还支持多种常用 API 和标准 API(Win 32、OS/2、DOS、POSIX 等),提供源码级兼容和二进制兼容,内置网络和分布式计算。Windows NT 安全性达到美国政府 C2 级安全标准。

Windows NT 是 1999 年销量第一的服务器操作系统。2000 年 2 月 18 日,微软公司正式推出了 Windows 2000,其性能与可靠性都比 Windows NT 有了很大改善。

Windows 2000 的下一个版本与 Windows Me 的下一个版本合二为一,称为 Windows XP。Windows XP 的设计理念是,把以往 Windows 系列软件家庭版的易用性和商用版的稳定性集于一身。

## 1.4.2　UNIX 家族:Solaris、AIX、HP UX、SVR4、BSD

**1. UNIX 概述**

UNIX 是一种多用户操作系统,是目前的三大主流操作系统之一(另外两个是 Linux 和 Windows)。它在 1969 年诞生于贝尔(电话)实验室,由于其简洁、易于移植等特点而很快得到注意、发展和普及,成为跨越从微型机到巨型机范围的唯一操作系统。除了贝尔实验室的"正宗"UNIX 版本外,UNIX 还有大量的变种。例如,目前的主要变种有 SUN Solaris、IBM AIX 和 HP UX 等,不同变种间的功能、接口、内部结构基本相同而又各有不同。除变种外,UNIX 还有一些克隆系统,如 Math 和 Linux。克隆与变种的区别在于:变种是在正宗版本的基础上修改而来(包括界面与内部实现),而克隆则只是界面相同,内部则完全重新实现。有时也将克隆和变种统称为变种。

**2. UNIX 的发展历史**

UNIX 的发展历程如图 1.5 所示。

1) UNIX 的产生过程

UNIX 这个名字是取 Multics 的反义,其诞生背景与特点一如其名。Multics 项目(MULTiplexed Information and Computing Service)由贝尔(电话)实验室(Bell (Telephone) Laboratories, BTL)、通用电气公司(General Electric)和麻省理工学院联合开发,旨在建立一个能够同时支持数千个用户的分时系统,该项目因目标过于庞大而失败,于 1969 年撤销。退出 Multics 项目后,1969 年中期,贝尔实验室的雇员 Thompson 开始在公司的一台闲置的只有 4KB 内存的 PDP-7 计算机上开发一个"太空漫游"游戏程序。由于 PDP-7 缺少程序开发环境,为了方便这个游戏程序的开发,Thompson 和公司的另一名雇员 Ritchie 一起用 GE-645 汇编语言(以前曾用于 Multics 开发)开发 PDP-7 上的操作环境。最初是一个简单的文件系统,很快又添加了一个进程子系统、一个命令解释器和一些实用工具程序。他们将这个系统命名为 UNIX。此后,随着贝尔实验室的工作环境的需要,他们将 UNIX 移植到 PDP-11 上,并逐渐增加了新的功能。很快,UNIX 开始在贝尔实验室内部流行,许多人都投入到它的开发中来。1971 年,《UNIX 程序员手册》第 1 版出版,这之后直到 1989 年,贝尔实验室又相继发行了 10 个版本的 UNIX 和相应的手册。1973 年 Ritchie 用 C 语言重写了 UNIX(UNIX 第 4 版),这使得 UNIX 的可移植性大大增强,这是 UNIX 迈向成功之路的关键一步。1973 年 10 月,Thompson 和 Ritchie 在 ACM(Association for Computing Machinery,计算机协会)的 SOSP(Symposium

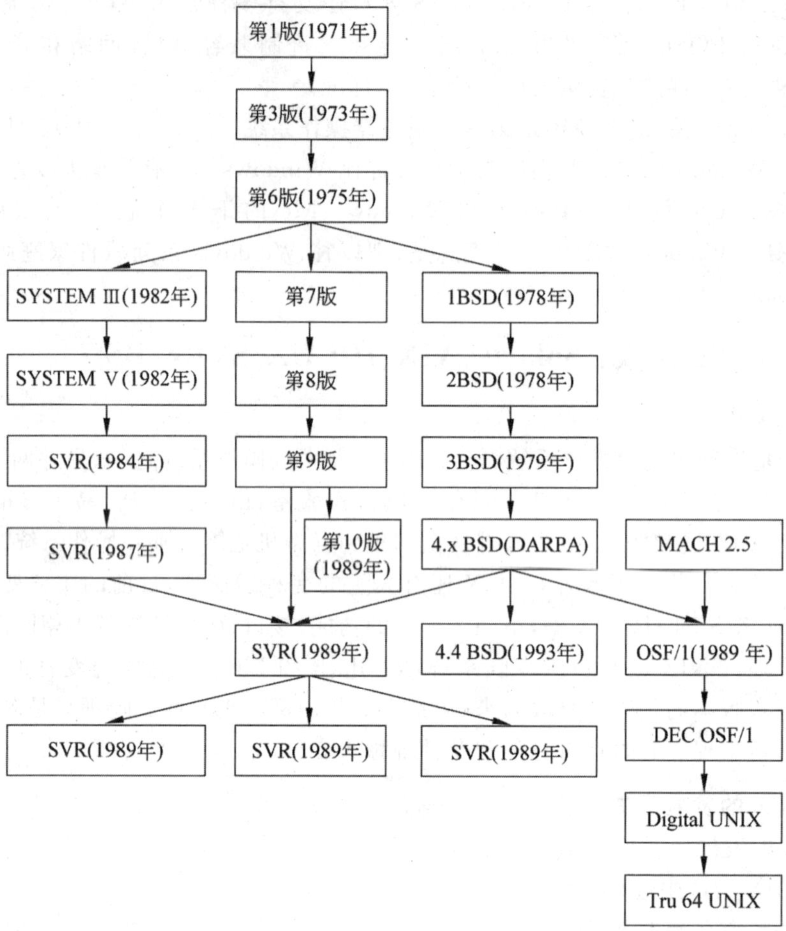


图 1.5　UNIX 的发展历程

Operating Systems Principles,操作系统原理讨论会)会议上发表了首篇 UNIX 论文,这是 UNIX 首次在贝尔实验室以外亮相。

2) 免费扩散阶段

在 SOSP 上发表论文后,UNIX 立即引起了众人的注意和兴趣,UNIX 软件和源码迅速以许可证形式免费传播到世界各地。一些大学、研究机构在免费使用的同时,对 UNIX 进行了深入的研究、移植和改进。AT&T 又将这些改进与移植加入其以后的 UNIX 版本中。另外,众多大学对 UNIX 的免费使用,使学生们得以熟悉 UNIX,这些学生们毕业后又把 UNIX 传播到各种商业机构和政府机构,这对 UNIX 早期的传播和普及起到了重要作用。

UNIX 的第一次移植是由 Wollongong 大学于 1976 年将其移植到 Interdata 机上。其他两次较早的移植包括:1978 年,微软公司与 SCO 公司合作将 UNIX 移植到 Intel 8086 上,即 XENIX 系统(最早的 UNIX 商业变种之一);1978 年,DEC 公司将 UNIX 移植到 VAX 上,即 UNIX/32V(3BSD 的前身)。

3）商用版本的出现和三大主线的形成

UNIX 的不断发展导致许多计算机公司开始发行自己机器上的 UNIX 增值商业版本。UNIX 的第一个商业变种是 1977 年 Interactive Systems 公司的 IS/1(PDP-11)。20 世纪 80 年代著名的商业变种有 Sun 公司的 Sun OS、Microsoft 公司与 SCO 公司的 XENIX 等。

20 世纪 70 年代中期到 80 年代中期，UNIX 的迅速发展，众多大学和公司的参与，使得 UNIX 的变种迅速增多。这些变种主要围绕 3 条主线：由贝尔实验室发布的 UNIX 研究版(First Edition UNIX 到 Tenth Edition UNIX，或称 V1 到 V10，以后不再发行新版)、由加利福尼亚州大学伯克利分校发布的 BSD(Berkeley Software Distribution)和由贝尔实验室发布的 UNIX System Ⅲ 和 System Ⅴ。

1984 年的 AT&T 大分家使得 AT&T 可以进入计算机市场，因此，除了贝尔实验室研究小组继续研究和发行 UNIX 研究版之外，AT&T 成立了专门的 UNIX 对外发行机构。最初是 UNIX 支持小组，后来是 UNIX 系统开发小组，接下来是 AT&T 信息系统。这些机构先后发行了 System Ⅲ(1982 年)、System Ⅴ(1983 年)、System Ⅴ Release 2 (SVR2，1984 年)、SVR3(1987 年)，许多商业 UNIX 变种都是基于这条主线实现的。

加利福尼亚州大学伯克利分校是最早领取许可证的 UNIX 用户之一(1973 年 12 月)，最初的 BSD 版本发行(1978 年初的 1BSD 和 1978 年末的 2BSD)仅包括应用程序和实用工具(如 Vi、Pascal、C Shell 等)，没有对操作系统核心本身进行修改和再发行。1979 年末的 3BSD 则基于 UNIX/32V 设计实现了页式虚存管理，是由加利福尼亚州大学伯克利分校发行的第一个操作系统。在 3BSD 中所做的虚存工作使该校得到美国国防部资助，推出了 4BSD(1980 年的 4.0BSD 到 1993 年的 4.4BSD)，其中集成了 TCP/IP，引入了快速文件系统(Fast File System，FFS)、套接字等大量先进技术。BSD 对 UNIX 的发展具有重要影响，有许多新技术是 BSD 率先引入的。Sun OS 就是基于 4BSD 的。伯克利分校对 UNIX 的开发工作一直由计算机科学研究小组(Computer Science Research Group，CSRG)承担，1993 年发行 4.4BSD 时，CSRG 宣布因缺少资金等原因而停止 UNIX 开发，因此 4.4BSD 是伯克利分校发行的最后一个版本。

到 20 世纪 80 年代，UNIX 已在从微型机到巨型机等众多不同机型上运行。作为通用操作系统，当时 UNIX 的主要竞争对手是各计算机厂商的专有系统，如 IBM 的 OS 360/370 系列等。

4）两大阵营对峙和标准化的出现

20 世纪 80 年代后期，UNIX 已经出现了很多变种，变种增多导致了程序的不兼容性和不可移植(同一应用程序在不同 UNIX 变种上不能直接运行)。因此，迫切需要对 UNIX 进行标准化。这就导致了两大阵营的出现。

1987 年，在统一市场的浪潮中，AT&T 宣布与 Sun 公司合作，将 System Ⅴ 和 Sun OS 统一为一个系统。其余厂商十分关注这项开发，认为他们的市场处于威胁之下，于是联合开发新的开放系统，他们的新机构开放软件基金会(Open Software Foundation，OSF)于 1988 年成立。作为回应，AT&T 和 Sun 公司联盟也于 1988 年形成了 UNIX 国际(UNIX International，UI)。这场“UNIX 战争”将系统厂商划分成 UI 和 OSF 两大阵营。UI 推出了 SVR4，而 OSF 则推出了 OSF/1。虽然两者都是 UNIX，但它们在系统架构、命令操作以及管理方式上都有所不同。两者在市场上展开了激烈的竞争。

两种 UNIX 系统并存，却又不能相互兼容，这对用户非常不利，因而直接影响了 UNIX 对用户的吸引力。随着 Microsoft 公司的迅速崛起，并以惊人的速度由传统的 PC 市场向工作站和网络市场扩张，迫使 UI 和 OSF 两大阵营不得不相互让步、握手言和，从而共同制定了应用程序接口(Application Program Interface，API)标准技术规范，并联合开发共同开放软件环境(Common Open Software Environment，COSE)。

**3. UNIX 目前的主要变种**

目前主要的 UNIX 变种有 Sun 公司的 Solaris、IBM 公司的 AIX、HP 公司的 HP UX、Compaq Tru64 UNIX(原名 Digital UNIX)、SCO 公司的 SCO UnixWare、SGI 公司的 Irix，它们大多是基于 SVR4 的。

UNIX 最初的许多概念、命令、实用程序和语言，至今仍在沿用，显示了 UNIX 原始设计的简洁高效和恒久魅力。

## 1.4.3 自由软件：Linux 及其他

软件按其提供方式和是否赢利可以划分为 3 种模式，即商业软件(commercial software)、共享软件(shareware)和自由软件(freeware 或 free software)。商业软件由开发者出售并提供技术服务，用户只有使用权，不得进行非法复制、扩散和修改。共享软件由开发者提供软件试用程序复制品授权，用户在试用该程序复制品一段时间之后，必须向开发者交纳使用费用，开发者则提供相应的升级和技术服务。自由软件则由开发者提供软件全部源代码，任何用户都有权使用、复制、扩散、修改该软件，同时用户也有义务将自己修改过的程序代码公开。

自由软件的自由(free)有两个含义：第一是免费，第二是自由。免费是指自由软件可免费提供给任何用户使用，即便是用于商业目的，并且自由软件的所有源程序代码也是公开的，可免费得到。自由是指它的源代码不仅公开而且可以自由修改，无论修改的目的是使自由软件更加完善，还是在对自由软件进行修改的基础上开发上层软件。自由软件的出现给人们带来很大的好处：首先，免费可给用户节省相当多的费用；其次，公开源码可吸引尽可能多的开发者参与软件的查错与改进；最后，在开发协调人的控制下，自由软件新版本的公布、反馈、更新等过程是完全开放的。

1984 年，自由软件的积极倡导者 Richard Stallman 组织开发了一个完全基于自由软件的软件体系——GNU(“GNU is Not UNIX”)，并拟定了一份通用公用版权协议(General Public License，GPL)。目前人们已很熟悉的一些软件，如 BIND、Perl、Apache、TCP/IP 等，都是自由软件的经典之作。C++ 编译器，Objective C、FORTRAN 77、C 库、TCP/IP 网络、SLIP/PPP、IP Accounting、防火墙、Java 内核支持、BSD 邮件发送、Apache、HTTP server、Arena 和 Lynx Web 浏览器、Samba(用于在不同操作系统间共享文件和打印机)、Applixware 的办公套装、starOffice 套件等都是著名的自由软件。

1993 年，Linus 把 Linux 奉献给了自由软件，奉献给了 GNU，从而使自由软件增加了一个很好的发展根基。现在自由软件有很多都是基于 Linux 的。

**1. Linux**

Linux 是一个多用户操作系统，是 Linus Torvalds 主持开发的遵循 POSIX 标准的操作系统，它提供 UNIX 的界面，但内部实现完全不同。它是一个自由软件，是免费的、源代码开放的，这是它与 UNIX 及其变种的不同之处。它虽然 1991 年才诞生，但由于它独特的发展过程所带来的诸多出色的优点，因此除了学生使用外，近几年还被许多企业和机构使用并进而得到了众多商业支持。

Linus Torvalds 在 2001 年初 Linux World 大会前夕推出 Linux 2.4 内核，Linux 的版本号有内核(Kernel)与发行套件(Distribution)两套版本，内核版本指的是在 Linus 领导下的开发小组开发出的系统内核的版本号，最近版本为 2.6(一般说来序号的第二位为偶数的版本表明这是一个可以使用的稳定版本，如 2.0.35；而序号的第二位为奇数的版本一般有一些新的东西加入，是不一定很稳定的测试版本，如 2.1.88)。一些组织机构或厂家将 Linux 系统内核同应用软件和文档包装起来，并提供一些安装界面和系统设定与管理工具，这样就构成了一个发行套件，如最常见的 Slackware、Red Hat、Debian 等。实际上发行套件就是 Linux 的一个大软件包而已。相对于内核版本，发行套件的版本号随发布者的不同而不同，与系统内核的版本号是相对独立的，如 Red Hat 9.0。

1) Linux 的产生与发展

Linux 最初是由芬兰赫尔辛基大学计算机系大学生 Linus Torvalds，在从 1990 年年底到 1991 年的几个月中，为了自己的操作系统课程学习和后来上网使用而陆续编写的，在他自己买的 Intel 386 PC 上，利用 Tanenbaum 教授自行设计的微型 UNIX 操作系统 Minix 作为开发平台。据 Linus 说刚开始的时候他根本没有想到要编写一个操作系统内核，更没想到这一举动会在计算机界产生如此重大的影响。最开始是一个进程切换器，然后是为自己上网需要而自行编写的终端仿真程序，再后来是为他从网上下载文件而自行编写的硬盘驱动程序和文件系统。这时候他发现自己已经实现了一个几乎完整的操作系统内核，出于对这个内核的信心和美好的奉献与发展愿望，Linus 希望这个内核能够免费扩散使用，但出于谨慎，他并没有在 Minix 新闻组中公布它，而只是于 1991 年年底在赫尔辛基大学的一台 FTP 服务器上发了一则消息，说用户可以下载 Linux 的公开版本(基于 Intel 386 体系结构)和源代码。从此以后，奇迹发生了。

Linux 的兴起可以说是因特网创造的一个奇迹。由于它是在因特网上发布的，网上的任何人在任何地方都可以得到 Linux 的基本文件，并可通过电子邮件发表评论或者提供修正代码。这些 Linux 的热心者中，有将之作为学习和研究对象的大专院校的学生和科研机构的研究人员，也有网络黑客等，他们所提供的所有初期的上载代码和评论，后来证明对 Linux 的发展至关重要。正是由于众多热心者的努力，使 Linux 在不到 3 年的时间里成为了一个功能完善、稳定可靠的操作系统。

1993 年，Linux 的第一个产品——Linux 1.0 版问世的时候，是按完全自由版权进行扩散的。它要求所有的源代码必须公开，而且任何人均不得从 Linux 交易中获利。然而半年以后，Linus 开始意识到这种纯粹的自由软件理想对于 Linux 的扩散和发展来说，实际上是一种障碍而不是一股推动力，因为它限制了 Linux 以磁盘复制或者 CD-ROM 等媒体形式进行扩散的可能，也限制了一些商业公司参与进一步开发 Linux 并提供技术支持的良好愿望。于是 Linus 决定转为 GPL 版权(General Public License),这一版权除了规定有自由软件的各项许可权之外,还允许用户出售自己的程序复制品。这一版权上的转变后来证明对 Linux 的进一步发展确实极为重要。从此以后,便有多家技术力量雄厚又善于市场运作的商业软件公司加入了原先完全由业余爱好者和网络黑客所参与的这场自由软件运动,开发出了多种 Linux 的发布版本,增加了更易于用户使用的图形界面和众多的软件开发工具,极大地拓展了 Linux 的全球用户基础。Linus 本人也认为:"使 Linux 成为 GPL 的一员是我一生中所做过的最漂亮的一件事。"一些软件公司,如 Red Hat、InfoMagic 等也不失时机地推出了自己的以 Linux 为核心的操作系统版本,这大大推动了 Linux 的商品化。在一些大的计算机公司的支持下,Linux 还被移植到 Alpha、Power PC、MIPS 及 SPARC 等处理机的系统上。

随着 Linux 用户基础的不断扩大、性能的不断提高、功能的不断增加,各种平台版本的不断涌现,以及越来越多商业软件公司的加盟,Linux 已经在不断地向高端发展,开始进入越来越多的公司和企业计算领域。Linux 被许多公司和 Internet 服务提供商用于 Internet 网页服务器或电子邮件服务器,并已开始在很多企业计算领域中大显身手。1998 年下半年,由于 Linux 本身的优越性,使得它成为传媒关注的焦点,进而出现了当时的"Linux 热":首先是各大数据库厂商(Oracle、Informix、Sybase 等),继而是其他各大软硬件厂商(IBM、Intel、Netscape、Corel、Adeptec、SUN 公司等),纷纷宣布支持(支持是指该厂商自己的软硬件产品支持 Linux,即可以在 Linux 下运行,最典型的是推出××× for Linux 版或推出预装 Linux 的机器等)甚至投资 Linux。即使像 SUN 和 HP 这样的公司,尽管它们的操作系统产品与 Linux 会产生利益冲突,也大力支持 Linux,从而达到促进其硬件产品销售的目的。

2) Linux 的特点

Linux 能得到如此大的发展,受到各方面的如此青睐,是由它的特点决定的。

(1) 免费、开放源代码。Linux 是免费的,获得 Linux 非常方便,而且源代码的开放,使得使用者能控制源代码,按照需要对部件进行混合搭配,易于建立自定义扩展。因为内核有专人管理,内核版本无变种,所以对用户应用的兼容性有保证。

(2) 具有出色的稳定性和速度性能。Linux 可以连续运行数月,数年无须重启。一台 Linux 服务器可以支持 100~300 个用户。而且它对 CPU 的速度不大在意,可以把每种处理器的性能发挥到极限。

(3) 功能完善。Linux 包含了所有人们期望操作系统拥有的特性,不仅仅是 UNIX 的,而且是任何一个操作系统的功能。包括多任务、多用户、页式虚存、库的动态链接(即共享库)、文件系统缓冲区大小的动态调整等。Linux 完全在保护模式下运行,并全面支持 32 位和 64 位多任务处理,Linux 能支持多种文件系统。目前支持的文件系统有 EXT2、EXT、Ⅺ AFS、ISO FS、HP FS、MS-DOS FAT、UMS-DOS、PROC、NFS、SYSV、Minix、SMB、UFS、NCP、VFAT、AFFS 等。

(4) 具有网络优势。因为 Linux 的开发者们是通过 Internet 进行开发的,所以对网络的支持功能在开发早期就已加入。而且,Linux 对网络的支持比大部分操作系统都更出色。它能够同 Internet 或其他任何使用 TCP/IP 或 IPX 协议的网络,经由以太网、

ATM、调制解调器、HAM/Packet 无线电(X.25 协议)、ISDN 或令牌环网相连接。Linux 也是作为 Internet/WWW 服务器系统的理想选择。在相同的硬件条件下(即使是多处理器),通常比 Windows NT、Novell 和大多数 UNIX 系统的性能要卓越。Linux 拥有世界上最快的 TCP/IP 驱动程序。Linux 支持所有通用的网络协议,包括 E-mail、Use Net News、Gopher、Telnet、Web、FTP、Talk、POP、NTP、IRC、NFS、DNS、NIS、SNMP、WAIS 等。在以上协议环境下,Linux 既可以作为一个客户端,也可以作为服务器。在 Linux 中,用户可以使用所有的网络服务,如网络文件系统、远程登录等。

(5) 对硬件的需求较低。Linux 刚开始的时候主要是为低端 UNIX 用户而设计的,在只有 4MB 内存的 Intel 386 处理器上就能运行得很好,同时,Linux 并不仅仅只运行在 Intel x86 处理器上,它也能运行在 Alpha、SPARC、PowerPC、MIPS 等 RISC 处理机上。

(6) 应用程序众多(而且大部分是免费软件),硬件支持广泛,程序兼容性好。由于 Linux 是支持 POSIX 标准,因此大多数 UNIX 用户程序也可以在 Linux 下运行。另外,为了使 UNIX System Ⅴ和 BSD 上的程序能直接在 Linux 上运行,Linux 还增加了部分 System Ⅴ和 BSD 的系统接口,使 Linux 成为一个完善的 UNIX 程序开发系统。Linux 也符合 X/Open 标准,具有完全自由的 X-Windows 实现。现有的大部分基于 X 的程序不需要任何修改就能在 Linux 上运行。Linux 的 DOS"仿真器"DOSEMU 可以运行大多数 MS-DOS 应用程序。Windows 程序也能在被称为 WINE 的 Linux 的 Windows"仿真器"的帮助下,在 X-Windows 的内部运行。Linux 的高速缓存能力,使 Windows 程序的运行速度得到很大提高。

**2. 其他免费操作系统**

1) FreeBSD

FreeBSD 是美国加利福尼亚州大学伯克利分校开发的免费支持 POSIX 标准的操作系统,它基于 4.4BSD,运行于 Intel x86 平台,版本有 2.26 版本和 3.00 版本,因其高效和完美而被发烧友们誉为"学院公主"。FreeBSD 的用户群包括公司、网络服务提供商、研究人员、计算机专家、学生以及家庭用户,目前主要用于教育和娱乐领域。

2) Minix

Minix 是一个运行于 Intel x86 平台的微内核结构的教学用多用户操作系统,免费、源代码公开。它的接口界面与 UNIX 相同,但内部结构与代码完全不同,从内核、编译器到实用工具和库文件均不含有任何 AT&T 代码。Minix 由荷兰阿姆斯特丹 Vrije 大学的国际知名操作系统专家 Andrew S. Tanenbaum 主持设计与实现。版本有 Minix 1.5 和 Minix 2.0,支持 4GB 虚存空间,一台机器可同时支持最多 3 个用户,支持 TCP/IP 网络协议,提供 200 多个实用工具和 300 多个实用程序库。

虽然 Minix 的源程序代码完全公开,但它却是有版权的,它不属于公有,也不同于 GNU 公共许可证下的软件。其版权所有者 Prentice Hall 允许任何人下载 Minix 用于教学或研究领域,但若要把 Minix 用于商业系统或其他产品中,需经 Prentice Hall 许可。

从工作角度来讲,Minix 并不是实用操作系统,因为为其设计的应用软件大多数用于教学和实验,而由于它简单的设计思想和极小的系统内核,Minix 在教学中得到广泛应用,它特别适合 UNIX 初学者了解同类操作系统的工作机理。

其他免费操作系统还有 BeOS、QNX、XINU 等。

## 1.5 本章小结

本章通过从系统软件、资源管理器和接口的角度对操作系统概念进行阐述，给出了操作系统的定义：操作系统是一组控制和管理计算机系统的硬件和软件资源，合理地组织计算机工作流程并为用户使用计算机提供方便的程序和数据的集合。同时，对操作系统的发展历史、操作系统的分类、操作系统的功能与特性以及目前常用的操作系统进行了详细介绍。

批处理与分时系统的出现，意味着操作系统的诞生。

操作系统通常分为批处理操作系统、分时操作系统、实时操作系统、嵌入式操作系统、网络操作系统、分布式操作系统和个人计算机操作系统。

操作系统的主要功能有处理机管理（进程管理）、存储管理、设备管理、文件管理和用户接口。

操作系统的主要特征是并发性、共享性、虚拟性和不确定性。

目前常用的操作系统有 Windows、UNIX 和 Linux。

## 习题 1

1.1 什么是操作系统？

1.2 简述操作系统的发展历史。

1.3 多道程序设计技术的概念是什么？

1.4 多道程序设计技术的硬件基础是什么？

1.5 操作系统的主要功能是什么？

1.6 操作系统的主要特征是什么？

1.7 简述 Windows 系列操作系统的发展历史。

1.8 简述 UNIX 系列操作系统的发展历史。

1.9 简述 Linux 操作系统的发展历史。

1.10 自由软件的含义是什么？

# 第2章 进程管理

CHAPTER

**教学要点**

本章主要内容是程序的并发执行及进程的概念、进程的状态及其转换、进程的同步与互斥、进程通信与调度、进程死锁的概念及解决死锁的方法、线程的概念及其实现、Linux 中进程的实现。

读者应重点掌握进程及线程的概念及其状态转换、实现进程同步与互斥的方法以及进程的各种调度策略，掌握进程通信、死锁的概念及其解决方法，了解 Linux 中进程的实现技术。

操作系统中最核心的概念是进程，进程是对正在运行的程序的一种抽象，是资源分配和独立运行的基本单位，操作系统的所有内容都是围绕进程展开的，操作系统的四大特征也是基于进程而形成的。

## 2.1 进程的概念

### 2.1.1 程序的并发执行

现在所有的计算机都能同时做几件事情。人们在使用计算机运行程序的时候，时常会一边听着光盘上的音乐，一边从网上下载着软件，一边还编辑着文本文件。在某一时段同时发生几件事的现象称为并发。计算机自动地做某事，实际上是 CPU 自动执行存放在内存中的程序，同时做几件事就是同时执行几道不同的程序。如果这几道程序同时在不同的 CPU 上执行，则称为“并行”，如果它们分时地运行在同一个 CPU 上则称为“并发”。在单 CPU 条件下同时运行几道程序，从宏观上看，这几道程序是同时向前推进，但从微观上观察则是由单 CPU 按照时间段轮流执行每个程序的一小段，使每个程序都运行到程序的开始与结束之间的某一处。从逻辑上讲，这几道程序都在运行，但从 CPU 的执行轨迹上观察，却是轮流地为每个程序执行一段时间，循环往复，直到所有程序依次完成。我们目前使用的计算机几乎都是单 CPU 的机器，但是都能同时完成几件不同的工作，就是采用的 CPU 分时原理。因此，逻辑上的并行称为“并发”。

程序的并发执行是在多道程序环境下完成的，而在单道程序工作环境中，程序是顺序执行的。程序的这两种不同的执行方式，体现出不同的特性。

**1. 程序的顺序执行及其特性**

一个具有独立功能的程序独占 CPU 运行，直至得到最终结果的过程称为程序的顺序执行。例如，用户要求计算机完成一道程序的运行时，通常先输入用户的程序和数据，然后运行程序进行计算，最后将结果打印出来。假设系统中有 2 个程序，每个程序都由三个程序段 I、C、P 组成，其中，I 表示从输入机上读入程序的信息，C 表示执行程序的计算过程，P 表示在打印机上打印出程序的计算结果。在单道环境下，每一程序的这三个程序只能是一个接一个地顺序执行，也就是输入、计算和打印三者串行工作，并且前一个程序结束后，才能执行下一个程序。执行顺序如图 2.1 所示。

图 2.1 程序的顺序执行

由上述顺序程序的执行情况可以看出，程序的顺序执行具有如下特点。

(1) 顺序性。当顺序程序在 CPU 上执行时，CPU 严格地顺序执行程序规定的动作，每个动作都必须在前一动作结束后才能开始。除了人为的干预造成机器暂时停顿外，前一动作的结束就意味着后一动作的开始。程序和计算机执行程序的活动严格一一对应。

(2) 独占资源。程序在执行过程中，独占全部资源，除了初始状态外，只有程序本身规定的动作才能改变这些资源的状态。

(3) 结果无关性。程序的执行结果与其执行速度无关。也就是说，CPU 在执行程序的两个动作之间如有停顿不会影响程序的执行结果，如果程序的初始条件不变，当重复执行时，一定能得到相同的结果。

上述特点概括起来就是程序的顺序性、封闭性和可再现性。所谓顺序性指的是程序的各部分能够严格地按程序所确定的逻辑次序顺序地执行。所谓封闭性指的是程序一旦开始执行，其计算结果就只取决于程序本身，除了人为改变机器运行状态或机器故障外，不受外界因素的影响。所谓可再现性是指当该程序重复执行时，必将获得相同的结果。这给程序的调试带来了很大的方便。

**2. 程序的并发执行及其特性**

现代计算机在物理设计和逻辑设计中采用并行操作技术，使多种硬件设备能并行工作。硬件的并行操作技术为程序的并发执行提供了物质基础。在多道程序操作系统支持下，不但在多机系统中它可同时执行多个不同的程序，即使是在单机系统中，从逻辑上或宏观上看，多个程序也能并发执行。

对于任何一个程序 $i$，其输入操作 $I_i$、计算操作 $C_i$、打印操作 $P_i$ 这三者必须顺序执行，但对 $n$ 个程序来说，则有可能并发执行。例如：输入程序在完成第 $i$ 个程序的输入操作后，计算程序在对第 $i$ 个程序进行计算的同时，可再启动输入程序，进行第 $i+1$ 个程序的输入操作，这就使得第 $i+1$ 个程序的输入操作和第 $i$ 个程序的计算操作能并发执行。图 2.2 给出了输入、计算、打印程序对一批程序进行处理的执行顺序。在该例中 $I_1$ 先于 $C_1$

和 $I_2$，$C_1$ 先于 $P_1$ 和 $C_2$，$P_1$ 先于 $P_2$，$I_2$ 先于 $C_2$ 和 $I_3$……这说明有些操作必须在其他操作之后执行，另外有些操作却可以并行地执行。此外从图中可以看出：$I_2$ 与 $C_1$、$I_3$ 与 $C_2$ 与 $P_1$、$I_4$ 与 $C_3$ 与 $P_2$ 是重叠的。多道程序的并发执行大大地提高了系统的处理能力，改善了系统资源的利用效率。

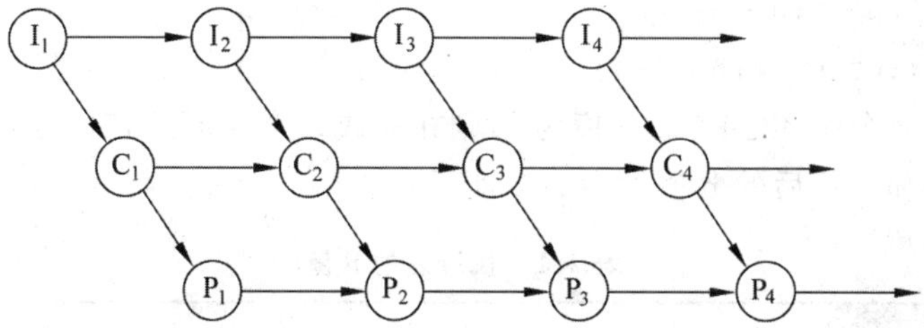


图 2.2　程序的并发执行

程序并发执行，是否还能保持顺序执行时的特性呢？下面通过例子来说明程序并发执行时的特性。

设有观察者和报告者并行工作。在一条单向行驶的公路上经常有卡车通过。观察者不断观察并对通过的卡车计数，报告者定时地将观察者的计数值打印出来，然后将计数器重新清零。此时可以写出如下程序，其中 parbegin 表示多个程序可以并发执行。

```
int n=0;
void observer(void)
{
    while(1)
    {
        …
        n=n+1;
        remainder of observer;
    }
}
void reporter(void)
{
    while(TRUE)
    {
        …
        print(n);
        n=0;
            remainder of reporter;
    }
}
void main()
{
    parbegin(observer(),reporter());
}
```

由于观察者和报告者各自独立地并行工作，n=n+1 的操作，既可以在报告者的 print(n)和 n=0 操作之前，也可以在其后，还可以在 print(n)和 n=0 之间，即可能出现以下三种执行序列：

(1) n=n+1;print(n);n=0;

(2) print(n);n=0;n=n+1;

(3) print(n);n=n+1;n=0;

假设在开始某个循环之前，n 的值为 s，则在完成一个循环后，对上述三个执行序列打印机打印的 n 值和执行后的 n 值如表 2.1 所示。

**表 2.1 执行后的 n 值**

| 执行序列 | ① | ② | ③ |
| --- | --- | --- | --- |
| 打印的值 | s+1 | s | s |
| 执行后的值 | 0 | 1 | 0 |

由表 2.1 可见，由于观察者和报告者的执行速度不同，导致了计算结果的不同，这就是说，程序并发执行已丧失了顺序执行所保持的封闭性和可再现性，产生了如下一些新的特征。

(1) 间断性：如果并发执行的程序与其他程序竞争资源失败而阻塞，或运行到一个时间片结束，它都会放弃 CPU，使自己无法继续运行下去，但是当别的程序释放资源，使它能获得申请的资源并再次被调度选中时，它又能继续运行下去。这就使并发执行的程序具有“执行—暂停—执行”的活动规律。

(2) 失去封闭性：程序在并发执行时，多个程序共享系统中的所有资源，因此这些资源的使用状态将由多个程序改变，使程序运行失去了封闭性。

(3) 不可再现性：由于程序的并发执行，打破了由某一道程序独占系统资源时的封闭性，也必将导致失去程序执行的可再现性。

程序的并发执行所表现出的特性说明以下两个问题。

(1) 程序和计算机执行程序的活动不再一一对应。程序和计算机执行程序的活动是两个概念，程序是指令的有序集合，是静态的概念；而计算机执行程序的活动是指令序列在 CPU 上的执行过程，或 CPU 按照程序执行指令序列的过程。通常把计算机执行程序的活动，称为“计算”，显然，“计算”是一个动态的概念。如前所述，程序在顺序执行时，程序和“计算”之间保持一一对应的关系，但在并发执行时，一个并发程序可为多个用户作业调用，而使该程序处于多个“执行”过程中，从而形成了多个“计算”，这就是说，多个“计算”可能是在不同数据集上执行同一程序，所以程序和“计算”不再一一对应。例如在分时系统中，内存中一个编译程序的副本同时为几个用户作业编译时，该编译程序的几次执行，便对应了几个“计算”。

(2) 并发程序间存在相互制约关系。资源共享和程序的并发执行使得系统的工作情况变得错综复杂，尤其表现在系统中并发程序间的相互依赖和制约方面。系统中各个并发程序的活动都有一定的独立性，它们分别提供一种用户或系统功能，如各用户作业的活动各提供一种用户需要的功能，它们之间相互独立，而又有相互依赖和制约关系。像上例中的观察者与报告者程序，它们各自完成独立的工作，通过共享变量 n 又建立了相互依赖与制约关系。又如，操作系统中对 CPU 的调度和对各种外部设备的控制活动，两者之间基本上也是独立的，各自提供一种系统功能。这就是说，系统中各个并发程序活动具有独立性的一面，但在两个并发程序活动之间有时也会有相互依赖和相互制约关系。程序之间的制约关系有两种：直接制约关系和间接制约关系。

① 直接制约关系通常是在彼此之间有逻辑关系的两个并发执行的程序之间发生的，一般是由于各个程序段要求共享信息引起的。例如，一个正在执行的程序段需要另一程序段的计算结果，只有当另一程序段在某一时刻送来计算结果时，正在执行的程序段才能继续执行下去，否则它就一直等待，无法执行。

② 间接制约关系是由于两个并发程序段由于竞争使用同一资源引起的，得到资源的程序段可以继续执行，得不到资源的程序段就只好暂停等待，直至获得可用资源时再继续运行。

正是因为在这些可以并发执行的程序段之间，存在着某种相互制约的关系，所以每个程序段的运行都与运行环境密切相关，它不仅要受到其他程序段活动的制约，而且还要依赖当时系统资源的分配情况。因此，每个可以并发执行的程序段，都可能会因外界条件的限制而不能运行，被迫处于阻塞状态。这样，对于这些可以并发执行的程序段，只用“程序”这一概念就不能说明问题的本质。使用程序这一概念只能是简单、孤立、静止地研究分析它们，而不能深刻地揭示它们之间的内在活动、相互联系及状态变化。因此，必须从变化的角度，动态地分析研究这些可以并发执行的程序段，真实地反映出系统的独立性、并发性、动态性和相互制约性。为了准确地描述程序的执行过程，设计出高质量的操作系统，就不能再用静态的观点，而应该用动态的观点来刻画程序。为此，在操作系统中引入了“进程”的概念。

## 2.1.2　进程的定义

如上所述，在多道程序的环境下，程序的并发执行代替了程序的顺序执行，它破坏了程序的封闭性和可再现性，使得程序和计算不再一一对应，而且由于资源共享和程序的并发执行导致在各个程序活动之间可能存在相互制约关系。总之，程序活动不再处于一个封闭系统中，而出现了许多新的特征，即独立性、并发性、动态性和相互制约性。在这种情况下，程序这个静态概念已经不能如实地反映程序活动的这些特征。为此，20 世纪 60 年代中期 MULTICS 系统的设计者和以 E. W. Dijkstra 为首的 T. H. E 系统的设计者开始广泛使用“进程”(process)这一新概念来描述系统和用户的程序活动。进程是现代操作系统中的一个最基本也是最重要的概念，掌握这个概念对于理解操作系统实质，分析、设计操作系统都有其非常重要的意义。但是，迄今为止，对这一概念尚无一个非常确切的、令人满意的、统一的定义，不同的人，站在不同的角度，对进程进行了不同的描述，下面列举几个操作系统的权威人士对“进程”所下的定义。

(1) 行为的一个规则叫做程序，程序在 CPU 上执行时所发生的活动称为进程(Dijkstra)。

(2) 一个进程是一系列逐一执行的操作,而操作的确切含义则有赖于我们以何种详尽程度来描述进程(Brinch Hansen)。

(3) 进程是这样的计算部分,它可以与别的进程并发执行(Madniek 和 Donovan)。

(4) 顺序进程(有时称为任务)是一个程序与其数据集一道顺序通过 CPU 的执行所发生的活动(Alan C. Shaw)。

(5) 一个进程是由伪 CPU 执行的一个程序(J. H. Saltzer)。

上述这些从不同角度对进程所做的解释或所下的定义,有些是近似的,有些则侧重某一方面,这说明进程这一概念尚未完全统一,但长期以来却已广泛而成功地用于许多系统之中,成为构造操作系统的不可缺少的强有力的工具。为了强调进程的并发性和动态性,我们给进程作如下定义:进程是可并发执行的程序在一个数据集合上的运行过程,是系统进行资源分配和调度的一个独立单位。

## 2.1.3 进程状态及其转换

### 1. 进程的三种基本状态及其转换

有了进程的概念,就可以用动态的观点分析进程的状态变化及相互制约关系。由于进程执行时的间断性,决定了进程可能具有多种状态。运行中的进程具有三种基本状态:运行、阻塞、就绪,这三种状态构成了最简单的进程生命周期模型,进程在其生命周期内处于这三种状态之一,其状态将随着自身的推进和外界环境的变化而变化,由一种状态变迁到另一种状态。

(1) 运行状态:进程正在 CPU 上运行的状态,该进程已获得必要的资源,包括 CPU,该程序正在 CPU 上运行。在单 CPU 系统中,只有一个进程处于运行状态;在多 CPU 系统中,可以有多个进程处于运行状态。

(2) 阻塞状态:进程等待某种事件完成(例如,等待输入/输出操作的完成)而暂时不能运行的状态。处于该状态的进程不能参加竞争 CPU,因为此时即使分配给它 CPU,它也不能运行。

(3) 就绪状态:等待 CPU 的状态。该进程运行所需的一切资源,除 CPU 以外,都得到满足,但因 CPU 个数少于进程个数,所以该进程不能运行,而必须等待分配 CPU 资源,一旦获得 CPU 就立即投入运行。在一个系统中,处于就绪状态的进程可能有多个,排成一个队列称为就绪队列。

进程的各个状态变迁如图 2.3 所示。

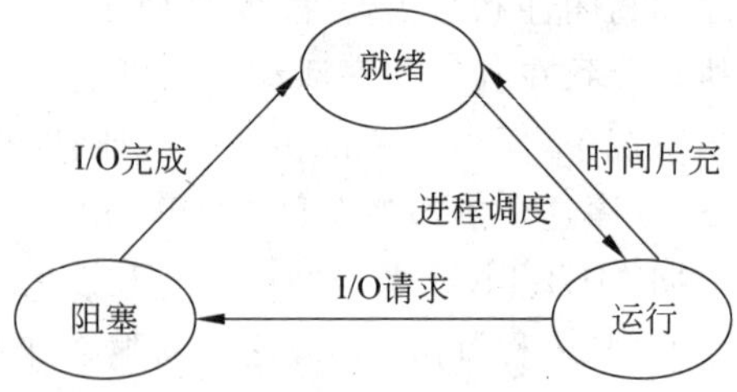


图 2.3 进程状态变迁

(1) 就绪→运行。处于就绪状态的进程,已具备了运行的条件,但由于未能获得 CPU,因此仍然不能运行。对于单 CPU 系统而言,因为处于就绪状态的进程往往不止一个,同一时刻只能有一个就绪进程获得 CPU。进程调度程序根据调度算法把 CPU 分配给某个就绪进程,建立该进程运行状态标记,并把控制转到该进程,把它由就绪状态变为运行状态,这样进程就投入运行。即就绪状态的进程,一旦被调度进程选中,获得 CPU,便发生此状态变迁。

(2) 运行→阻塞。处于运行状态的进程申请新资源而又不能立即被满足时，进程状态由运行变成阻塞。如运行中的进程需要等待文件的输入，系统便自动转入系统控制程序，进行文件输入，在文件输入过程中，该进程进入阻塞状态，而系统将控制转给进程调度程序，进程调度程序根据调度算法把 CPU 分配给处于就绪状态的其他进程。即运行进程遇 I/O 请求时，发生此状态变迁。

(3) 阻塞→就绪。被阻塞的进程在其被阻塞的原因获得解除后，并不能立即投入运行，需要通过进程调度程序统一调度才能获得 CPU，于是将其状态由阻塞状态变成就绪状态继续等待 CPU。仅当进程调度程序把 CPU 再次分配给它时，才可恢复曾被中断的现场继续运行。即阻塞进程的 I/O 请求完成时，发生此状态变迁。

(4) 运行→就绪。这种状态变化通常出现在分时操作系统中。一个正在运行的进程，由于规定运行时间片用完而使系统发出超时中断请求，超时中断处理程序把该进程的状态修改为就绪状态，并根据其自身的特征而插入就绪队列的适当位置，保存进程现场信息，收回 CPU 并转入进程调度程序。于是，正在运行的进程就由运行状态变为就绪状态。即运行进程时间片用完时，发生此状态变迁。

**2. 具有挂起状态的进程状态转换**

在许多系统中，进程除了具有上述三种基本状态以外，又增加了一些新状态，其中最重要的是挂起状态，引入挂起状态的主要原因是内存资源相对不足。另外当有终端用户请求、父进程请求、负荷调节需要等情况时，也要用到挂起状态。

引入挂起状态后，又将增加从挂起状态(又称为静止状态)到非挂起状态(又称为活动状态)的转换；或者相反。可有以下几种情况。

(1) 活动就绪→静止就绪。当进程处于未被挂起的就绪状态时，称此为活动就绪状态，当用挂起原语将该进程挂起后，该进程便转变为静止就绪状态，处于静止就绪状态的进程不再被调度执行。

(2) 活动阻塞→静止阻塞。当进程处于未被挂起的阻塞状态时，称它是处于活动阻塞状态，当用挂起原语将它挂起后，进程便转变为静止阻塞状态，处于静止阻塞状态的进程在其所期待的事件出现后，将从静止阻塞变为静止就绪。

(3) 静止就绪→活动就绪。处于静止就绪状态的进程，若用激活原语激活后，该进程将转变为活动就绪状态。

(4) 静止阻塞→活动阻塞。处于静止阻塞状态的进程，若用激活原语激活后，该进程将转变为活动阻塞状态。

具有挂起状态的进程状态变迁过程见图 2.4。

### 2.1.4 进程控制块

由于多个程序并发执行，各程序需要轮流使用 CPU，当某程序不在 CPU 上运行时，必须保留其被中断的程序的现场，包括断点地址、程序状态字、通用寄存器的内容、堆栈内容、程序当前状态、程序的大小、运行时间等信息，以便程序再次获得 CPU 时，能够正确执行。为了保存这些内容，需要建立一个专用数据结构，称这个数据结构为进程控制块

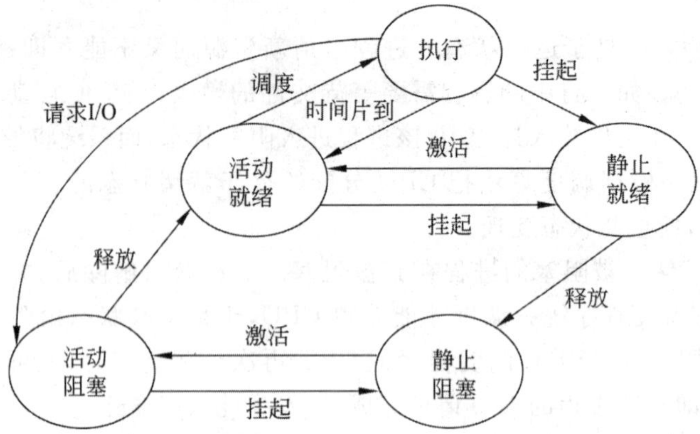


图 2.4 具有挂起状态的进程状态变迁

(Process Control Block,PCB)。

进程控制块是进程存在的唯一标志,它跟踪程序执行的情况,表明了进程在当前时刻的状态以及与其他进程和资源的关系。当创建一个进程时,实际上就是为其建立一个进程控制块。

在通常的操作系统中,PCB应包含如下一些信息。

(1) 进程标识信息。为了标识系统中的各个进程,每个进程必须有唯一的标识名或标识数。进程标识名,通常用字母和数字组成的"串"表示,进程标识数则是在一定数值范围内的进程编号。有的系统用进程标识名作为进程的外部标识,它通常由创建者给出;用进程标识数作为进程的内部标识,通常由系统给出。有的系统只用其中之一。

(2) 位置信息。位置信息用于指出进程的程序和数据部分在内存或外存中的物理位置。

(3) 状态信息。状态信息用于指出进程当前所处的状态,作为进程调度、分配CPU的依据。

(4) 进程的优先级。一般根据进程的轻重缓急程度为进程指定一个优先级,优先级用优先数表示。进程调度程序根据优先数的大小,确定优先级的高低,并把CPU控制权交给优先级最高的进程。

(5) 进程现场保护区。当进程状态变化时(例如一个进程放弃使用CPU),它需要将当时的CPU现场保护到内存中,以便再次占用CPU时恢复正常运行,有的系统把要保护的CPU现场放在进程的工作区中,而PCB中仅给出CPU现场保护区起始地址。

(6) 资源清单。每个进程在运行时,除了需要内存外,还需要其他资源,如I/O设备、外存、数据区等。资源清单用于指出资源需求、分配和控制信息。

(7) 队列指针或链接字。它用于将处于同一状态的进程链接成一个队列,在该单元中存放下一进程PCB首址。

(8) 其他信息。

这里给出的只是一般操作系统中PCB所应具有的内容,不同操作系统的PCB结构是不同的,我们将在2.8节介绍Linux系统的PCB结构。

在一个系统中,通常可能有若干个进程同时存在,所以就拥有若干个PCB,为了能对

PCB 进行有效的管理，就要用适当的方法把这些 PCB 组织起来。目前常用的 PCB 的组织方式有以下三种。

(1) 线性表方式：不论进程的状态如何，将所有的 PCB 连续地存放在内存的系统区。这种方式适用于系统中进程数目不多的情况。按线性方式组织 PCB 的情况见图 2.5。

| $PCB_1$ | $PCB_2$ | $PCB_3$ | … | $PCB_n$ |
|---|---|---|---|---|

图 2.5　按线性方式组织 PCB

(2) 链接表方式：系统按照进程的状态将进程的 PCB 链接成队列，从而形成就绪队列、阻塞队列、运行队列等。按链接方式组织 PCB 的情况见图 2.6。

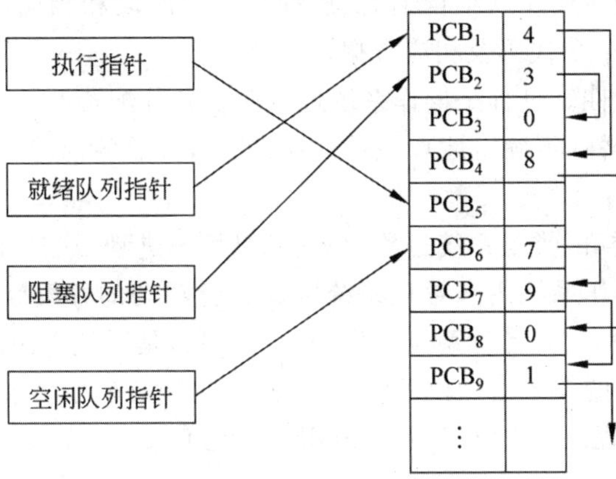


图 2.6　按链接方式组织 PCB

(3) 索引表方式：系统按照进程的状态分别建立就绪索引表、阻塞索引表等，通过索引表来管理系统中的进程。按索引方式组织 PCB 的情况见图 2.7。

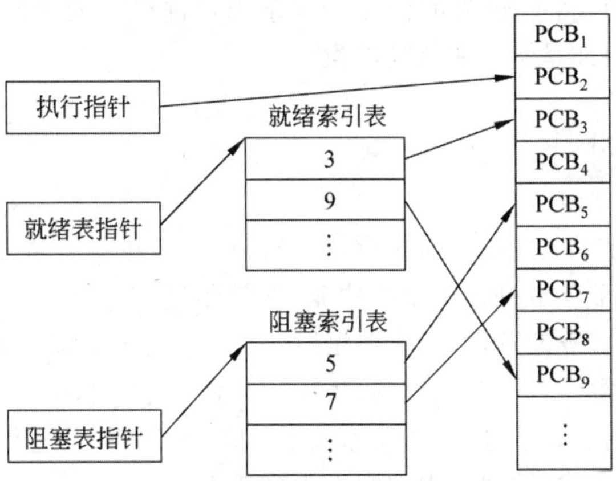


图 2.7　按索引方式组织 PCB

## 2.1.5　进程的特性

前面通过程序并发执行时所产生的问题引出了进程的概念，并描述了进程、进程状态以及进程状态之间的转换，现在对进程的特征进行梳理，以便更好地理解进程。

(1) 进程具有动态性。进程是程序的一次执行过程，一个进程可以看成一组动作序列，而每个动作则是由执行一段指令序列来实现的，其结果是实现某种功能。进程的动态性不仅表现在“程序的执行”，而且还表现在它由创建而产生，由调度而执行，由撤销而消亡的生命周期。程序是一组有序静态指令和数据的集合，用来指示 CPU 的操作，本身并不具有运动含义，是一种静态概念。

(2) 进程具有并发性。多个进程实体同存于内存中，在一段时间内可以同时运行。并发性是进程的重要特性，也是操作系统的重要特性。引入进程概念的目的，也正是描述和实现并发执行。

(3) 进程具有结构特性。从结构上看，进程是由程序段和相应的数据段及进程控制块构成的，程序只包含指令代码及相应数据。

(4) 进程具有独立性。进程是操作系统进行调度和分配资源的独立单位。

(5) 进程具有异步性(不确定性)。系统中的进程，按照各自的、不可预知的速度向前推进。

进程通常分为两类，一类是系统进程，另一类是用户进程。它们的区别如下。

(1) 系统进程是操作系统用来管理系统资源并行活动的并发软件；用户进程是可以独立执行的用户程序段，它是操作系统提供服务的对象，是系统资源的实际使用者。

(2) 系统进程之间的关系由操作系统自己负责，这样有利于增加系统的并行性，提高资源的利用率；用户进程之间的关系主要由用户自己负责，为了便于用户管理自己的任务，操作系统提供一套简便的任务调用命令作为协调手段，并在用户区根据用户作业的性质(是单任务还是多任务)装入相应的任务调度程序。

(3) 系统进程直接管理有关的软、硬设备的活动；用户进程只能间接地和系统资源发生关系，当用户进程需要某种资源时，它必须向系统提出请求，由系统调度和分配。

(4) 在进程调度中，系统进程的优先级高于用户进程。无论是系统进程还是用户进程，对核心层来说它们都是基本的活动单位。

## 2.2 进程控制

进程有由创建而产生，由调度而执行，由撤销而消亡的生命周期，因此操作系统要有对进程生命周期的各个环节进行控制的功能，这就是进程控制。进程控制的职能是对系统中的全部进程实行有效的管理，其主要是对一个进程进行创建、撤销以及在某些进程状态间的转换控制。通常允许一个进程创建和控制另一个进程，前者称为父进程，后者称为子进程，子进程又可创建其子进程，从而形成了一个树形结构的进程家族，如图 2.8 所示。采用这种树形结构的方式，使得进程控制更为灵活方便。

进程的控制通常由原语完成。所谓“原语”一般是指由若干条指令所组成，用来实现某个特定功能，在执行过程中不可被中断的程序段。

在操作系统中，某些被进程调用的操作，例如队列操作、对信号灯的操作、检查启动外设操作等，一旦开始执行，就不能被中断，否则就会出现操作错误，造成系统混乱。所以，

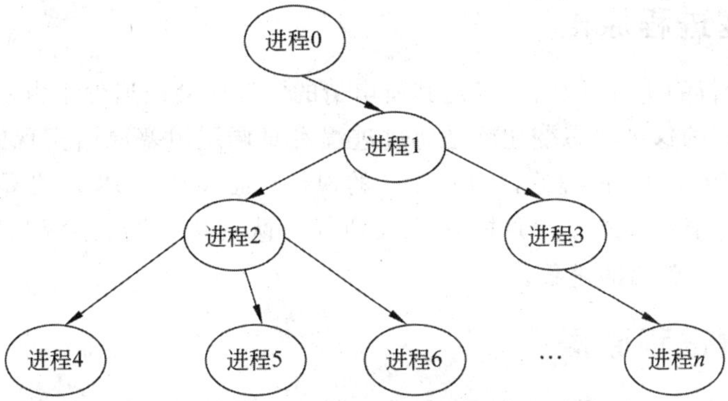


图 2.8　进程家族结构图

这些操作可以用原语来实现。

原语是操作系统核心(不是由进程而是由一组程序模块所组成)的一个组成部分,并且常驻内存,通常在管态下执行。原语一旦开始执行,就要连续执行完,中间不允许中断。

## 2.2.1　创建进程原语

通过创建原语完成创建一个新进程的功能。由于进程的存在是以其进程控制块为标志的,因此,创建一个新进程的主要任务是为进程建立一个进程控制块(PCB),将调用者提供的有关信息填入该 PCB 中,并把该进程控制块插入到就绪队列中。所以,创建一个新进程的过程是:首先,申请 PCB 空间,根据建立的进程名字查找 PCB 表,若找到了则非正常终止(即已有同名进程),否则,申请分配一块 PCB 空间;其次,为新进程分配资源,若进程的程序或数据不在内存中,则应将它们从外存调入分配的内存中;再次,把有关信息(如进程名字、信号量和状态位等)分别填入 PCB 的相应栏目中;最后,把 PCB 插入到就绪队列中。

能够导致创建进程的事件主要有用户登录、作业调度、提供服务和应用请求。前三种由系统内核直接调用创建原语创建新进程,后一种由用户调用操作系统提供的系统调用完成创建任务,如 Linux 中的 fork()系统调用。

## 2.2.2　撤销进程原语

进程完成了其"历史使命"之后,应当退出系统而消亡,系统及时收回它占有的全部资源以便其他进程使用,这是通过撤销原语完成的。撤销原语的实现过程是:根据提供的欲被撤销进程的名字,在 PCB 链中查找对应的 PCB,若找不到要撤销的进程的名字或该进程尚未停止,则转入异常终止处理程序,否则从 PCB 链中撤销该进程及其所有子进程(因为仅撤销该进程可能导致其子进程与进程家族隔离开来,而成为难以控制的进程);检查此进程是否有等待读取的消息,有则释放所有缓冲区,最后释放该进程的工作空间和 PCB 空间,以及其他资源。

撤销原语撤销的是标志进程存在的进程控制块(PCB),而不是进程的程序段。这是因为一个程序段可能是几个进程的一部分,即可能有多个进程共享该程序段。

### 2.2.3 阻塞进程原语

一个正在运行的进程,因为未满足其所申请的资源而会被迫处于阻塞状态,等待所需事件的发生,进程的这种状态变化就是通过进程本身调用阻塞原语实现的。其实现过程是:首先中断CPU,停止进程运行,将CPU的现行状态存放到PCB的CPU状态保护区中,然后将该进程置阻塞状态,并把它插入到等待队列中;然后系统执行调度程序,将CPU分配给另一个就绪的进程。

### 2.2.4 唤醒进程原语

当某进程所需要的资源出现时,由释放资源的进程调用唤醒原语,唤醒等待该资源的进程。唤醒原语的基本功能是:把除了CPU之外的一切资源都得到满足的进程置成就绪状态;执行时,首先找到被唤醒进程的内部标识,让该进程脱离阻塞队列,将现行状态改变为就绪状态,然后插入就绪队列等待调度运行。

## 2.3 进程互斥与同步

并发执行的多个进程,是在异步环境下运行的,每个进程都以各自独立的、不可预知的速度向前推进。但是,有时相互合作的进程需要在某些确定的点上协调它们的工作,以各自的执行结果为对方的执行条件,从而限制各进程的执行速度,产生直接制约关系。如:计算进程和打印进程,打印进程必须等待计算进程得出计算结果后,才能进行打印输出;而计算进程必须等待打印进程将上一次计算的结果打印输出后,才能进行下一次计算,否则就会造成混乱。另外,还有一些进程由于共享某一公有资源,而这类资源对于不同的进程必须交叉使用,如打印机,当一个进程正在使用时,另一个进程必须等待,这就产生间接制约关系。我们把在异步环境下并发执行的进程,因直接制约而需要相互等待、相互合作,以达到各进程按相互协调的速度执行的过程称为进程间的同步;把因间接制约而导致交替执行的过程称为进程间的互斥。

### 2.3.1 临界资源与临界区

系统中同时存在有许多进程,它们共享各种资源,然而有许多资源在某一时刻只能允许一个进程使用。例如打印机、磁带机等硬件设备和变量、队列等数据结构,如果有多个进程同时去使用这类资源就会造成混乱。因此必须保护这些资源,避免两个或多个进程同时访问这类资源。把某段时间内只能允许一个进程使用的资源称为临界资源。

几个进程若共享同一临界资源,它们必须以互相排斥的方式使用这个临界资源,即当一个进程正在使用某个临界资源且尚未使用完毕时,其他进程必须延迟对该资源的操作,当使用该资源的进程释放该资源时,其他进程才可使用该资源,任何进程不能从中插进去使用这个临界资源,否则将会造成信息混乱和操作出错。我们把访问临界资源的代码段称为临界区。

以A、B两个进程共享一个公用变量$V$为例:如果A进程的$CS_1$段程序向变量$V$写入数据值，而B进程的$CS_2$段程序从$V$中取数据值，那么当A进程正在给$V$变量赋值时，B进程就不能去使用$V$变量。系统只能让它们按次序交替使用，而不能同时使用，即只有进程A执行完$CS_1$程序段释放了$V$之后，才允许B进程执行$CS_2$程序段来使用$V$，把公用变量$V$称为临界资源，把$CS_1$和$CS_2$这种必须互斥执行的程序段称为相对于临界资源$V$的临界区。

由于对临界资源的使用必须互斥进行，因此进程在进入临界区时，首先判断是否有其他进程在使用该临界资源，如果有，则该进程必须等待，如果没有，该进程才能进入临界区，执行临界区代码，同时，关闭临界区，以防其他进程进入。当进程用完临界资源时，要开放临界区，以便其他进程进入。因此，使用临界资源的代码结构为：

```
进入区
    临界区
退出区
```

有了临界资源和临界区的概念，进程间的互斥可以描述为禁止两个或两个以上的进程同时进入访问同一临界资源的临界区。

## 2.3.2　互斥工具

进程互斥可以用若干种方式实现，下面介绍两种方式：硬件方式和软件方式。

**1. 硬件方式**

1）中断禁用

为保证多个并发进程互斥使用临界资源，只需保证一个进程在执行临界区代码时不被中断即可，这个能力可以通过系统内核为启用和禁用中断定义的原语提供。进程可以通过下面的方法实现互斥。

```
while(1)
{
    禁止中断
    临界区
    启用中断
    其余部分
}
```

由于临界区不能被中断，故可保证互斥。但该方法代价太高，因为CPU被限制于只能交替执行程序，执行效率明显降低。

2）专用的机器指令

CPU的设计者提供了一些硬件指令，用于保证几个动作的原子性。这几个动作在一个指令周期中执行，不会受到其他指令的干扰。如testset指令和exchange指令。

testset指令定义如下：

```
boolean testset(int i)
{
```

```
    if(i==0)
        {
            i=1;
            return true;
        }
        else
            return false;
}
```

该指令测试它的参数i的值。如果i为0,则用1取代并返回true,这可以表示临界资源未被使用时,进程占用临界资源;如果i为1,i值不变,返回false,这可以表示临界资源已被使用时,进程不能再占用临界资源。由于整个testset函数自动整体执行,就是说它不服从于任何中断,因此可实现进程互斥。

用testset指令实现互斥举例:

```
const int n=/* 进程数 */
int bolt;
void P(int i)
{
    while (1)
    {
        while (!testset (bolt))
            /* 什么也不做 */;
        临界区
        bolt=0;
        /* 其余部分 */
    }
}
void main()
{
    bolt=0;
    parbegin (P(1), P(2), …, P(n));
}
```

每个进程都在循环检测bolt变量,当bolt为0时,进程进入临界区;否则进程一直循环检测。

exchange指令定义如下:

```
void exchange(int register, int memory)
{
    int temp;
    temp=memory;
    memory=register;
    register=temp;
}
```

该指令交换一个寄存器和一个存储器单元的内容。在执行该指令的过程中，任何其他指令对该存储器单元的访问均被阻止。

用 exchange 指令实现互斥举例：

```
const int n=/*进程数*/
int bolt;
void P(int i)
{
    int keyi;
    while(1)
    {
        keyi=1;
        while (keyi !=0)
            exchange (keyi, bolt);
        临界区
        exchange (keyi, bolt);
        /*其余部分*/
    }
}
void main()
{
    bolt=0;
    parbegin(P(1), P(2),…,P(n));
}
```

共享变量 bolt 被初始化为 0，每个进程都使用一个局部变量 keyi 且初始化为 1，唯一可以进入临界区的进程是发现 bolt 等于 0 的那个进程，它把 bolt 置为 1，排斥所有其他进程进入临界区。进程离开临界区时，它把 bolt 重置为 0，允许另一个进程进入临界区。

机器指令方法具有如下优点。

(1) 适用于在单 CPU 或共享主存的多 CPU 上的任何数目的进程。

(2) 非常简单且易于证明。

(3) 可用于支持多个临界区。

机器指令方法具有如下缺点。

(1) 使用了忙等待。因此，当一个进程正在等待进入一个临界区时，它会继续消耗 CPU 时间。

(2) 可能发生饿死现象。当一个进程离开一个临界区并且有多个进程正在等待时，选择哪一个等待进程是随意的，因此，某些进程可能无限地被拒绝进入。

(3) 可能发生死锁现象。考虑单 CPU 中的下列情况：进程 P1 执行专门指令并进入临界区，然后 P1 被中断并把 CPU 给具有更高优先级的 P2。如果 P2 试图使用与 P1 相同的资源，由于互斥机制，它将被拒绝访问。因此，它会进入忙等待循环。但是，由于 P1 比 P2 的优先级低，它将永远不会被调度执行。

**2. 软件方式**

Dekker 算法：

```
boolean flag [2];
int turn;
void P0()
{
    while (true)
    {
        flag [0]=true;
        while (flag[1])
            if(turn==1)
            {
                flag[0]=false;
                while ( turn==1)
                    /*什么也不做*/
                flag [0]=true;
            }
        临界区
        turn=1;
        flag[0]=false;
        其余部分
    }
}
void P1()
{
    while (true)
    {
        flag [1]=true;
        while (flag[0])
            if(turn==0)
            {
                flag[1]=false;
                while ( turn==0)
                    /*什么也不做*/
                flag [1]=true;
            }
        临界区
        turn=0;
        flag[1]=false;
        其余部分
    }
}
void main()
```

```
{
    turn=0;
    flag[0]=false;
    flag[1]=false;
    parbegin(P0(), P1());
}
```

flag数组变量提供所有进程的状态，同时设置变量turn用于表示哪个进程应坚持进入。当P0希望进入自己的临界区时，它把自己的flag置为true，然后继续检查P1的flag，如果P1的flag为false，P0可以立即进入自己的临界区，否则P0检查turn，如果它发现turn＝0，那么它知道自己该坚持进入，从而周期性地检查P1的flag；P1在某一点上将注意到应把turn赋为0，随后把其flag置为false，允许P0进入；在P0结束其临界区后，把自己的flag置为false，释放临界区，并把turn置为1，从而把坚持进入的权力转交给P1。

Peterson算法：

```
boolean flag [2]={false, false};
int turn;
void P0()
{
    while (true)
    {
        flag [0]=true;
        turn=1;
        while(flag[1]&& turn==1]
            /*什么也不做*/;
        临界区
        flag [0]=false;
        /*其余部分*/;
    }
}
void P1()
{
    while (true)
    {
        flag [1]=true;
        turn=0;
        while( flag[0]&& turn==0)
            /*什么也不做*/;
        临界区
        flag [1]=false;
        /*其余部分*/;
    }
}
```

全局变量 flag 数组表示每个进程关于互斥的位置，全局变量 turn 解决同时冲突。考虑进程 P0，一旦它把 flag[0]置为 true，P1 不能进入其临界区；如果 P1 已经在临界区中，则 flag[1]＝true，且 P0 被阻止进入临界区。另一方面，还可以防止互相阻塞，假设 P0 在它的 while 循环被阻塞，这意味着 flag[1]为 true 且 turn＝1，则当 flag[1]变成 false 或 turn 变为 0 时，P0 都可以进入自己的临界区。

## 2.3.3 同步机制

解决同步问题有若干种方法，有些方法既可以用做同步，也可以用做互斥。实际上，进程互斥可以看做进程同步的一种特例。

这里介绍三种同步机制：锁、信号量和管程。

**1. lock 和 unlock**

大部分同步方案均采用某个物理实体(如锁、信号量等)实现通信，进程通信原语中关锁(lock)和开锁(unlock)是最简单的原语。在这两个原语中设置一个公共变量 $X$ 代表某个临界资源的状态。例如：

$$X=\begin{cases}0 & \text{(资源可用)}\\1 & \text{(资源正在使用)}\end{cases}$$

进程使用临界资源必须做如下三个不可分割的操作。

(1) 检查 $X$ 的值。当 $X=1$ 时，表示资源正在使用，于是返回继续进行检查；当 $X=0$ 时，表示资源可以使用，则置 $X$ 为 1(关锁)。

(2) 进入临界区，访问临界资源。

(3) 释放临界资源，置 $X$ 为 0(开锁)。

通过以上分析，可以给出关锁和开锁原语的描述。

关锁原语：

```
lock(X)
{
    L:
    if x==1
      go to L
      else
      x=1;
}
```

开锁原语：

```
unlock(X):
{
    X=0;
}
```

值得注意的是，在检查 X 的值和置 X 为 1(关锁)这两步之间，X 值不能被其他进程所改变。

用 lock 和 unlock 实现互斥的代码结构为：

```
int x=0;
⋮
lock(x);
    临界区;
unlock(x);
⋮
```

**2. 信号量与 P/V 操作**

开锁和关锁原语可以解决互斥问题，但效率低、浪费 CPU 资源。这是因为任何想进入临界区的进程都不能直接进入，它们必须不停地循环检查 $X$ 的值，等待 $X$ 变为 0。等待的过程消耗了有价值的 CPU 时间，一直重复无意义的工作，降低了系统的速度。1965 年 E. W. Dijkstra 引进了比 lock/unlock 原语更一般的形式 P/V 操作来克服这种忙碌等待现象，大大地简化了进程的同步与互斥。这是其对进程通信的一个重要贡献。

P/V 操作由 P 操作原语和 V 操作原语组成，其意义是在一个被称为信号灯变量的 S 上定义了两个操作，该变量的值只能由 P 操作和 V 操作进行修改，并且这两个操作均属于原子操作，不可被中断。

P 操作原语定义如下：

```
P(S)
{
    S--;
    if S<0
        block ();
}
```

即：当执行 P 操作时，将信号灯变量 S 的值减 1，如果 S≥0，表示申请的临界区资源可用，则该进程占用资源，继续执行；如果 S<0，则执行此原语的进程被置成阻塞状态，并使其在 S 信号量的队列中等待，由调度程序重新调度其他进程执行。

V 操作原语定义如下：

```
V(S)
{
    S++;
    if S<=0
        wakeup ();
}
```

即：当执行 V 操作时，表示进程释放资源，将信号灯变量 S 的值加 1，如果 S≤0，则唤醒 S 信号量队列队首的阻塞进程，将其状态从阻塞状态转变到就绪状态，执行 V(S)者继续执行。如果 S>0，则该进程也继续执行。

P/V 操作的物理解释是：信号灯变量 S 可以表示某类临界资源，其值可以看做可用资源数，执行一次 P 操作，相当于申请一个资源，执行一次 V 操作，相当于释放一个资源。

当 S 的值为负数时，其绝对值表示等待该资源的进程个数。

信号量和 P/V 操作是实现进程互斥与同步的非常有效的方法。用信号量和 P/V 操作实现进程互斥与同步的代码结构为：

```
P(S);
    临界区;
V(S);
```

例如，有两个进程 A 和 B，A 进程向队列加入一项，B 进程从该队列中移出一项。为了不使队列指针指向错误位置，需要严格限制一次只能有一个进程存取该队列元素。设 S 信号量的初值为 1，于是 A、B 进程的部分代码如下：

```
进程 A 的程序           进程 B 的程序
    ⋮                      ⋮
    P(S);                  P(S);
将一项送入队列          从队列中移出一项
    V(S);                  V(S);
    ⋮                      ⋮
```

显然，对队列的操作可以互斥完成。

再来看一个用 P/V 操作解决进程间同步问题的例子，如图 2.9 所示。

图 2.9　进程间同步问题示意

进程 P1 将信息输入到缓冲区 B 中，进程 P2 负责从缓冲区 B 中取数据输出，对于进程 P1 来说，如果前一次输入的数据尚未取走，则应暂时停止输入，等待 P2 进程取走数据后再输入新数据；而对于进程 P2 来说，如果 P1 尚未输入数据，则应等待。P1、P2 之间存在互斥关系（两个进程不能同时对缓冲区进行操作），也存在同步关系（一个进程能否执行与另一个进程密切相关）。

设 $S_1$ 和 $S_2$ 为信号量，$S_1$ 表示是否可向缓冲区输入数据，$S_2$ 表示可从缓冲区中取数据，用 1 表示“是”，用 0 表示“否”，则 $S_1$ 的初值为 1，$S_2$ 的初值为 0，P1、P2 之间的同步关系可以表示如下：

```
输入进程 P1:            输出进程 P2:
    ⋮                      ⋮
    P(S1);                 P(S2)
读信息到缓冲区 B        把 B 中的信息输出
    V (S2)                 V(S1)
    ⋮                      ⋮
```

进程 P1 要把信息输入到缓冲区 B，就执行 P($S_1$)操作，由于 $S_1$ 的初值为 1，表示可向缓冲区输入数据，所以执行 P($S_1$)的操作成功，可直接把信息输送到缓冲区 B 中，然后执行 V ($S_2$)，使 $S_2$的值为 1，P2 进程可以从缓冲区 B 中取出信息输出。当 P2 进程执行了

$V(S_1)$操作后，P1 进程才可向缓冲区 B 输入下一个数据。

如果 P2 进程先执行，则由于 $S_2$ 的初值是 0，表示缓冲区中无数据可取，执行 $P(S_2)$操作时，使 P2 进程被阻塞挂到等待队列上，等待缓冲区中数据的到达。只有当 P1 进程执行了 $V(S_2)$后，才能唤醒 P2 进程。

用信号量可以实现进程之间的同步。用 P 原语申请资源时，可能引起调用进程的等待，而用 V 原语释放资源时，则可能启动某一等待进程。P/V 操作在整个系统中是一一对应的，这种不可分性保证了信号量值的完整性。在同一时刻只允许一个进程执行 P 或 V 操作。

**3. 管程**

利用信号量和 P、V 操作，虽可有效地解决并发进程之间的同步与互斥问题，但要求用户自己使用同步原语设计程序处理同步与互斥关系，这样既加重了用户的编程负担，又难以保证并发系统的正确性。1971 年 E. W. Dijkstra 提出了秘书进程的概念，后经 Hansen 和 Hoare 改变成管程并加以实现。管程的基本思想是：把分散在各进程中的控制和管理临界资源的临界区集中起来统一管理。这样既便于系统管理共享资源，又能保证互斥访问。

Hansen 给管程的定义是：一个管程定义了一个数据结构和在此数据结构上能为并发程序所执行的一组操作，这组操作能同步进程和改变管程中的数据。

一个管程主要由三部分组成：

(1) 局部于该管程的共享数据，这些数据表示了相应资源的状态；

(2) 局部于该管程的一组操作过程，每个过程完成对上述数据的某种规定操作；

(3) 对局部于该管程的数据的初始化。

图 2.10 所示为管程示意。

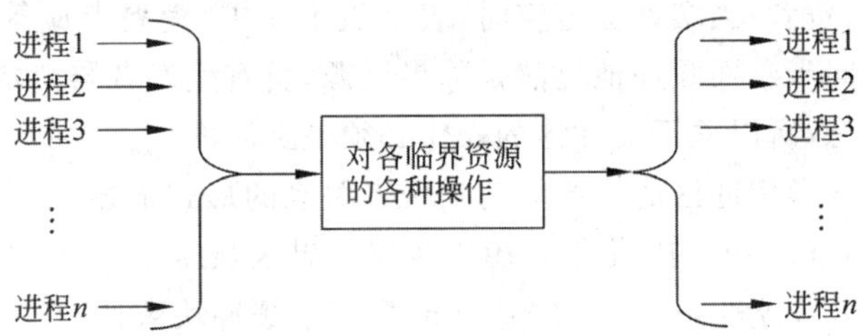


图 2.10 管程示意

局部于管程内的数据结构只能被管程内的过程所访问，而局部于管程内的过程只能访问该管程内的数据结构。因此管程就如同一堵围墙把关于某个共享资源的抽象数据结构以及对这些数据施行特定操作的若干过程围了起来。任一进程要访问某个共享资源，就必须通过相应的管程才能进入。为了实现对临界资源的互斥访问，管程每次只允许一个进程进入其内(即访问管程内的某个过程)，这是由编译系统保证的。

此外，当一进程进入管程执行管程的某个过程时，如果因某种原因而被阻塞，应立即退出该管程，进入等待状态，否则就会因阻挡其他进程进入该管程，而它本身又无法执行造成死锁。为此，引入了条件(condition)变量及其操作的概念。每个独立的条件变量是与进程需要等待的某种原因(或说条件)相联系的,当定义一个条件变量时,系统就建立一个相应的等待队列。对于条件变量 x 有两种操作: x. wait 和 x. signal,其中 x 为条件变量。x. wait 把调用者进程挂在与 x 相应的等待队列 x. queue 上,x. signal 唤醒相应等待队列上的一个进程。

## 2.3.4 经典同步问题

把同步问题归纳为几个典型的范例,就是经典的同步问题。

**1. 生产者与消费者问题**

荷兰计算机科学家 E. W. Dijkstra 把广义同步问题抽象成一种"生产者与消费者问题"(produce-consumer relationship)的模型。事实上,计算机系统中的许多问题都可归结为生产者与消费者问题。例如: 对于需要输出打印文件的某用户进程和相对于打印机的管理进程,该用户进程是生产者,而后者便是消费者;同理,若该用户进程需要读入一个磁盘文件,相对于磁盘管理进程,该用户进程是消费者,而磁盘管理进程则是生产者。生产者与消费者可以通过一个环形缓冲池(见图 2.11)联系起来。环形缓冲池由几个大小相等的缓冲块组成,每个缓冲块容纳一个产品。每个生产者可不断地每次往缓冲池中送一个生产的产品,而每个消费者则可不断地每次从缓冲池中取出一个产品。指针 i 和指针 j 分别指出当前的第一个空缓冲块和第一个满缓冲块。这里既存在合作同步问题,也存在临界区互斥问题。当缓冲池全满时,表示供过于求,生产者必须等待,同时唤醒消费者;当缓冲池全空时,表示供不应求,消费者应等待,同时唤醒生产者。这是相互合作同步。而缓冲池显然是临界资源,所有生产者与消费者都要使用它,而且都要改变它的状态,所以关于缓冲池的操作必须是互斥的。

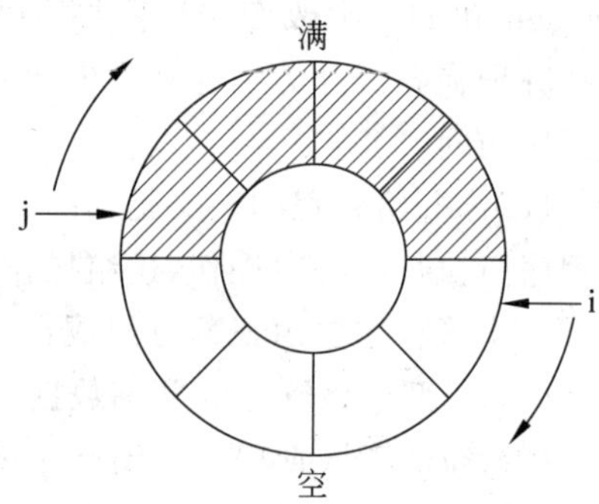


图 2.11 生产者与消费者问题

下面给出基于环形缓冲区的生产者与消费者关系的形式描述。

(1) 公用信号量 mutex: 初值为 1,用于实现临界区互斥。

(2) 生产者私用信号量 empty: 初值为 n,指示空缓冲块数目。

(3) 消费者私用信号量 full: 初值为 0,指示满缓冲块数目。

(4) 整型量 i 和 j: 初值均为 0,i 指示空缓冲块序号头指针,j 指示满缓冲块序号头指针。

```
semaphore  mutex=1,empty=n,full=0;
int   i=j=0;
item  buffer [n];
void  producer()                    /*生产者进程*/
{
      while(1)
      {
```

```
            produce next product;
            P(empty);
            P(mutex);
            buffer[i]=product;
            i=(i+1)%n;
            V(mutex);
            V(full);
        }
    }
    void  consumer()                    /*消费者进程*/
    {
        while(1)
        {
            P(full);
            P(mutex);
            product=buffer[j];
            j=(j+1)%n;
            V(mutex);
            V(empty);
            consume the product;
        }
    }
    void main()
    {
        parbegin (producer(), consumer());
    }
```

读者可自己分析该算法的执行过程，其中 producer 和 consumer 为并发进程。

注意：在此模块中无论是生产者还是消费者，关于 P 操作的次序不能颠倒，否则可能造成死锁。

生产者消费者问题的管程解决：

```
monitor PC;
{
    int in=0,out=0,count=0 ;
    item  buffer[n];
    condition  notfull, notempty ;
    void put(item)
    {
        if (count>=n)
            notfull.wait;
        buffer [in]=nextp;
        in=(in+1)%n;
        count++;
```

```
        if notempty.queue
            notempty.signal;
    }
    void get(item)
    {
        if (count<=0)
            notempty.wait;
        nextc=buffer[out];
        out=(out+1)%n;
        count --;
        if  notfull.quene
            notfufl.signal;
    }
}
```

有了管程,则生产者和消费者进程可描述如下:

```
void producer()
{
    while(1)
    {
        produce an item in nextp;
        PC. put(item);
    }
}
void consumer()
{
    while(1)
    {
        PC. get(item);
    consume the item in nexte;
    }
}
void main()
{
    parbegin (producer(), consumer());
}
```

由此可见,利用管程机制解决进程同步问题,大大简化了程序员的工作,减少了出错机会,同时也可以避免死锁的发生。

**2. 读者与写者问题**

一个数据对象(比如一个文件或记录)若被多个并发进程所共享,且其中一些进程只要求读该数据对象的内容,而另一些进程则要求修改它,对此,可把那些只想读的进程称为“读者”,而把要求修改的进程称为“写者”。显然,如果有两个甚至更多个读者同时访问这个可共享数据对象，那么任何一个读者的访问结果都是正确的。但是，如果是一个写者和任何一个其他的读者或写者同时访问这个数据对象，就有可能导致不确定的访问结果。

所有类似的这类问题都可归结为“读者-写者问题”。解决这类同步问题的基本思想是：任一写者必须与其他写者或读者互斥访问可共享的数据对象，而若干读者可同时访问共享的数据对象。下面给出读者进程与写者进程的解法。

读者优先：

```
int readcount=0;
semaphore mutex=1, wsem=1;
void reader()
{
    while(1)
    {
        P(mutex);
        readcount++;
        if (readcount==1)
        P(wsem);
        V(mutex);
        READ;
        P(mutex);
        readcount--;
        if (readcount==0)
        V(wsem);
        V (mutex);
    }
}
void writer()
{
    while(1)
    {
        P(wsem);
        WRITE;
        V(wsem);
    }
}
void main()
{
    parbegin(reader(), writer());
}
```

其中：

(1) 变量 readcount 记录当前正在访问该对象的读者个数；

(2) 互斥信号量 mutex 用来互斥对 readcount 的修改；

(3) 互斥信号量 wsem 用于写者互斥，它也可由当前第一个要求访问该对象的读者和最后一个退出访问的读者使用,但它不被中间的那些读者使用。

注意:如果一个写者已进入临界区且有 n 个读者要求访问该数据对象,则只有一个读者进入 wsem 等待队列,其余 n－1 个读者则进入 mutex 等待队列。

设想当一个读者在使用数据库时,另一个读者也来访问数据库,由于同时允许多个读者同时进行读操作,所以第二个读者也被允许进入,同理第三个及随后更多的读者都被允许进入。

现在假设一个写者到来,由于写操作是排他的,所以它不能访问数据库,而是被挂起。随后其他的读者到来,这样只要有一个读者活跃,随后而来的读者都被允许访问数据库。这样的结果是只要有读者陆续到来,它们一来就被允许进入,而写者将一直被挂起直到没有一个读者为止。假如每 2 秒钟来一个读者,而该操作时间为 5 秒钟,则写者将永远不能访问数据库,或者说写者发生了饥饿现象。这种算法适合于查询较多修改较少的情况。对于修改频繁的问题,应采用写者优先算法。

写者优先:

```
int readcount, writecount;
semaphore mrc=1, mwc=1, wr=1, wsem=1, rsem=1;
void reader()
{
    while(1)
    {
        P(wr);
        P(rsem);
        P(mrc);
        readcount++;
        if (readcount==1)
          P(wsem);
        V(mrc);
        V(rsem);
        V(wr);
        READ;
        P(mrc);
        readcount--;
        if (readcount==0)
          V(wsem);
        V(mrc);
    }
}
void writer()
{
    while(1)
      {
        P(mwc);
```

```
        writecount++;
        if (writecount==1)
          P(rsem);,
        V(mwc);
        P(wsem);
        WRITE;
        V(wsem);.
        P(mwc):
        writecount--;
        if(writecount==0)
          V(rsem);,
        V(mwc);
      }
    }
void main()
{
    parbegin(reader(), writer());
}
```

其中：

(1) 变量 readcount 和 writecount 分别记录当前正在访问该对象的读者个数和写者个数。

(2) 互斥信号量 mrc 用来互斥对 readcount 的修改；互斥信号量 mwc 用来互斥对 writecount 的修改；互斥信号量 wr 的作用是当一个进程正在写或想写时，只让最多一个读进程在 rsem 上排队，其余的读进程只能在 wr 上排队。互斥信号量 rsem 和 wsem 分别用于读者互斥和写者互斥。其中 rsem 可由读者进程和第一个及最后一个写者进程修改，wsem 可由写者进程和第一个及最后一个读者进程修改，两者均不能被中间的其他读者、写者进程修改。

**3. 哲学家就餐问题**

有5个哲学家围坐在一圆桌旁，桌中央有一盘通心粉，每人面前有一个空盘子，每两人之间放一只叉子。每个哲学家的行为是思考，感到饥饿，然后吃通心粉。为了吃通心粉，每个哲学家必须拿到两只叉子，并且每个人只能直接从自己的左边和右边去取叉子。该问题最简单的解法：

```
#define N 5
void philosopher (int i)
{
    while (true)
    {
        思考;
        取 fork[i];
        取 fork[(i+1)%5];
```

```
        进食;
        放 fork[i];
        放 fork[(i+1)%5];
    }
}
```

这种解法可能发生死锁。比如说恰好5个哲学家均拿起了每个人左边的叉子,这样5个哲学家都争不到右边的叉子,都不能吃饭,发生死锁。

为防止死锁发生可采取以下几种措施。

(1) 最多允许4个哲学家同时坐在桌子周围,仅当一个哲学家左右两边的叉子都可用时,才允许他拿叉子。

```
semaphore fork[5]={1,1,1,1,1};
semaphore  room=4;
int i;
void philosopher (int i);
{
    while (1)
    {
        think();
          P(room);
          P(fork[i]);
          P(fork [(i+1)%5]);
          eat();
          V(fork [(i+1)%5]);
          V(fork[i]);
          V(room);
    }
}
void main()
{
    for(int i=0;i<5;i++)
        parbegin (philosopher (i));
}
```

(2) 给所有哲学家编号,奇数号的哲学家必须首先拿左边的叉子,偶数号的哲学家则反之。即规定奇数号(1,3)的哲学家先拿左边的叉子,偶数号(0,2,4)的哲学家先拿右边的叉子。

```
semaphore fork[5]={1,1,1,1,1};
int i;
void philosopher (int i);
{
    while (1)
    {
```

```
        think();
        if(i/2==0)
        {
            P(fork[i]);
            P(fork [(i+1)%5]);
        }
        else
          {
            P(fork [(i+1)%5]);
            P(fork[i]);
          }
        eat();
        V(fork [(i+1)%5]);
        V(fork[i]);
    }
}
void main()
{
    for(int i=0;i<5;i++)
        parbegin (philosopher (i));
}
```

(3) 管程解法：为了避免死锁，把哲学家分为三种状态——思考、饥饿、进食，并且如果取叉子，每次要么拿到两只叉子，要么一只也不拿。

```
#define N 5
#define THINKING  0
#define HUNGRY    1
#define EATING    2
monitor philosopherMeal
{
    int state[N]={0,0,0,0,0};
    condition self[N]={0,0,0,0,0};
    void test(int i )
    {
        if (state[i]==HUNGRY) &&(state[(i+4)%5]!=EATING)
          &&(state[(i+1)%5]!=EATING)
        {   /*左右哲学家都不在吃饭*/
          state[i]=EATING;
          self[i].signal;
          }
        }
        void  take_forks(int i)
    {
        state[i]=HUNGRY;
```

```
            test(i);
            if(state[i]!=EATING)
                self [i].wait;
        }
        void put_forks(int i)
        {
            state[i]=THINKING;
              test((i+4)%N);
              test((i+1)%N);
        }
    }
```

有了以上管程,则每位哲学家的进程可描述如下:

```
void philosopher(int i)
{
            while(1)
        {
            思考;
            philosopherMeal.take_forks(i);
            进食;
              philosopherMeal.put_forks(i);
        }
}
void main()
{
    for(int i=0;i<5;i++)
        parbegin(philosopher(i));
}
```

## 2.4 进程通信

进程之间的信息交换,就是进程通信。前面介绍的进程同步与互斥,就实现了进程之间交换信息,但由于交换的信息量少,可以看做低级通信。并发执行的进程,有交换信息的各种需要,除同步与互斥外,还可采用其他的通信方式。下面介绍几种常用的通信方式。

### 2.4.1 共享存储

共享存储可进一步分为基于共享数据结构的通信方式和基于共享存储区的通信方式。前一种通信方式比较低效,只适于传送少量数据。所谓共享存储区,是指为了传送大量数据,在存储区中划出一块共享存储区,多个进程可通过对共享存储区进行读写数据实现通信,如图 2.12 所示。

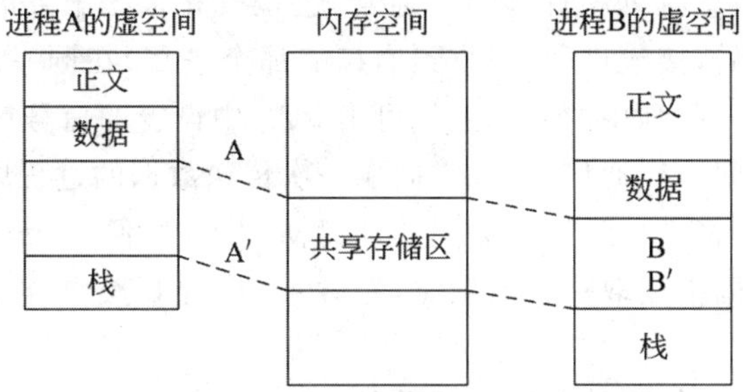


图 2.12 共享存储区通信示意

共享存储区通信的实现过程如下。

(1) 向系统申请共享存储区中的一个分区。

(2) 指定该分区的关键字;如果已经给其他进程分配了这样的存储区,将该分区的描述符返回给申请者。

(3) 申请者将申请到的共享分区挂到本进程上。

举例:Linux 中共享存储区。

(1) 共享存储区的建立。当进程要利用共享存储区与另一进程进行通信时,须先利用系统调用 shmget()建立一块共享存储区,并提供该共享存储区的名字 key 和共享存储区以字节为单位的长度 size 等参数。若系统中已经建立了指定名字的共享存储区,则该系统调用将返回该共享存储区的描述符 shmid。若尚未建立,便为进程建立一个指定大小的共享存储区。

(2) 共享存储区的操纵。可以用 shmctl()系统调用对共享存储区的状态信息进行查询,如其长度、所连接的进程数、创建者标识符等;也可设置或修改其属性,如共享存储区的许可权、当前连接的进程计数等;还可用来对共享存储区加锁或解锁,以及修改共享存储区标识符等。

(3) 共享存储区的附接与断开。在进程已经建立了共享存储区或已获得了其描述符后,还须利用系统调用 shmat()将该共享存储区附接到用户给定的某个进程的虚地址 shmaddr 上,并指定该存储区的访问属性即指明该区是只读,还是可读可写。此后,此共享存储区便成为该进程虚地址空间的一部分。进程可采取与对其他虚地址空间一样的存取方法来访问。当进程不再需要该共享存储区时,再利用系统调用 shmdt()把该区与进程断开。

## 2.4.2 消息传递

两个并发进程可以通过互相发送消息进行通信,消息是通过消息缓冲区在进程之间互相传递的。所谓消息是指进程之间以不连续的成组方式发送的信息。消息缓冲区包含指向发送进程的指针、指向消息接收进程的指针、指向下一个消息缓冲区的指针、消息长度、消息内容等。这个缓冲区构成了进程通信的一个基本单位。当进程需要发送消息时,需形成这样一个缓冲区,并发送给指定的接收进程。每个进程都设置有一个消息队列,当来自其他一些进程的消息传递给它时,就需要将这些消息链入消息队列。其队列头由接收进程的 PCB 中的消息队列指针指出。通常，进程按先来先服务的原则处理这一队列。当处理完一个消息之后，接收进程(即收到消息的那个进程)在同一缓冲区中向发送进程回送一个“回答”信号。队列中的消息数量可由 PCB 中设置的信号量 sm 登记。为了在两组彼此独立的进程之间进行通信，要求它们在一次传送数据的过程中互相同步，每当发送进程发来一个消息，并将它挂在接收进程的消息队列上时，便在 sm 上执行 V 操作，而当接收进程需从消息队列中读取一个消息时，先对 sm 执行 P 操作，再从队列中移出已读过的消息。

在操作系统中，为了能高效率地实现进程通信，设计了多种高级通信原语。这种原语具有简化程序设计和减少错误的优点。以下介绍的诸原语称为高级通信原语。

**1. send(B,a)(发送消息)原语**

进程使用发送消息原语把消息发送到存放消息的缓冲区。B 是接收消息的进程名，a 表示发送区的地址。其工作原理是：首先调用“寻找目标进程的 PCB”的程序，查找接收进程的 PCB，如果接收进程存在，申请一个存放消息的缓冲区(如果接收此消息的进程曾因等待此消息的到来而处于阻塞状态，此时则唤醒此进程)，并把消息的内容、调用发送原语的进程名和消息等，复制到预先申请的存放消息的缓冲区，然后将存放消息的缓冲区连接到接收进程的消息队列上；如果接收进程不存在，则系统给出一个反馈信息，最后控制返回到发送消息的进程继续执行，或转入进程调度程序重新分配 CPU。如果消息缓冲区已满，则返回到非同步错误处理程序入口，进行特殊处理，如图 2.13 所示。发送消息原语的实现过程如下：

```
void send(B,a)
{
      getbuf(a,size,i);
      i.sender=a.sender;
      i.size=a.size;
      i.text=a.text;
      i.next=0;
      getid(PCB.B,j);
      P(j.mutex);
      insert(j.mq,i);
      V(j.mutex);
      V(j.sm);
}
```

**2. receive(b)(读取消息)原语**

用 receive(b)原语来读取消息。接收进程读取消息之前，在自己的进程空间中确定一个接收区。当接收进程想要读取消息时，使用 receive(b)原语，b 是接收进程提供的接收区起始地址。

receive(b)原语把消息缓冲区中的消息内容、消息长度以及发送进程的名字都读取到接收区，然后把消息缓冲区从链表中去掉，并释放消息缓冲区；如果没有消息可读取，则阻

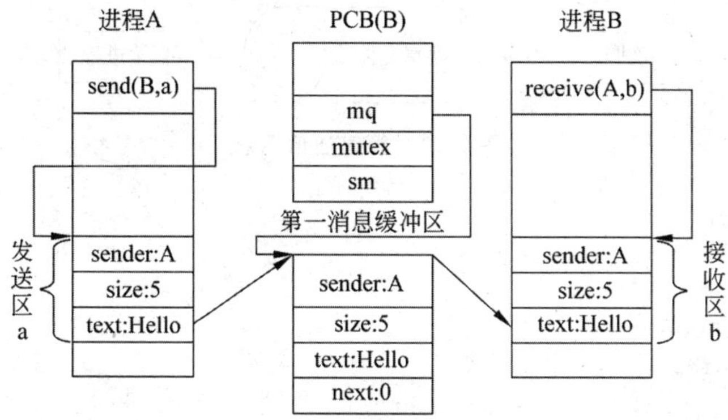


图 2.13 消息缓冲通信

塞接收进程,直至有消息发送来为止。至此,接收消息的工作完毕,返回到接收进程继续执行,如图 2.13 所示。读取消息原语的实现过程如下:

```
void receive(b)
{
      P(j.sm);
      P(j.mutex);
      remove(j.mq, i);
      V(j.mutex);
      b.sender=i.sender;
      b.size=i.size;
      b.text=i.text;
      putbuf(i);
  }
```

其中:i 代表缓冲区号,j 代表接收进程的 PCB 地址;getbuf()是申请缓冲区函数,putbuf()是释放缓冲区函数。

## 2.4.3 共享文件

共享文件(shared file)通信机制,通常也叫管道通信机制。

管道(pipeline)是连接读写进程的一个特殊文件,允许进程按先进先出方式传送数据,也能使进程同步执行操作。发送进程以字符流形式把大量数据送入管道,接收进程从管道中接收数据,所以叫管道通信。

管道实质上是一个共享文件,基本上可借助于文件系统的机制实现,包括(管道)文件的创建、打开、关闭和读写。进程对通信机构的使用应该互斥,一个进程正在使用某个管道写入或读出数据时,另一个进程就必须等待。发送者和接收者双方必须能够知道对方是否存在,如果对方已经不存在,就没有必要再发送信息。管道长度有限,发送信息和接收信息之间要实现正确的同步关系,当写进程把一定数量的数据写入 pipe,就去睡眠等待,直到读进程取走数据后,把它唤醒。管道通信示意图见图 2.14。

图 2.14　管道通信示意

管道通信实例：

```
#include<unistd.h>
#include<signal.h>
#include<stdio.h>
char parent[]="a message from parent";
char child[]="a message from child";
main()
{
    int chan1[2], chan2[2];
    int pid;
    char buf[100];
    pipe(chan1);
    pipe(chan2);
    pid=fork();
    if (pid>0)
    {    /*父进程*/
         close(chan1[0] );                         /*将管道 1 的读口关闭*/
         close(chan2[1] );                         /*将管道 2 的写口关闭*/
         write(chan[1],parent,sizeof(parent));     /*向管道 1 的写口写入数据*/
         close(chan1[1]);                          /*将管道 1 的写口关闭*/
         read(chan2[0],buf,100);                   /*从管道 2 读数据*/
             printf("%s\n",buf);                   /*将 buf 打印*/
         close(chan2[0]);                          /*将管道 2 的读口关闭*/
    }
    else if (pid==0)
        {  /*子进程*/
           close(chan1[1]);                        /*将管道 1 的写口关闭*/
           close(chan2[0]);                        /*将管道 2 的读口关闭*/
           read(chan1[0],buf,100);                 /*从管道 1 的读口读出数据*/
           printf("%s\n",buf);                     /*将 buf 打印*/
           write(chan2[1],child,sizeof(child));    /*向管道 2 的写口写入数据*/
           close(chan2[1]);                        /*将管道 2 的写口关闭*/
           close(chan1[0]);                        /*将管道 1 的读口关闭*/
        }
}
```

运行结果：

```
a message from parent
```

```
a message from child
```

核心执行完 pipe(chan1)系统调用创建无名管道后返回文件句柄 chan1[0]和 chan1[1],接收者进程通过 chan1[0]从管道中取出数据,发送者进程通过 chan1[1]向管道中写入数据。

# 2.5 进程调度

## 2.5.1 进程调度的基本概念

在操作系统中,由于进程总数多于 CPU 数,它们必然竞争 CPU。进程调度的功能就是按一定策略、动态地把 CPU 分配给处于就绪队列中的某一进程,并使之执行。所以进程调度也可称为处理器调度或低级调度,相应的进程调度程序又称为分配程序或低级调度程序。高级调度是作业调度,作业调度负责对 CPU 之外的系统资源,其中包含有不可抢占资源(如打印机)的分配。进程调度仅负责对 CPU 进行分配,CPU 属于可抢占的资源。

有两种基本的进程调度方式,即抢占方式和非抢占方式。前者指就绪队列中一旦有优先级高于现行进程优先级的进程出现时,系统便立即把 CPU 分配给高优先级的进程,并保存被抢占了 CPU 的进程的有关状态信息,以便以后恢复。后者是,一旦 CPU 分给了某进程,即使就绪队列中出现了优先级比它高的进程,系统也不能抢占现行进程的 CPU。

在任一时刻,处于运行状态的进程数至多等于 CPU 的个数。在某个特定时刻,当许多进程正在等待输入或输出时,就会出现就绪队列中的进程数也可能少于 CPU 数的现象。

引起进程调度的原因不仅与操作系统的类型有着密切的关系,而且还与下列因素相关:

① 正在运行的进程运行完毕。

② 运行中的进程要求 I/O 操作。

③ 执行某种原语操作(如 P 操作)导致进程阻塞。

④ 一个比正在运行进程优先级更高的进程申请运行(抢占调度方式)。

⑤ 分配给运行进程的时间片已经用完等。

只要上述情况出现就可能引发进程调度。由于进程调度的使用频率高,其性能优劣直接影响操作系统的性能。根据不同的系统设计目标,可有多种进程调度策略。例如系统开销较少的静态优先数法、适合于分时系统的时间片轮转法以及动态优先数反馈法等。评价调度算法的好坏,用得较多的是批处理系统中的周转时间、平均周转时间和带权周转时间及分时系统中的响应时间。所谓周转时间是指从作业提交给系统开始,到作业完成为止的间隔时间;平均周转时间是指各作业周转时间的平均值;带权周转时间是指周转时间与系统为它提供服务的时间之比;响应时间是指从键盘命令进入(按下 Enter 键为准)到开始在终端上显示结果的时间间隔。对于一个调度算法,当然是以上时间越短越好。

除此之外，系统吞吐量、CPU 利用率及各类资源的平衡利用情况也是评价调度算法的标准。

## 2.5.2 进程调度算法

### 1. 先来先服务

先来先服务(First Come First Service，FCFS)这种调度算法按照进程就绪的先后顺序来调度进程，到达得越早，就越先执行。获得 CPU 的进程，未遇到其他情况时，一直运行下去，系统只需设置一个先进先出的队列。在管理优先级的就绪队列时，这种方法是一种最常见策略，并且在没有其他信息时，也是一种最合理的策略。

### 2. 时间片轮转调度

时间片轮转调度算法是系统把所有就绪进程按先后次序排队，CPU 总是优先分配给就绪队列中的第一个就绪进程，并分配给它一个固定的时间片(如 50ms)。当该运行进程用完规定的时间片时，被迫释放 CPU 给处于就绪队列中的下一个进程，并分配给这个进程相同的时间片。每个运行完时间片的进程，当未遇到任何阻塞时，就回到就绪队列的尾部，并等待下次轮到它时再投入运行。于是，只要是处于队列中的进程，按此种算法迟早总可以分得 CPU 投入运行。

当某个正在运行的进程的时间片尚未用完，而此时由于进程需要 I/O 请求受到阻塞，这种情况下就不能把该进程送回就绪队列的尾部，而应把它送到相应阻塞队列。只有等它所需要的 I/O 操作完毕之后，才能重新返回到就绪队列的尾部，等待再次被调度后投入运行。

上面所述的轮转法称为简单轮转法，它是以就绪队列中的所有进程均以相同的速度往前推进为其特征。而时间片的长短，影响着进程的进展速度。当就绪进程很多时，如果时间片很长，就会影响一些需要“紧急”运行的作业。同样这对短作业和要求 I/O 操作多的作业显然是不利的。于是，又有了短作业优先和优先级调度算法。

### 3. 短进程优先法

把当前就绪队列中要求 CPU 服务时间最短的进程调度执行，此种调度策略称为短进程优先调度策略。此种方法对长进程来说，有可能长时间等待而得不到运行的机会。

### 4. 高响应比优先法

为了使得长进程也能有机会得到运行，在短进程优先法的基础上，引入一个随着等待时间增加而增大的优先权，变化规律如下：

$$\text{优先权} = (\text{等待时间} + \text{要求服务时间}) / \text{要求服务时间}$$

由于等待时间与要求服务时间之和就是系统对该进程的响应时间，因此该优先权又相当于响应比 $R$。也可表示为：

$$R = \text{响应时间} / \text{要求服务时间}$$

由上式可以看出：

(1) 若作业的等待时间相同，则要求服务时间越短，其优先权越高，因而该算法利于短作业。

(2) 当要求服务时间相同时,优先权取决于其等待时间,等待时间越长,其优先权越高,因而它实现的是先来先服务。

(3) 对于长进程,随着等待时间的增加它的优先权也会提高,当它等待时间足够长时,也有机会获得处理。

简言之,该算法既照顾了短进程,又考虑了先来者。它实现了一种较好的折中,当然,在使用时,需要计算响应比,会增加系统开销。

**5. 优先级法**

进程调度最常用的一种简单方法,是把 CPU 分配给就绪队列中具有最高优先级的就绪进程。根据已占有 CPU 的进程是否可被抢占这一原则分为抢占式优先级调度算法和非抢占式优先级调度算法两种。

进程的优先级通常根据以下因素确定。

(1) 进程类型。根据不同类型的进程确定其优先级。例如,系统进程比用户进程具有较高的优先级,设备进程优于前后台用户作业进程;特别是某些系统进程(具有频繁的 I/O 要求的进程),必须赋予它一种特权,当它要求 CPU 时,应尽量得到满足;前台用户进程优于后台用户进程;联机操作用户进程的优先级高于脱机操作用户进程的优先级;对计算量大的进程所请示的 I/O 给予一个高优先级,等等。

(2) 运行时间。通常规定进程优先级与进程所需运行时间成反比,即运行时间长的(一般占用内存也较多)大作业,分配给它的优先级就低,反之则高。在含有交互进程的较复杂的多道程序设计环境中,可将平均周转时间减少到最小。

(3) 作业的优先级。根据作业的优先级来决定其所属进程的优先级。例如,一种常用于多道批处理系统的方法是,系统把用户作业卡上提供的外部优先级赋给该作业及其所创建的进程。

前面提到的三种因素实际上是一种静态优先级法,每个进程的优先级在其生存周期内是一成不变的,因其算法简单而受到欢迎,但有时不尽合理。下面介绍较为合理的动态优先级。

所谓动态优先级是指进程的优先级在该进程的运行周期内可以改变,随着进程的推进,确定优先级的条件相应发生变化,进程的优先级也相应发生变化,这就更能精确地控制 CPU 的响应时间,在分时系统中,其意义尤为重要。大多数动态优先级方案设计成:把交互式和 I/O 频繁的进程移到优先级队列的顶端,而让计算量大的进程移到较低的优先级队列上;在每个优先级队列内,按先来先服务或轮转法分配 CPU。对于已给定时间周期,一个正在运行的进程,每执行一次 I/O 操作后其优先级就自动加 1,显然此进程的优先级直接反映出 I/O 操作的频率,从而使 I/O 设备具有很高的利用率。

进程调度算法有许多种,在具体实施中,不是孤立地采用某一种方法,而是将几种算法结合起来使用,这样效率更高。

下面用一个例子来说明各种调度算法的性能。

**【例 2-1】** 有 4 个进程 P1,P2,P3,P4,它们的信息如表 2.2 所示。

表 2.2 进程调度举例

| 进程名 | 产生时间 | 要求服务时间 | 优先级 | 时间片 |
|---|---|---|---|---|
| P1 | 0 | 2 | 2 | 采用轮转法时，时间片是 1 |
| P2 | 1 | 6 | 1 | |
| P3 | 2 | 1 | 4 | |
| P4 | 3 | 5 | 3 | |

要求：如果忽略进程调度程序执行的时间，且优先数大者优先级低，画出各种调度算法的进程执行时序图，并计算周转时间和带权周转时间。

**解**

(1) 进程运行时序图见图 2.15。

(2) 周转时间和带权周转时间见表 2.3。

表 2.3 周转时间和带权周转时间表

| | | P1 | P2 | P3 | P4 | 平均 |
|---|---|---|---|---|---|---|
| 先来先服务(FCFS) | 周转时间 | 2 | 7 | 7 | 11 | 6.75 |
| | 带权周转时间 | 1 | 1.17 | 7 | 2.2 | 2.84 |
| 短进程优先(SPF) | 周转时间 | 2 | 13 | 1 | 5 | 5.25 |
| | 带权周转时间 | 1 | 2.17 | 1 | 1 | 1.29 |
| 高响应比优先法 | 周转时间 | 2 | 7 | 7 | 11 | 6.75 |
| | 带权周转时间 | 1 | 1.17 | 7 | 2.2 | 2.84 |
| 时间片轮转(RR) | 周转时间 | 5 | 13 | 1 | 10 | 7.25 |
| | 带权周转时间 | 2.5 | 2.17 | 1 | 2 | 1.92 |
| 不可抢占式优先级法 | 周转时间 | 2 | 7 | 12 | 10 | 7.25 |
| | 带权周转时间 | 1 | 1.17 | 12 | 2 | 4.04 |
| 可抢占式优先级法 | 周转时间 | 8 | 6 | 12 | 10 | 9 |
| | 带权周转时间 | 4 | 1 | 12 | 2 | 4.75 |

本例表明：对于同一个问题来说，采用不同的调度算法，所表现出的系统性能差异较大。实际上，每一种调度算法，都适应于一种特定的情况：先来先服务调度算法简单易行，但对短进程和时间紧急的进程不利；短进程优先调度算法可以提高系统吞吐量，但对长进程不利，如果系统中一直有短进程进入，则长进程永远得不到执行；高响应比优先算法性能折中，适于短长进程混合出现的情况，在本例中和先来先服务法效果相同；时间片轮转调度算法适合于交互式系统；优先级调度算法适合于系统中经常有紧急进程的情况。

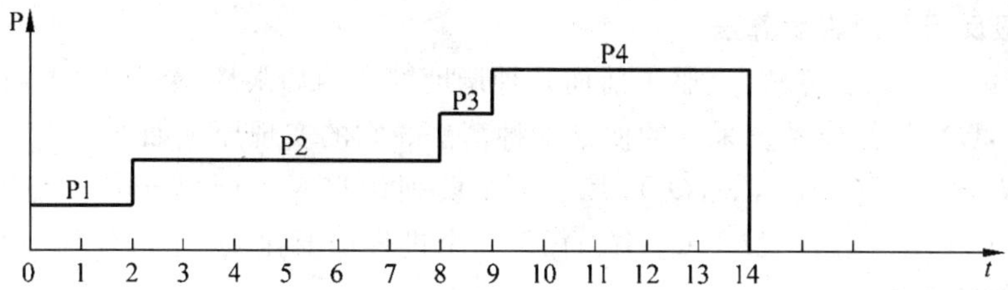


(a) 先来先服务

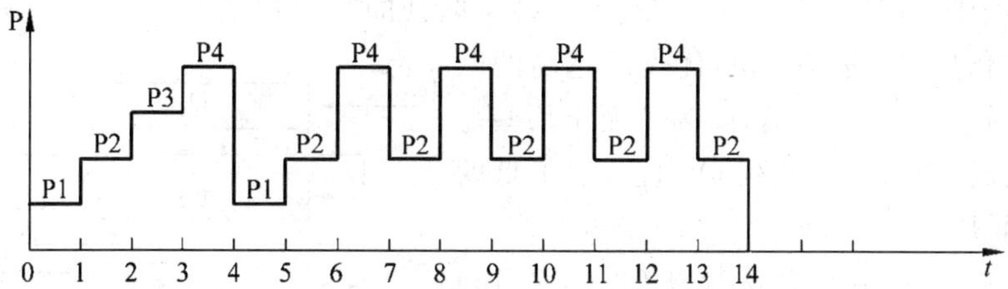


(b) 时间片轮转

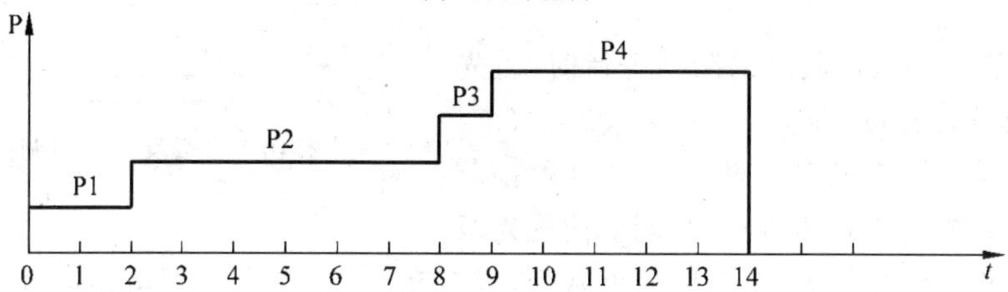


(c) 高响应比优先法

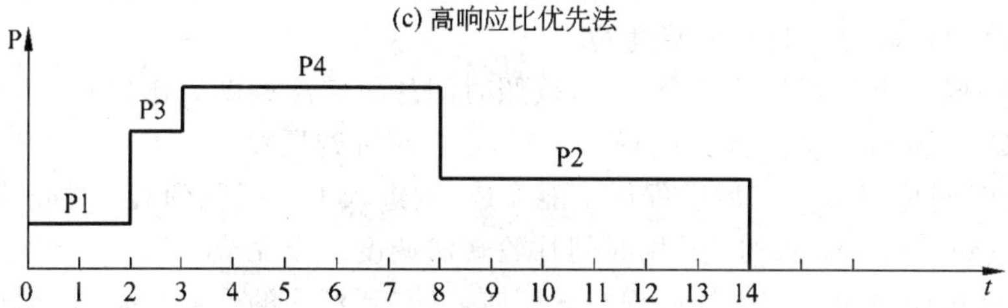


(d) 短进程优先（非抢占）

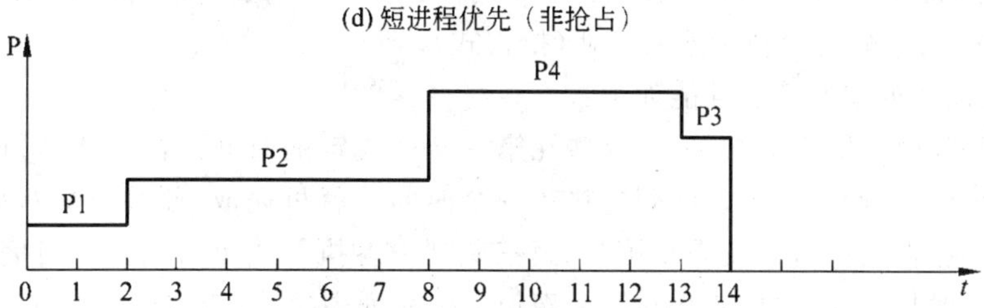


(e) 不可抢占式优先级法

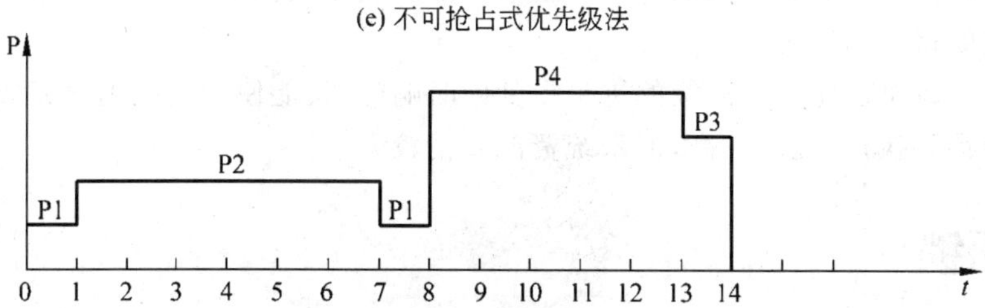


(f) 可抢占式优先级法

图 2.15　进程运行时序图

**6. 多级反馈队列调度算法**

多级反馈队列调度算法，克服了前面几种调度算法的局限性，是公认的性能比较优异的调度算法，UNIX 操作系统采取的便是这种算法。它的实现原理如下：

设有 $N$ 个队列($Q_1, Q_2, \cdots, Q_n$)，其中各个队列优先级不同，Priority($Q_1$)＞Priority($Q_2$)＞…＞Priority($Q_n$)。位于 $Q_1$ 中的任何一个进程都要比 $Q_2$ 中的任何一个进程的优先级高，其他依次类推。

在每一个队列中，采取时间片轮转法；各个队列的时间片是不一样的，它随着优先级的减少而成倍增加，也就是说，优先级越高的队列中它的时间片就越短。这样，为了便于那些超大作业的完成，最后一个队列 $Q_n$(优先级最低的队列)的时间片最大。

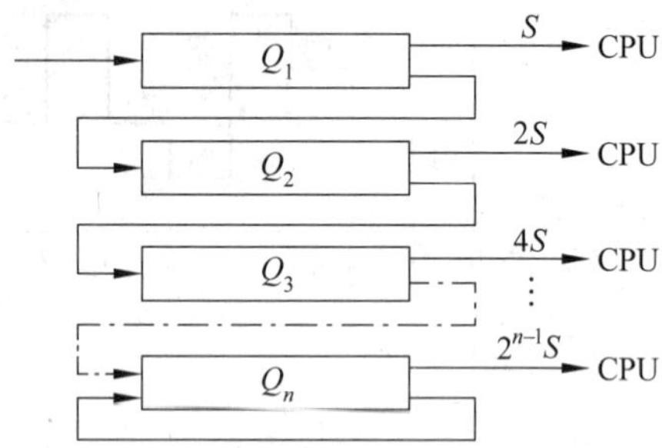

图 2.16 多级反馈队列调度算法

多级反馈队列调度算法描述(见图 2.16)如下。

(1) 进程在进入待调度的队列等待时，首先进入优先级最高的 $Q_1$ 等待。

(2) 先调度优先级高的队列中的进程。若高优先级队列中没有就绪进程，则调度次优先级队列中的进程。例如：$Q_1$、$Q_2$、$Q_3$ 三个队列，只有在 $Q_1$ 中没有进程就绪时才去调度 $Q_2$，同理，只有 $Q_1$、$Q_2$ 都为空时才去调度 $Q_3$。

(3) 对于同一个队列中的各个进程，按照时间片轮转法调度。比如 $Q_1$ 队列的时间片为 $S$，那么 $Q_1$ 中的每一个进程在执行一个时间片 $S$ 后若还没有完成，则进入 $Q_2$ 队列等待，若 $Q_2$ 的时间片($2S$)用完后进程还不能完成，则进入下一级队列 $Q_3$(时间片 $4S$)等待，以此类推，直到最后一个队列 $Q_n$，用时间片轮转法调度直至完成。

(4) 在低优先级的队列中的进程在运行时，又有新到达的作业，那么在运行完这个时间片后，CPU 马上分配给新到达的作业(抢占式)。

多级反馈队列调度算法性能如下：

对交互型进程，由于通常较短，这些在第一队列规定的时间片内完成，可使用户感到满意；对短进程，开始时在第一队列中执行一个时间片就可完成，便可与交互型进程一样获得快速响应，否则通常也仅需在第二、第三队列中各执行一个时间片即可完成，其周转时间仍较短；对长进程，它们依次在第一至第 $n$ 个队列中执行，最后按轮转方式运行，不必担心其长时间得不到处理。

这种算法既可以使高优先级的进程得到即时响应，又能使短进程迅速完成，并且长进程也有机会得到执行，性能较高，但系统资源开销较大。

## 2.6 死锁

死锁是多个进程竞争资源而产生的一种僵持局面，这种僵持必须通过外力才能解除。在操作系统环境下，不希望出现这种局面。本节讨论有关死锁的概念、产生原因及解决办法。

## 2.6.1　死锁的概念

在许多中型和大型计算机系统中，都希望在各级系统和用户程序上具有动态共享资源、并发程序设计及进程通信这些特征，来改善系统资源的利用率和提高系统的处理能力。由于资源的使用往往是互斥的，因此当某个进程提出资源申请后，使得有关进程在无外力协助下，永远分配不到必需的资源而无法继续运行，这就产生了一种特殊的现象——死锁。例如，有一跨河的独木桥，当两人相对而行至桥中，若他们互不退让，就会出现谁也不能过河的死锁局面。对死锁问题的研究涉及计算机科学中并发程序的终止性问题。

**1. 死锁例子**

先来看一个申请不同类型资源的死锁例子。假定有两个进程 $P_1$ 和 $P_2$ 都要修改文件 F，修改时都需要一盘暂时存放信息的磁带，而只有一台磁带机 T 可用。又假定由于某种原因，在进行修改之前，$P_2$ 需要一个暂存磁带（例如为了修改，要重新组织输入数据）。设 F 和 T 都是可重用资源，它们分别表示允许更新文件和允许使用磁带机。于是 $P_1$ 和 $P_2$ 可有如下形式：

```
   进程 P1                 进程 P2
     ⋮                       ⋮
申请文件 F              申请磁带机 T
r1：申请磁带机 T             ⋮
     ⋮                 r2：申请文件 F
释放磁带机 T                 ⋮
释放文件 F              释放文件 F
     ⋮                  释放磁带机 T
                             ⋮
```

从上面的申请—释放过程可以看出，进程 $P_1$ 和 $P_2$ 有可能“同时”分别到达 $r_1$ 和 $r_2$ 处，例如，$P_2$ 首先得到 T，然后 $P_1$ 得到 F，接着 $P_1$ 到达 $r_1$，此后 $P_2$ 到达 $r_2$，此时，若 $P_1$ 继续运行，则占有 F 的进程 $P_1$ 将阻塞在 T 上；若 $P_2$ 继续运行，则占有 T 的进程 $P_2$ 将阻塞在 F 上。如果 $P_2$ 不能前进，则 $P_1$ 也不能继续下去，反之亦然。此时这两个进程处在死锁状态。这是由于在多个并发进程的环境中，资源分配的策略或时机不当，造成每个进程都已占有一部分资源，而又都在等待使用别的进程已占有的资源。一个进程不能强行夺取已被别的进程占有的资源，形成了每个进程都在永远无休止地互相等待资源。图 2.17 描述了这种死锁情况，图中形成了一个循环等待链，其中：方框表示资源，圆圈表示进程，从资源到进程的箭头（有向边）表示分配，从进程到资源的箭头表示请求，这种描述方式形成的图称为“进程—资源图”。

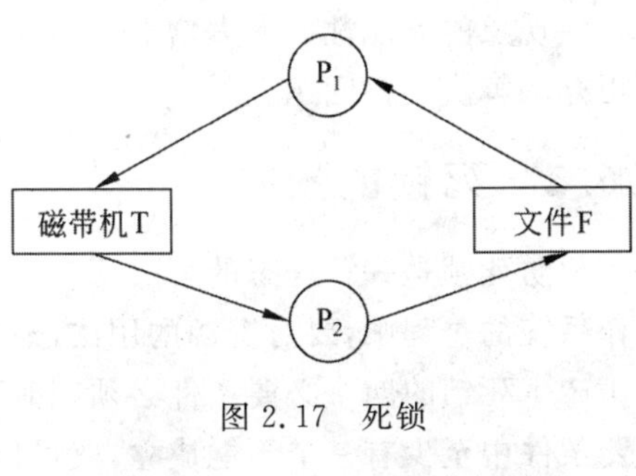


图 2.17　死锁

再来看一个关于相同类型资源共享的死锁例子，假设有一类可再使用资源 R，例如主存或辅存，它包含有 $m$ 个页面，由 $n$ 个进程 $P_1, P_2, \cdots, P_n$ ($2 \leqslant m \leqslant n$) 共享。假定每个进程按下述顺序申请和释放页面：

申请一页
⋮
申请一页
⋮
释放一页
⋮
释放一页
⋮

这里每次申请和释放只涉及 R 的一个页。因此，当把所有单元全部分配完毕时，便很容易发生死锁；占有 R 的单元的所有进程（前 $m$ 个进程）会永远阻塞在第二次申请上，而有些进程（$n-m$ 个进程）类似地会阻塞在它们的第一次申请上，这类死锁是相当普遍的。

**2. 产生死锁的原因和必要条件**

由以上例子可知产生死锁现象的原因：一是系统提供的资源不能满足每个进程的使用需求；二是在多道程序运行时，进程推进顺序不合法。产生死锁有四个必要条件。

(1) 互斥条件：对于独占资源，每个资源每次只能给一个进程使用，进程一旦申请到了资源后占为己有，则排斥其他进程共享该资源。

(2) 不剥夺条件：正在使用的资源不可剥夺，进程获得的资源尚未使用完毕之前，只能由占有者自己释放，不能被其他进程强行占用。

(3) 请求且保持条件：进程因未分配到新的资源而受阻，但又不放弃已占有的资源。

(4) 环路等待条件：存在进程的循环等待链，前一进程占有的资源正是后一进程所需求的资源，结果就形成了循环等待的僵持局面。

死锁不仅会发生在两个进程之间，也可能发生在多个进程之间，甚至发生在全部进程之间。此外，死锁不仅会在动态使用外部设备时发生，而且也可能在动态使用存储区、文件、缓冲区、数据库时发生，甚至在进程通信过程中发生。随着计算机资源的增加，系统出现死锁现象的可能性也大大增加，死锁一旦发生，会使整个系统瘫痪而无法工作。因此，要想办法解决死锁问题。

## 2.6.2 死锁的预防

预防死锁是一种静态的解决死锁问题的方法。为了使系统安全可靠地运行，在设计操作系统的过程中，要对资源的用法进行适当限制，预防系统在运行过程中产生的死锁。由于产生死锁的四个必要条件必须同时存在时，系统才可能产生死锁，因此，只要使四个必要条件中至少有一个不能成立，就可以达到预防死锁的目的。

破坏互斥条件：互斥性是某些资源的固有特性（例如打印机是一种不能同时供多个进程使用的互斥资源），所以破坏互斥条件往往行不通。

破坏不剥夺条件：可以采用让进程逐个地提出对资源的要求，当一个已经保持了某些资源的进程，再提出新的资源请求而不能立即得到满足时，必须释放它已经保持了的所有资源，待以后需要时再重新申请。这意味着某一进程已经占有的资源，在运行过程中会被暂时地释放掉，也可认为是被剥夺了，从而摒弃了“不剥夺”条件。这种预防死锁的方法，实现起来比较复杂且要付出很大代价，因为一个资源在使用一段时间后，资源被迫释放可造成前段工作的失效，即使是采取了某些防范措施，也还会使进程前后两次运行的信息不连续。例如，进程在运行过程中，已用打印机输出一部分信息但中途又因申请另一资源未果而被迫暂停运行并释放打印机，后来系统又把打印机分配给其他进程使用。当进程再次恢复运行并再次获得打印机继续打印时，这前后两次打印输出的数据并不连续，即打印输出的信息，中间有一段是另一进程的。此外，这种策略还可能因为反复地申请和释放资源，致使进程的执行被无限地推迟，这不仅延长了进程的周转时间，而且也增加了系统开销，降低了系统吞吐量。

破坏请求且保持条件：系统在进程创建后运行之前全部满足它的资源要求，这称为资源的静态分配。这样，它运行过程中不再请求新的资源，自然不会有死锁情况出现。如果当时系统资源不能一次满足它的要求，该进程不能进入运行。这种方法对于那些“紧俏”的资源，进程在整个生命期一直占用它们造成了资源的极大浪费。

破坏循环等待条件：为每类资源编排序号，规定每个进程只能按资源号递增的顺序申请资源。如果进程申请的资源的序号小于已占用资源的序号，那么它必须释放序号高于申请序号的已占用资源。采用这种方法，系统在任何情况下都不可能进入循环等待的状态。资源编序这一做法的困难在于如何给资源类确定各方面都比较满意的序号。

### 2.6.3 死锁的避免

在动态分配资源的过程中采用某种方法防止系统进入不安全状态，称为死锁避免。避免死锁的著名算法是 Dijkstra 1965 年提出来的银行家算法，由于此算法类似于银行系统现金贷款的发放，故称为银行家算法。

**1. 银行家算法所需的数据结构**

对进程来说，它总共需要多少资源、目前已分配到多少资源、尚缺多少资源，分别用 Max、Allocation、Need 矩阵表示。对系统来说，当前可用资源的总量用 Available 向量表示。

(1) Available[$m$]，$m$ 表示系统内资源类别数，例如 Available[$j$]$=k$，说明可用于分配的 $j$ 类资源有 $k$ 个。

(2) Max[$n,m$]，$n$ 表示进程个数，$m$ 表示系统内资源类别数。若 Max[$i,j$]$=k$，说明进程 $P_i$ 最多可申请 $j$ 类资源 $k$ 个。

(3) Allocation[$n,m$]，$n$、$m$ 同上。如果 Allocation[$i,j$]$=k$，说明进程 $P_i$ 已分配 $j$ 类资源 $k$ 个。

(4) Need[$n,m$]，$n$、$m$ 同上。如果 Need[$i,j$]$=k$，说明进程 $P_i$ 尚缺 $j$ 类资源 $k$ 个。

Max[$i,j$]$=$Allocation[$i,j$]$+$Need[$i,j$]。随着时间的推移，资源的分配情况不断变化，数据结构的内容也随之更改。

安全状态是指系统能按某种进程顺序($P_1, P_2, \cdots, P_n$)为每个进程 $P_i$ 分配其所需资源,直到满足每个进程对资源的最大需求,使每个进程顺利完成。如果不存在这样的安全序列,则称系统处于不安全状态。不安全状态不一定导致死锁,但安全状态一定不死锁。所以在分配资源时,如果保证系统始终处于安全状态,则不会产生死锁。

**2. 银行家算法**

银行家算法判断当前资源分配是否会导致系统进入不安全状态,若会则拒绝分配,若不会,则分配资源。

把 Allocation 矩阵的第 $i$ 行记为 $\text{Allocation}_i$,它描述进程 $P_i$ 当前分得的资源。类似地也可对 Need 矩阵作这种处理。

令 $\text{Request}_i$ 是进程 $P_i$ 请求向量,如果 $\text{Request}_i[j]=k$,则进程 $P_i$ 希望请求 $j$ 类资源 $k$ 个。

算法步骤如下。

(1) 如果 $\text{Request}_i > \text{Need}_i$ 则出错(请求量超过申报的最大量),否则转(2)。

(2) 如果 $\text{Request}_i > \text{Available}$ 则 $P_i$ 等待,否则转(3)。

(3) 系统对 $P_i$ 所请求的资源实施试探分配,更改数据结构中的数值:

$$\text{Available}=\text{Available}-\text{Request}_i$$

$$\text{Allocation}_i=\text{Allocation}_i+\text{Request}_i$$

$$\text{Need}_i=\text{Need}_i-\text{Request}_i$$

(4) 执行安全性算法,如果系统是安全的,则承认试分配,否则废除试分配,让进程 $P_i$ 等待。

**3. 安全性检查算法**

令 Work 和 Finish 分别是长度为 $m$ 和 $n$ 的向量。

(1) 初始化:Work=Available,Finish[$i$]=false,$i=1,2,\cdots,n$。

(2) 从进程集合中找满足下列条件的进程 $P_i$:

$$(\text{Finish}[i]=\text{false}) \quad \text{and} \quad (\text{Need}_i \leqslant \text{Work})$$

如果找到转(3),否则转(4)。

(3) 释放 $P_i$ 的全部资源,即

$$\text{Work}=\text{Work}+\text{Allocation}_i, \text{Finish}[i]=\text{true}$$

转(2)。

(4) 如果 Finish[$i$]=true,$i=1,2,\cdots,n$ 对所有 $i$ 都成立,则返回"安全"标记,否则返回"不安全"标记。

## 2.6.4 死锁的检测

预防死锁的方法比较保守,避免死锁的方法代价较大,如果允许系统中有死锁出现,但操作系统能不断地监督进程的执行过程,判定和发现死锁,一旦发现有死锁发生,采取专门的措施加以克服,并以最小的代价使系统恢复正常,这就是检测死锁的方法。下面介绍一种检测死锁的算法。

令 Available、Allocation、Request、Work、Finish 的意义同上节。

(1) 初始化：Work=Available；如果 $Need_i=0$，则 Finish[$i$]=true，否则 Finish[$i$]=false，$i=1,2,\cdots,n$。

(2) 找一个满足如下条件的进程 $P_i$：

$$(Finish[i]=false) \quad and \quad (Request_i \leqslant Work)$$

如果存在这样的 $P_i$，则转(3)，否则转(4)。

(3) Work=Work+ $Allocation_i$，Finish[$i$]=true，转(2)。

(4) 如果对所有 $i=1,2,\cdots,n$，Finish[$i$]=true 不成立，则系统是出现了死锁，Finish[$i$]=false 的进程，是参与死锁的进程。

可以定期进行死锁检测，也可以当系统中处理机利用率下降时进行检测。

下面举例说明检测死锁算法以及银行家算法的应用。

**【例 2-2】** 已知 $T_0$ 时刻系统资源分配情况如表 2.4 所示。

**表 2.4　$T_0$ 时刻系统资源分配表**

| 进程 | Max | | | Allocation | | | Need | | | Available | | |
|---|---|---|---|---|---|---|---|---|---|---|---|---|
| | $R_1$ | $R_2$ | $R_3$ | $R_1$ | $R_2$ | $R_3$ | $R_1$ | $R_2$ | $R_3$ | $R_1$ | $R_2$ | $R_3$ |
| $P_1$ | 3 | 2 | 2 | 1 | 0 | 0 | 2 | 2 | 2 | 1 | 1 | 2 |
| $P_2$ | 6 | 1 | 3 | 5 | 1 | 1 | 1 | 0 | 2 | | | |
| $P_3$ | 3 | 1 | 4 | 2 | 1 | 1 | 1 | 0 | 3 | | | |
| $P_4$ | 4 | 2 | 2 | 0 | 0 | 2 | 4 | 2 | 0 | | | |

要求：(1) 判断系统当前状态是否死锁状态。

(2) $P_2$ 进程发出请求向量 $Request_2$[1,0,1]，系统能把资源分给它吗？

(3) 若在 $P_2$ 进程申请资源后，$P_3$ 进程发出请求向量 $Request_3$[0,0,1]，系统能把资源分给它吗？

**解**

(1)

① 初始化，令 Work=Available，Finish 列全为 false，见表 2.5。

**表 2.5　系统资源初始化分配表**

| 进程 | Max | | | Allocation | | | Need | | | Work | | | Finish |
|---|---|---|---|---|---|---|---|---|---|---|---|---|---|
| | $R_1$ | $R_2$ | $R_3$ | $R_1$ | $R_2$ | $R_3$ | $R_1$ | $R_2$ | $R_3$ | $R_1$ | $R_2$ | $R_3$ | |
| $P_1$ | 3 | 2 | 2 | 1 | 0 | 0 | 2 | 2 | 2 | 1 | 1 | 2 | false |
| $P_2$ | 6 | 1 | 3 | 5 | 1 | 1 | 1 | 0 | 2 | | | | false |
| $P_3$ | 3 | 1 | 4 | 2 | 1 | 1 | 1 | 0 | 3 | | | | false |
| $P_4$ | 4 | 2 | 2 | 0 | 0 | 2 | 4 | 2 | 0 | | | | false |

② 因为 $Need_2 \leqslant Work$，将资源分配给 $P_2$ 进程，同时标记 Finish[2]为 true。$P_2$ 进程

使用完后将它所占用的全部资源释放。此时系统资源分配情况如表 2.6 所示。

**表 2.6 系统将资源分配给 $P_2$ 进程**

| 进程 | Max | | | Allocation | | | Need | | | Work | | | Finish |
|---|---|---|---|---|---|---|---|---|---|---|---|---|---|
| | $R_1$ | $R_2$ | $R_3$ | $R_1$ | $R_2$ | $R_3$ | $R_1$ | $R_2$ | $R_3$ | $R_1$ | $R_2$ | $R_3$ | |
| $P_1$ | 3 | 2 | 2 | 1 | 0 | 0 | 2 | 2 | 2 | | | | false |
| $P_2$ | 6 | 1 | 3 | 5 | 1 | 1 | 1 | 0 | 2 | 6 | 2 | 3 | true |
| $P_3$ | 3 | 1 | 4 | 2 | 1 | 1 | 1 | 0 | 3 | | | | false |
| $P_4$ | 4 | 2 | 2 | 0 | 0 | 2 | 4 | 2 | 0 | | | | false |

③ 因为 $Need_3 \leqslant Work$，将资源分配给 $P_3$ 进程，同时标记 Finish[3]为 true。$P_3$ 进程使用完后将它所占用的全部资源释放。此时系统资源分配情况如表 2.7 所示。

**表 2.7 系统将资源分配给 $P_3$ 进程**

| 进程 | Max | | | Allocation | | | Need | | | Work | | | Finish |
|---|---|---|---|---|---|---|---|---|---|---|---|---|---|
| | $R_1$ | $R_2$ | $R_3$ | $R_1$ | $R_2$ | $R_3$ | $R_1$ | $R_2$ | $R_3$ | $R_1$ | $R_2$ | $R_3$ | |
| $P_1$ | 3 | 2 | 2 | 1 | 0 | 0 | 2 | 2 | 2 | | | | false |
| $P_2$ | 6 | 1 | 3 | 5 | 1 | 1 | 1 | 0 | 2 | | | | true |
| $P_3$ | 3 | 1 | 4 | 2 | 1 | 1 | 1 | 0 | 3 | 8 | 3 | 4 | true |
| $P_4$ | 4 | 2 | 2 | 0 | 0 | 2 | 4 | 2 | 0 | | | | false |

④ 因为 $Need_4 \leqslant Work$，将资源分配给 $P_4$ 进程，同时标记 Finish[4]为 true。$P_4$ 进程使用完后将它所占用的全部资源释放。此时系统资源分配情况如表 2.8 所示。

**表 2.8 系统将资源分配给 $P_4$ 进程**

| 进程 | Max | | | Allocation | | | Need | | | Work | | | Finish |
|---|---|---|---|---|---|---|---|---|---|---|---|---|---|
| | $R_1$ | $R_2$ | $R_3$ | $R_1$ | $R_2$ | $R_3$ | $R_1$ | $R_2$ | $R_3$ | $R_1$ | $R_2$ | $R_3$ | |
| $P_1$ | 3 | 2 | 2 | 1 | 0 | 0 | 2 | 2 | 2 | | | | false |
| $P_2$ | 6 | 1 | 3 | 5 | 1 | 1 | 1 | 0 | 2 | | | | true |
| $P_3$ | 3 | 1 | 4 | 2 | 1 | 1 | 1 | 0 | 3 | | | | true |
| $P_4$ | 4 | 2 | 2 | 0 | 0 | 2 | 4 | 2 | 0 | 8 | 3 | 6 | true |

⑤ 因为 $Need_1 \leqslant Work$，将资源分配给 $P_1$ 进程，同时标记 Finish[1]为 true。$P_1$ 进程使用完后将它所占用的全部资源释放。此时系统资源分配情况如表 2.9 所示。

⑥ 此时 Finish 列的所有项均为 true，故系统没有死锁。

(2) $P_2$ 进程发出请求向量 $Request_2[1,0,1]$，假定系统先将资源分配给 $P_2$ 进程。由第(1) 题的解题过程可以看出，此时系统存在一个安全序列($P_2,P_3,P_4,P_1$)，因此系统可把资源分配给 $P_2$ 进程。

表 2.9　系统将资源分配给 $P_1$ 进程

| 进程 | Max | | | Allocation | | | Need | | | Work | | | Finish |
|---|---|---|---|---|---|---|---|---|---|---|---|---|---|
| | $R_1$ | $R_2$ | $R_3$ | $R_1$ | $R_2$ | $R_3$ | $R_1$ | $R_2$ | $R_3$ | $R_1$ | $R_2$ | $R_3$ | |
| $P_1$ | 3 | 2 | 2 | 1 | 0 | 0 | 2 | 2 | 2 | 9 | 3 | 6 | true |
| $P_2$ | 6 | 1 | 3 | 5 | 1 | 1 | 1 | 0 | 2 | | | | true |
| $P_3$ | 3 | 1 | 4 | 2 | 1 | 1 | 1 | 0 | 3 | | | | true |
| $P_4$ | 4 | 2 | 2 | 0 | 0 | 2 | 4 | 2 | 0 | | | | true |

(3)

① 在 $P_2$ 进程申请资源后，$P_3$ 进程发出请求向量 $Request_3[0,0,1]$，假定系统先将资源分配给 $P_3$ 进程。此时 Available=(0,1,0)。初始化，令 Work=Available，Finish 列全为 false(表 2.10)。

表 2.10　系统将资源分配给 $P_3$ 进程

| 进程 | Max | | | Allocation | | | Need | | | Work | | | Finish |
|---|---|---|---|---|---|---|---|---|---|---|---|---|---|
| | $R_1$ | $R_2$ | $R_3$ | $R_1$ | $R_2$ | $R_3$ | $R_1$ | $R_2$ | $R_3$ | $R_1$ | $R_2$ | $R_3$ | |
| $P_1$ | 3 | 2 | 2 | 1 | 0 | 0 | 2 | 2 | 2 | 0 | 1 | 0 | false |
| $P_2$ | 6 | 1 | 3 | 6 | 1 | 2 | 0 | 0 | 1 | | | | false |
| $P_3$ | 3 | 1 | 4 | 2 | 1 | 2 | 1 | 0 | 2 | | | | false |
| $P_4$ | 4 | 2 | 2 | 0 | 0 | 2 | 4 | 2 | 0 | | | | false |

② 此时因为找不到 $Need_i \leqslant Work$ 的进程，所以系统处于不安全状态。因此不能将资源分配给 $P_3$。

### 2.6.5　死锁的解除

当发现系统中存在死锁时，就必须设法消除它，一般说来，只要让某个进程释放一个或多个资源就可以解除死锁。解除死锁通常采用以下方法。

(1) 资源剥夺法。资源剥夺法是指由于死锁是由进程竞争资源而引起的，因此可从一些进程那里强行剥夺足够数量的资源分配给死锁进程，以解除死锁状态。

(2) 撤销进程法。撤销进程法是指按照某种顺序逐渐地撤销已死锁的进程，直到获得为解除死锁所需要的足够可用的资源为止。在极端情况下，这种方法可能造成除一个死锁进程不被撤销外，其余的死锁进程全部被撤销。

(3) 进程回退法。进程回退法是指让一个或多个进程回退到足以解除死锁的位置。这种方法要求保存更多的有关进程运行的历史信息。

由上述 4 小节的内容可知，解决死锁问题的各种算法要么太复杂，要么严重降低资源利用率。因此在很多系统(如 UNIX)中采用鸵鸟算法处理死锁问题。

所谓鸵鸟算法就是不对死锁做任何处理的最简单的方法。UNIX 在分析了死锁发生的频率、系统因各种原因崩溃的频率、死锁的严重程度以及解决死锁问题的代价之后采用了鸵鸟算法。试想如果死锁每 5 年平均产生一次，而每个月系统都会因硬件故障、编译器出错或者操作系统故障而崩溃一次，那么大多数人不会以损失性能和可用性的代价去防止死锁。

具体说，UNIX 存在一些死锁的威胁，但是这些死锁从来没有发生，甚至从来没有被检测到。举一个例子，系统中进程的数量受进程表项数量的限制，进程表项是有限量的资源，如果由于进程表用完，导致一个 fork()调用失败，那么合理的办法是随机等待一段时间后再试一次。现在假设一个 UNIX 系统的进程表有 100 项，有 10 个进程在执行，每一个都要创造 12 个子进程。在每个进程创建 9 个子进程后，原来的 10 个进程和新创建的 90 个进程将进程表项全部用完。那么这 10 个进程将进入一个无休止的循环：执行 fork()调用，失败，等待一段时间后执行 fork()调用，又失败。这实际上是死锁。产生这类事件的概率是很小的，但它的确存在！我们不会为了消除这种状况就放弃进程、fork()这些概念和方法。

处理这一问题的 UNIX 办法是忽略它，由于大多数用户宁可在极偶然的情况下产生死锁，也不愿被限制只能创建一个进程，只能打开一个文件，等等。如果死锁可以不花什么代价就能够解决，那么什么问题都没有了。问题是，这种代价很大，而且常常给进程带来很多不便的限制。于是我们不得不在方便性和正确性之间做出折中。

## 2.7 线程的概念及其实现

自从 20 世纪 60 年代提出进程概念以来，在操作系统中一直都是以进程作为能独立运行的基本单位。直到 80 年代中期，人们又提出了比进程更小的能独立运行的基本单位——线程，用它来提高系统内程序并发执行的速度，减少系统开销，从而可进一步提高系统的吞吐量。近几年，线程概念已得到了广泛应用，不仅在新推出的操作系统中，大多都已引入了线程概念，而且在新推出的数据库管理系统和其他应用软件中，也都纷纷引入了线程来改善系统的性能。

### 2.7.1 线程的引入

如果说，在操作系统中引入进程的目的，是使多个程序并发执行，以改善资源利用率及提高系统的吞吐量，那么，在操作系统中再引入线程则是为了减少程序并发执行时所付出的时空开销，使操作系统具有更好的并发性。为了说明这一点，首先回顾进程的两个基本属性：①进程是一个拥有资源的独立单位；②进程同时又是一个独立调度和分配的基本单位。正是由于进程具有这两个基本属性，才使之成为一个能独立运行的基本单位，从而也就构成了进程并发执行的基础。

然而为使程序能并发执行，系统还必须进行以下的一系列操作。

(1) 创建进程。系统在创建进程时，必须为之分配其所必需的、除 CPU 以外的所有资源。如内存空间、I/O 设备以及建立相应的 PCB。

(2) 撤销进程。系统在撤销进程时，又必须先对这些资源进行回收操作，然后再撤销PCB。

(3) 进程切换。在对进程进行切换时，由于要保留当前进程的CPU环境和设置新选中进程的CPU环境，为此须花费许多CPU时间。

简言之，由于进程是一个资源拥有者，因而在进程的创建、撤销和切换中，系统必须为之付出较大的时空开销。也正因为如此，在系统中所设置的进程数目不宜过多，进程切换的频率也不宜太高，但这也就限制了并发程度的进一步提高。

如何能使多个程序更好地并发执行，同时又尽量减少系统的开销，已成为近年来设计操作系统时所追求的重要目标。于是，操作系统的研究学者们想到，可否将进程的上述属性分开，由操作系统分别进行处理。即把CPU调度和资源的分配针对不同的活动实体进行，以使之轻装运行；而对拥有资源的基本单位，又不频繁地对之进行切换。正是在这种思想的指导下，产生了线程概念。

在引入线程的操作系统中，线程是进程中的一个实体，是被系统独立调度和分配的基本单位。线程自己基本上不拥有系统资源，只拥有一些在运行中必不可少的资源(如程序计数器、一组寄存器和栈)，但它可与同属一个进程的其他线程共享进程所拥有的全部资源。一个线程可以创建和撤销另一个线程；同一进程中的多个线程之间可以并发执行。由于线程之间的相互制约，致使线程在运行中也呈现出间断性。相应地，线程也同样有就绪、阻塞和执行三种基本状态，有的系统中线程还有终止状态。

## 2.7.2 进程与线程的关系

线程具有许多传统进程所具有的特征，所以又称为轻型进程(Light-Weight Process)或进程元；而把传统的进程称为重型进程(Heavy-Weight Process)，它相当于只有一个线程的任务。在引入了线程的操作系统中，通常一个进程都有若干个线程，至少需要有一个线程。下面从调度、并发性、拥有资源、系统开销等方面，来比较线程与进程。

**1. 调度**

在传统的操作系统中，拥有资源的基本单位和独立调度的基本单位都是进程。而在引入线程的操作系统中，则把线程作为调度和分配的基本单位，而把进程作为拥有资源的基本单位，使传统进程的两个属性分开，线程便能轻装运行，从而可显著地提高系统的并发程度。在同一进程中，线程的切换不会引起进程的切换，在由一个进程中的线程切换到另一个进程中的线程时，将会引起进程的切换。

**2. 并发性**

在引入线程的操作系统中，不仅进程之间可以并发执行，而且在一个进程中的多个线程之间，亦可并发执行，因而使操作系统具有更好的并发性，从而能更有效地使用系统资源和提高系统吞吐量。例如，在一个未引入线程的单CPU操作系统中，若仅设置一个文件服务进程，当它由于某种原因被阻塞时，便没有其他的文件服务进程来提供服务。在引入了线程的操作系统中，可以在一个文件服务进程中，设置多个服务线程，当第一个线程等待时，文件服务进程中的第二个线程可以继续运行；当第二个线程阻塞时，第三个线程可以继续执行，依此类推，从而显著地提高了文件服务的质量以及系统吞吐量。

**3. 拥有资源**

不论是传统的操作系统,还是设有线程的操作系统,进程都是拥有资源的一个独立单位,它可以拥有自己的资源。一般地说,线程自己不拥有系统资源(只有一些必不可少的资源),但它可以访问其隶属进程的资源。亦即,一个进程的代码段、数据段以及系统资源,如已打开的文件、I/O 设备等,可供同一进程的所有线程共享。

**4. 系统开销**

由于在创建或撤销进程时,系统都要为之分配或回收资源,如内存空间、I/O 设备等。因此,操作系统所付出的开销将显著地大于在创建或撤销线程时的开销。类似地,在进行进程切换时,涉及当前进程整个 CPU 环境的保存以及新被调度运行的进程的 CPU 环境的设置。而线程切换只需保存和设置少量寄存器的内容,并不涉及存储器管理方面的操作。可见,进程切换的开销也远大于线程切换的开销。此外,由于同一进程中的多个线程具有相同的地址空间,致使它们之间的同步和通信的实现,也变得比较容易。在有的系统中,线程的切换、同步和通信都无须操作系统内核的干预。

## 2.7.3 线程的状态及转换

线程既然是进程中的一个执行体,是系统进行调度的独立单位,它就是一个动态的过程,因此,也就有生命周期,即由创建而产生,由调度而执行,由撤销而消亡。在线程的生命周期中,它总是从一种状态变迁到另一种状态。与进程类似,在不同的操作系统中,线程的状态有所不同。Windows 2000/XP 中的线程及其转换见图 2.18。

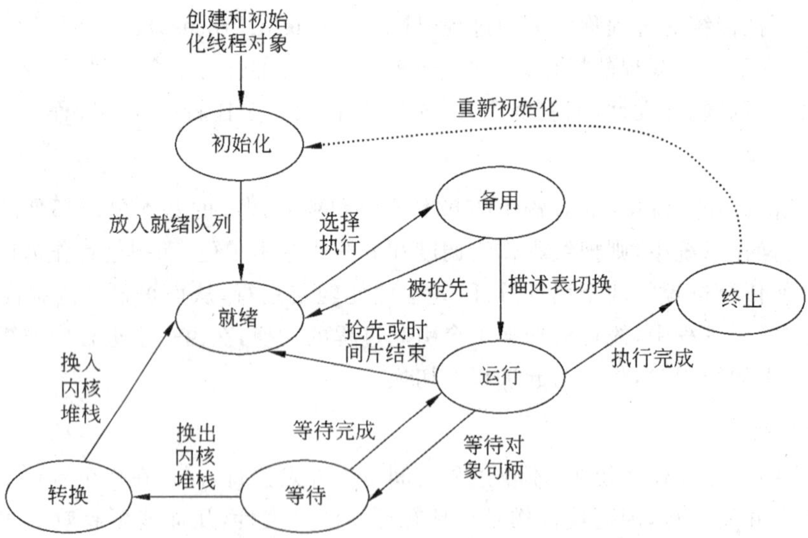


图 2.18 Windows 2000/XP 中的线程及其转换

## 2.7.4 线程调度

线程调度与进程调度类似,原则上讲,高优先级的线程比低优先级的线程有更多的运行机会,当低优先级的线程在运行时,被唤醒的或结束 I/O 等待的高优先级线程立即抢占 CPU 并开始运行,如果线程具有相同的优先级,则通过轮转来抢占 CPU 资源。在 Windows 2000/XP 中,采用的是基于优先级的抢占式多 CPU 调度策略。

### 2.7.5 线程通信

为使系统中的多线程能有条不紊地运行,在系统中必须提供用于实现线程间同步和通信的机制。为了支持不同频率的交互操作和不同程度的并行性,在多线程 OS 中通常提供多种同步机制,如互斥锁、条件变量、计数信号量以及多读、单写锁等。

**1. 互斥锁**

互斥锁(mutex)是一种比较简单的、用于实现进程间对资源互斥访问的机制,由于操作互斥锁的时间和空间开销都较低,因此较适合于高频度使用的关键共享数据和程序段。互斥锁可以有两种状态,即开锁(unlock)和关锁(lock)状态。相应地,可用两条命令(函数)对互斥锁进行操作。其中的关锁操作 lock 用于将 mutex 关上,开锁操作 unlock 则用于打开 mutex。

当一个线程需要读/写一个共享数据段时,线程首先应为该数据段所设置的 mutex 执行关锁命令。命令首先判别 mutex 的状态,如果它已处于关锁状态,则试图访问该数据段的线程将被阻塞;如果 mutex 处于开锁状态,则将 mutex 关上后便去读/写该数据段。在线程完成对数据的读/写后,必须再发出开锁命令将 mutex 打开,同时还须将阻塞在该互斥锁上的第一个线程唤醒,其他的线程仍被阻塞在等待 mutex 打开的队列上。

**2. 条件变量**

在许多情况下,只利用 mutex 来实现互斥访问,可能会引起死锁,通过一个例子说明这一点。有一个线程在对 mutexl 执行关锁操作成功后,便进入一临界区 C,若在临界区内该线程又须访问某个临界资源 R,同样也为 R 设置另一互斥锁 mutex2。假如资源 R 此时正处于忙碌状态,线程在对 mutex2 执行关锁操作后必将被阻塞,这样,将使 mutexl 一直保持关锁状态,如果保持了资源 R 的线程也要求进入临界区 C,但由于 mutexl 一直保持关闭状态而无法进入临界区,这样便形成了死锁,为此而引入了条件变量。

每一个条件变量通常都与一个互斥锁一起使用,亦即,在创建一个互斥锁时便联系着一个条件变量,单纯的互斥锁用于短期锁定,主要是用来保证对临界区的互斥进入。而条件变量则用于线程的长期等待,直至所等待的资源成为可用的。

现在看看如何利用互斥锁和条件变量来实现对资源 R 的访问。线程首先对 mutex 执行关锁操作,若成功便进入临界区,然后查找用于描述资源状态的数据结构,以了解资源的情况,只要发现所需资源 R 正处于忙碌状态,线程便转为等待状态,并对 mutex 执行开锁操作后,等待该资源被释放;若资源处于空闲状态,表明线程可以使用该资源,于是将该资源设置为忙碌状态,再对 mutex 执行开锁操作。下面给出了对上述资源的申请(左半部分)和释放(右半部分)操作的描述。

```
lock mutex                                    lock mutex
check data structures;                    mark resource as free;
```

```
while(resource busy);                          unlock mutex;
    wait(condition variable);                 wakeup(condition variable);
mark resource as busy;
unlock mutex;
```

原来占有资源 R 的线程在使用完该资源后，便按照右半部分的描述释放该资源，其中的 wakeup(condition variable)表示去唤醒在指定条件变量上等待的一个或多个线程。在多数情况下，由于所释放的是临界资源，此时所唤醒的只能是在条件变量上等待的某一线程，其他线程仍继续在该队列上等待。但如果线程所释放的是一个数据文件，该文件许多个线程同时对它执行读操作。在这种情况下，当一个写线程完成写操作并释放该文件后，如果此时在该条件变量上还有多个读线程在等待，则该线程可以唤醒所有的等待线程。

**3. 信号量机制**

前面所介绍的用于实现进程同步的最常用工具——信号量机制，也可用于多线程中，实现诸线程或进程之间的同步。为了提高效率，可为线程和进程分别设置相应信号量。

(1) 私用信号量(private semaphore)。当某线程需利用信号量来实现同一进程中各线程之间的同步时，可调用创建信号量的命令来创建一私用信号量，其数据结构是存放在应用程序的地址空间中。私用信号量属于特定的进程所有，操作系统并不知道私用信号量的存在，因此，一旦发生私用信号量的占用者异常结束或正常结束，但并未释放该信号量所占有空间的情况时，系统将无法使它恢复为 0(空)，也不能将它传送给下一个请求它的线程。

(2) 公用信号量(public semaphore)。公用信号量是为实现不同进程间或不同进程中各线程之间的同步而设置的。由于它有着一个公开的名字供所有的进程使用，因此把它称为公用信号量。其数据结构是存放在受保护的系统存储区中，由操作系统为它分配空间并进行管理，因此也称为系统信号量。如果信号量的占有者在结束时未释放该公用信号量，则操作系统自动将该信号量空间回收，并通知下一进程。可见，公用信号量是一种比较安全的同步机制。

## 2.7.6 多线程应用举例

下面以客户/服务器应用模式中服务器程序设计为例，来说明多线程技术的应用。假定该服务器程序只提供两类功能，分别由函数 func1()和 func2()来实现。客户在请求服务时要指明功能号 1 或 2。另外限制需要同时提供服务的客户数目。在服务器端为请求服务的每个客户建立一个线程，专门为该客户提供服务。限制客户数目就是限制同时存在的线程数目。这些动态建立的线程对象存放在数组中。通过查找该数组是否有空位，判断是否已到最大数目。同时利用该数组来管理这些动态存在的线程及相应的网络链路。整个程序由一个主程序和提供两类服务的两个子程序组成。主程序(主控线程)在完成初始化操作后，开始循环读取邮箱中的网络控制信息；在接收到连接请求信息后，主控线程就建立一个新线程，并指定相应的函数作为执行代码；如果客户要断开连接，则主控线程查找到相应的服务线程号，释放该服务线程使用的网络链路，并删除此线程。下面是该服务器程序的基本结构。

创建邮箱，分配网络通道并连接邮箱：

```
while(1)
{
    同步读取邮箱信息 message;
    switch message
    {
        case 请求连接:
        {
            if(有空位)
            {
                建立网络链路通道 chan;
                if(功能号==1)
                    建立新线程,指定 func1(chan)为执行代码
                    \* 注意:此时该线程并未执行 * \
                else
                    建立新线程,指定 func2(chan)为执行代码
            }
            else
                拒绝服务请求;
        case 断开连接:
        {
            查找到相应的网络链路和提供服务的线程;
            取消该链路:
            删除该线程;
            }
            case 其他:
                其他控制操作
    }
}
```

在各个服务器程序中，它根据主程序传来的网络链路通道号，与自己对应的客户进行通信：

```
while(1)
{
    同步读取服务请求;
    if(读取失败)  return;
    执行服务操作;
    返回服务结果;
}
```

服务线程同步读取客户的请求信息，在读取之前，它处于等待状态。如果主控线程已取消了相应的链路通道，则读取操作失败，服务线程终止，并被主控线程删除。从算法可

以看出主控线程通过邮箱监视网络上的控制信息(包括客户的连接请求、断开连接以及其他控制),而每个客户需要的服务由专用的服务线程来处理,当某些线程在网络上读写信息的时候,另外的线程可能正在进行数据处理,还有些线程正在访问磁盘等。所有的线程并行工作,为客户提供了最大限度的服务,不但解决了原始的串行服务方式中系统资源利用率低的问题,而且又没有并发多进程带来的庞大系统开销的缺陷。

## 2.8 Linux 中的进程及调度

Linux 是一个多任务操作系统,它要尽量保证 CPU 始终在使用状态,如果某个正在运行的进程等待外部设备完成工作(例如等待打印机完成打印任务),这时,操作系统就可以选择其他进程运行,从而保持 CPU 的最大利用率,这就是多任务的基本思想。进程之间的切换由调度程序完成。

进程即程序的一次执行。从组成上看,进程可划分为三个部分:PCB、指令与数据。其中 PCB 在系统内核中抽象为 task_ struct 数据结,记录着进程所占用的各项资源,只有具有 task_struct 进程才能成为内核调度的一个基本单位接受内核的调度;指令是进程执行的代码;数据包括系统堆栈空间及用户空间内的数据。从动态执行的角度来看,进程可视为在操作系统根据 PCB 进行调度而分配的若干时间片内对程序的执行以及对数据的操作过程。进程的调度同 CPU 有关,系统结构的设计中考虑到了进程的管理和调度,并从硬件上支持任务间的切换,为此,Intel 在 i386 系统结构中增设了另一种新的段,叫做 TSS(任务状态段)。下面先介绍 TSS 及 Linux 中相关实现然后介绍 PCB 相关信息,最后介绍进程的调度。

### 2.8.1 TSS 及 Linux 实现

TSS 是一个具有 104 字节的数据结构,用以记录一个任务的关键性的状态信息,具体包括:

(1) 任务切换前该任务各通用寄存器的内容。

(2) 任务切换前该任务各个段寄存器(包括 es、cs、ss、ds、fs 和 gs)的内容。

(3) 任务切换前该任务 EFLAGS 寄存器的内容。

(4) 任务切换前该任务指令地址寄存器(EIP)的内容。

(5) 指向前一个任务的 TSS 结构的段选择码。当前任务执行 IRet 指令时,就返回到由这个段选择码所指的任务。

(6) 该任务的 LDT 段选择码,它指向任务的 LDT。

(7) 控制寄存器 CR3 的内容,它指向任务的页面目录。

(8) 三个堆栈指针,分别为当任务运行于 0 级、1 级和 2 级时的堆栈指针,当 CPU 在进入新的运行级别时会自动从当前任务的 TSS 中装入相应 SS 和 ESP 的内容,实现堆栈的切换。

像 LDT、IDT 等一样,TSS 也要在段描述表中有个表项。不过 TSS 的描述项只能在 GDT 中,而不能放在任何一个 LDT 或 IDT 中。如果通过一个段选择项访问一个 TSS,

而选择项中的TI标志位为1(表示使用LDT),就会产生一次GP异常。TSS描述项的结构与其他的段描述项基本相同,但有一个B(Busy)标志位,表示相应TSS所代表的任务是否正在运行或者正被中断。

另外,CPU中还增设了一个任务寄存器——TR,指向当前任务的TSS。相应地,还增加了一条指令LTR,对TR寄存器进行装入操作。还有,在IDT表中,除中断门、陷阱门和调用门外,还定义了一种任务门。任务门中包含有一个TSS段选择码。当CPU因中断而穿过一个任务门时,就会将任务门中的段选择码自动装入TR,使TR指向新的TSS,并完成任务切换。CPU还可以通过jump和call指令实现任务切换,当跳转或调用的目标段(代码段)实际上指向GDT表中的一个TSS描述项时,就会引起一次任务切换。

然而从执行效率考虑,Linux并没有按照i386提供的硬件机制转化。Linux内核只是按照i386要求设置了TR及TSS,内核中并不使用任务门,也不允许使用JMP或CALL指令实施任务切换。内核只是在初始化阶段设置TR,使之指向一个TSS,从此以后就再不改变TR的内容了。也就是说,每个CPU(如果有多个CPU的话)在初始化以后的全部运行过程中永远各自使用同一个TSS。同时,内核也不依靠TSS保存每个进程切换时的寄存器副本,而是将这些寄存器的副本保存在各个进程自己的系统空间堆栈中。当CPU因中断或系统调用而从用户空间进入系统空间时,会由于运行级别的变化而自动更换堆栈。而新的堆栈指针,包括堆栈段寄存器SS的内容和堆栈指引寄存器ESP的内容,则取自当前任务的TSS。由于在Linux中只使用两个运行级别0级和3级,所以TSS中为另两个级别设置的堆栈指针副本也失去了意义。于是,对于Linux内核来说,TSS中有意义的就只剩下了0级的堆栈指针,也就是SS0和ESP0两项了。Intel原来的意图是让TR的内容,随着不同的TSS,随着任务的切换而变换。可是在Linux内核中实现的就是一个TSS,里面的内容是当前任务的系统堆栈指针,则随着进程的调度切换而变动。TTS定义在include/asm-i386/processor.h中:

```
====================include/asm-i386/processor.h==================
struct tss_struct {
unsigned short    back_link,__blh;
unsigned long     esp0;
unsigned short    ss0,__ss0h;
unsigned long     esp1;
unsigned short    ss1,__ss1h;
unsigned long     esp2;
unsigned short    ss2,__ss2h;
unsigned long     __cr3;
unsigned long     eip;
unsigned long     eflags;
unsigned long     eax,ecx,edx,ebx;
unsigned long     esp;
unsigned long     ebp;
unsigned long     esi;
unsigned long     edi;
```

```
unsigned short    es, __esh;
unsigned short    cs, __csh;
unsigned short    ss, __ssh;
unsigned short    ds, __dsh;
unsigned short    fs, __fsh;
unsigned short    gs, __gsh;
unsigned short    ldt, __ldth;
unsigned short    trace, bitmap;
unsigned long     io_bitmap[IO_BITMAP_SIZE+1];
/*
 * pads the TSS to be cacheline-aligned (size is 0x100)
 */
unsigned long _cacheline_filler[5];
};
```

### 2.8.2 Linux 进程控制块

Linux 内核利用一个数据结构(task_struct)在 include/linux/sched.h 中标志一个进程的存在,表示每个进程的数据结构指针形成了一个 task 数组(Linux 中,任务和进程是两个相同的术语),这种指针数组有时也称为指针向量。这个数组的大小默认为 512,表明在 Linux 系统中能够同时运行的进程最多可有 512 个。当建立新进程的时候,Linux 为新的进程分配一个 task_struct 结构,然后将其指针保存在 task 数组中。

task_struct 结构的组成主要可分为如下几个部分。

(1) 进程运行状态信息:该 Linux 进程的运行、等待、停止以及僵死状态。

(2) 用户标识信息:执行该进程的用户的信息。

(3) 标识号:pid 用以唯一地标识一个进程,进程还用一个 ID 标识它在进程数组中的索引。每个进程还有组号、会话号,这些标识用以判断一个进程是否有足够的优先权来访问外设等。

(4) 调度信息:如调度策略、优先级等。

(5) 信号处理信息:信号挂起标志、信号阻塞掩码、信号处理例程等。

(6) 进程内部状态标志:调试跟踪标识、创建方法标识、用户 ID 改变标识、最后一次系统调用时的错误码等。这些标志一般与具体 CPU 有关。

(7) 进程链信息:Linux 中有一个 task 数组,其长度为允许进程的最大个数,一般为 512。

```
struct  task_struct *   task[NR_TASKS]={&init_task};
```

对于每一个进程,有两个指针用以形成一个全体进程的循环双向链表(进程 0 为根),还有两个指针用以形成一个可运行进程的循环双向链表。还有一些指针用以指向父进程、子进程、兄弟进程等。

(8) 等待队列:用于 wait()函数等待子进程的返回。

(9) 时间与定时器:保存进程的建立时间,以及在其生命周期中所花费的 CPU 时间。应用程序还可以建立定时器，在定时器到期时，根据不同定时器类型发送相应的信号。

(10) 打开的文件以及文件系统信息：系统需要跟踪进程所打开的文件，以便在适当的时候关闭文件以及判断对文件操作的正确性。子进程从父进程继承了父进程打开的所有文件标识符。另外，进程还有指向 VFS(虚拟文件系统)索引节点的指针，分别是进程的主目录以及当前目录。

(11) 内存管理信息：进程分别运行在各自的地址空间中，需要将虚实地址一一对应起来。

(12) 进程间通信信息，如信号量等。

(13) 上下文信息 TSS(Task State Segment)：在进程的运行过程中，随着系统状态的改变将影响进程的执行。当调度程序选择了一个新进程运行时，旧进程从运行状态切换为就绪状态，它的运行环境如寄存器、堆栈等，必须保存在上下文中，以便下次恢复运行时使用。

**1. 进程运行状态信息**

Linux 进程共有如下六种状态。

① TASK_RUNNING，当前运行进程以及运行队列中的进程都处于该状态中。进程调度时，调度程序只在处于该状态的进程中选择优先级最高的进程来运行。

② TASK_INTERRUPTIBLE，在等待队列中，可被信号中断的等待状态。收到信号后，进程可能停止或者重新插入到运行队列中。

③ TASK_UNINTERRUPTIBLE，直接等待硬件状态，不可被中断。

④ TASK_ZOMBIE，僵死状态。进程已经消亡，但其 PCB 仍存在 task 数组中。在进程退出时，将状态设为 TASK_ZOMBIE，然后发送信号给父进程，由父进程在统计其中的一些数据后，释放它的 task_struct 结构。

⑤ TASK_STOPPED，进程因接收到信号(如：SIGSTOP、SIGSTP、SIGTTIN、SIGTTOU)而停止或由于其他进程使用 ptrace 系统调用来跟踪而将控制权交回控制进程。

⑥ TASK_SWAPPING，进程被交换到了交换区(2.0 版中未实现)。

**2. 用户标识信息**

Linux 使用用户标识符与组标识符来判断用户进程对文件和目录的访问许可。每个进程的 task_struct 中均有四对标识符。

① uid、gid

执行该进程的用户的标识与组标识。在 fork()时，从父进程处继承。

② euid、egid

某些程序可以将 uid 和 gid 改变为自己私有的 uid 和 gid，称为有效 uid 和有效 gid。系统在运行这样的程序时，会根据修改后的 uid 及 gid 判断程序的特权，例如，是否能够直接进行 I/O 输出等。通过 setuid 系统调用，可将程序的有效 uid 和 gid 设置为其他用户。在该程序映像文件的 VFS 索引节点中，有效 uid 和 gid 由索引节点的属性描述。

③ suid、sgid

如果进程通过系统调用修改了进程的 uid 和 gid，这两个标识符则保存实际的 uid 和 gid。

④ fsuid、fsgid

用于检查对文件系统的访问许可。处于用户模式的 NFS(网络文件系统)服务器作为特殊进程访问文件时使用这两个标识符，用于限制用户的其他访问权限。系统调用 setfsuid、setfsgid 可直接修改这两个 id，而不改动 euid 与 egid。

**3. 标识号**

- pid　唯一地标识一个进程。
- pgrp　进程所处的进程组的标识。pid 与 pgrp 用以判断进程是否具有外设的访问权。
- session　进程所处的会话的标识。
- leader　会话的首进程标志。
- groups[NGROUPS]　与 UNIX 类似，一个进程可能同时属于许多个进程组，Linux 使用该数组来存储进程所在的各个进程组 ID，这些进程组的最多个数为 NGROUPS，可以通过 # define NGROUPS-1 来取消这项功能。

另外，进程还有一个隐含的 ID，就是它在 task 数组中的索引。该索引指向进程的 TSS 段描述符以及 LDT(Local Directory Table)段描述符在 GDT(Globe Directory Table)中的位置。

**4. 调度信息**

Linux 有三种调度策略：

(1) SCHED_OTHER　适用于一般进程，基于优先级的轮转法。一般进程的优先级较实时进程低。

(2) SCHED_FIFO　用于实时进程，先进先出(First In First out)，如 kswapd 进程。

(3) SCHED_RR　用于实时进程，轮转调度(Round Robin)。

Linux 根据以下信息进行调度：

① long counter 与 long priority　priority 是系统为进程设定的优先级，即从进程开始运行算起的，允许进程运行的时间。counter 在开始时设为 priority，每次时钟中断发生，该值减 1 直至为 0。counter 为 0 表示分配给该进程的执行时间已到，不可再被调度。若所有可运行进程的 counter 都为 0，则需要重新计算 counter。

② unsigned long rt_priority　实时进程的相对优先级。在计算权重时，实时进程的权重为 rt_priority＋1000，因此总能获得比一般进程更高的优先级。

③ unsigned timeout　用于定时，当值为 0 时，将进程从等待队列移至就绪队列。

**5. 信号处理信息**

在 Linux 中，信号种类的数目和具体的平台有关，因为内核用一个字代表所有的信号，因此字的位数就是信号种类的最多数目。对 32 位的 i386 平台而言，一个字为 32 位，因此信号有 32 种。

进程可以选择对某种信号所采取的特定操作，这些操作包括：

（1）阻塞信号

进程可选择阻塞某些信号，SIGKILL 和 SIGSTOP 信号不能被阻塞。

（2）由进程处理的信号

进程本身可在系统中注册处理信号的处理程序地址，当发出该信号时，由注册的处理程序处理此信号。

（3）由内核进行默认处理

信号由内核的默认处理程序处理。大多数情况下，信号由内核处理。

信号及其结构：unsigned long signal 与 unsigned long blocked。

signal 用以记录当前挂起的信号，blocked 用以记录当前阻塞的信号。挂起的信号指尚未进行处理的信号，阻塞的信号指进程当前不处理的信号，如果产生了某个当前被阻塞的信号，则该信号会一直保持挂起，直到该信号不再被阻塞为止。

```
struct signal_struct
{
    int count;
    struct sigaction action[32];
};
struct signal_struct * sig
```

count 为该 signal_struct 的引用计数，当使用 CLONE_SIGHAND 标志来创建一个子进程时，父进程与子进程共享一个 signal_struct，count 计数加 1。在进程退出时，判断该 signal_struct 是否还有其他进程引用。只有 count 为 0，方可删除该结构。action[32] 中指定了进程处理所有这 32 个信号的方式，如果某个 sigaction 结构中包含有处理信号的例程地址，则由该处理例程处理此信号；反之，则根据结构中的一个标志或者由内核进行默认处理，或者只是忽略该信号。

**6. 进程链信息与等待队列**

- struct task_struct * next_task, * prev_task

所有进程的双向链表指针，其根为 task0，即 init_task。在设置 init_task 的 task_struct 结构时，将这两个指针都指向它自身。

- struct task_struct * next_run, * prev_run

所有运行进程的双向链表指针，组成了运行队列，其根也为 task0。在设置 init_task 的 task_struct 结构时，这两个指针也都指向它自身。若当前进程不处于运行队列中，这两个指针必为空，否则必为非空。这常用于进程入运行队列与出运行队列的判断。

- struct task_struct * p_opptr

初始的父进程指针，父进程可能由于退出或其他原因，而将其子进程转移到其他进程（如 task1）名下。

- struct task_struct * p_pptr

父进程指针，init_task 的这个指针指向它自身。

- struct task_struct * p_cptr

最新的子进程指针，init_task 的这个指针指向它自身。

- struct task_struct * p_ysptr

左兄弟进程指针。

- struct task_struct * p_osptr

右兄弟进程指针。

- struct wait_queue * wait_chldexit

等待队列，用于系统调用 wait()，等待子进程的返回。在系统调用 wait()发生时，将自己插入到这个等待队列中，状态改为 TASK_INTERRUPTIBLE，等待子进程结束时的返回信号。

**7. 时间与定时器**

long utime，stime　进程在用户态、核心态下的运行时间。

long cutime，cstime　分别为进程所有子进程 utime 与 stime 的总和。子进程退出时，将发送信号 SIGCHLD 给父进程，然后父进程更新这些数据。

long start_time　进程创建的时间。

Linux 用指针 current 保存当前正在运行的进程的 task_struct。每当产生一次时钟中断(在 i386 上，外部中断#0，中断号为 0x20)，Linux 就会更新 current 所指向的进程的时间信息，如果当前执行任务的进程是内核处理程序(例如进程调用系统调用时)，那么系统就将时间记录为进程在系统模式下花费的时间，否则记录为进程在用户模式下花费的时间。

除了为进程记录其消耗的 CPU 时间外，Linux 还支持和进程相关的间隔定时器。当定时器到期时，会向定时器的所属进程发送信号。进程可使用三种不同类型的定时器来给自己发送相应的信号，如表 2.11 所示。

**表 2.11　定时器类型**

| | |
|---|---|
| **real** | 该定时器实时更新，到期时发送 SIGALRM 信号 |
| **virtual** | 该定时器只在进程运行时更新，到期时发送 SIGVTALRM 信号 |
| **profile** | 该定时器在进程运行时，以及内核代表进程运行时更新，到期时发送 SIGPROF 信号 |

unsigned long it_real_value，it_prof_value，it_virt_value 三种计时器各自的定时长度。

unsigned long it_real_incr，it_prof_incr，it_virt_incr 三种计时器各自的到期时间。

Linux 对 Virtual 和 Profile 定时器的处理是相同的，在每个时钟中断，定时器的计数值减 1，直到计数值为 0 时发送信号。

**8. 打开的文件以及文件系统信息**

```
struct fs_struct
{
    int count;
    unsigned short umask;
```

```
    struct inode * root, * pwd;
};
struct fs_struct * fs
```

其中：count 为该 fs_struct 的引用计数，当使用 CLONE_FS 标志来创建一个子进程时，父进程与子进程共享一个 fs_struct，count 计数加 1。进程退出时，判断该 fs_struct 是否还有其他进程引用。只有 count 为 0，方可删除该结构。

root 与 pwd 包含指向两个 VFS 索引节点的指针，这两个索引节点分别是进程的主目录以及进程的当前目录。索引节点中有一个引用计数器，当有新的进程指向某个索引节点时，该索引节点的引用计数器会增加计数。未被引用的索引节点的引用计数为 0，因此，当包含在某个目录中的文件正在运行时，就无法删除这一目录，因为这一目录的引用计数大于 0。

```
struct files_struct
{
    int  count;
    fd_set  close_on_exec;
    fd_set  open_fds;
    struct  file * fd[NR_OPEN];
};
struct files_struct * files
```

其中：count 为该 files_struct 的引用计数，当使用 CLONE_FILES 标志来创建一个子进程时，父进程与子进程共享同一个 files_struct，count 计数加 1。在进程退出时，判断该 files_struct 是否还有其他进程引用。只有 count 为 0，方可删除该结构。

NR_OPEN 为 Linux 允许打开的文件的最大个数。fd[NR_OPEN]数组记录了进程打开的所有文件的描述符，某个元素非空表示该文件已经被该进程打开。这些描述符在子进程创建时，从父进程继承而来。在继承时，还要将这些文件的引用计数加 1，表明多了一个进程使用这些文件。

**9. 内存管理信息**

```
struct mm_struct * mm
```

mm_struct 结构中主要包括进程代码段、数据段、BSS 段、调用参数区与环境区的起始结束地址，以及指向 struct vm_area_struct 结构的指针等。

**10. 执行域**

```
struct exec_domain * exec_ domain
unsigned long personality
```

Linux 可执行遵循 iBCS2 基于 i386 结构的其他系统的程序，这些程序都有一些差别，在这个 exec_ domain 结构中反映出要模拟运行的其他 UNIX 的信息。personality 用于记录这个程序对应的 UNIX 的版本，对于标准的 Linux 进程，personality 值为 PER_

LINUX。

**11. 内核栈**

unsigned long kernel_stack_page　用户进程在系统调用时使用的内核栈。

unsigned long saved_kernel_stack　在系统调用 vm86 时，用于保存旧的内核栈。

**12. 进程间通信信息**

```
struct sem_undo * semundo
struct sem_queue * semsleeping
```

用以实现 UNIX SYSV 的进程间通信机制。

**13. 其他信息**

struct rlimit rlim[RLIM_NLIMITS]　对进程使用资源的一些限制。

char comm[16]　本进程所执行的程序的名字，经常用于调试。

int exit_code, exit_signal　exit_code 记录进程的返回码。在进程退出时，将 exit_signal 信号发送给父进程。

int dumpable　用于标志接收到某个信号时，是否执行内存卸出(memory dump)。

int did_exec　为了遵循 POSIX 标准，在调用 setpgid 时，用以判断进程是否通过系统调用 execve()而重新装载执行。

struct linux_binfmt * binfmt　用于装载可执行程序的结构，其中的装载函数指针可以设置为不同的装载函数。

## 2.8.3 进程的创建与退出

Linux 并不确切区分进程与线程，而将线程定义为执行上下文，它实际只是同一个进程的另外一个执行上下文而已。对于调度，仍然可以使用进程的调度程序。Linux 的内核进程，使用内核函数 kernel_thread 创建，一般被称做线程。Linux 为此提供了两个系统调用，一个是 fork() ，另一个是 clone()。两者的区别在于 fork()是全部复制，父进程所有的资源全都通过数据结构的复制给子进程。而 clone()则可以将资源有选择地复制给子进程，而没有复制的数据结构则通过指针的复制让子进程共享。在极端的情况下，一个进程可以 clone()出一个线程。后来，又增设了一个系统调用 vfork()，也不带参数，但是除 task_struct 结构和系统空间堆栈以外的资源全都通过数据结构指针的复制，所以 vfork()复制出来的是线程而不是进程。读者将会看到，vfork()主要是出于效率的考虑而设计并提供的。clone()可用以创建线程，内核程序使用的 kernel_thread 是通过 clone()来创建新的内核进程。clone()可由用户指定克隆标志。克隆标志有 CLONE_VM、CLONE_FS、CLONE_FILES、CLONE_ SIGHAND 与 CLONE_PID 等，这些克隆标志分别对应相应的进程共享机制。而 fork()创建普通进程则使用 SIGCHLD 标志。这些克隆标志在处理后形成 exit_signal，将在子进程退出时作为信号发送给父进程。

CLONE_VM　父子进程共享同一个 mm_struct 结构，这个克隆标志用以创建一个线程。由于两个进程都使用同一个 mm_struct 结构，于是这两个进程的指令、数据都共享，也就是将线程视为同一个进程的不同执行上下文。

CLONE_FS 父子进程共享同一个文件系统。

CLONE_FILES 父子进程共享所打开的文件。

CLONE_SIGHAND 父子进程共享信号处理句柄。

CLONE_PID 父子进程共享 pid。

系统调用 fork()使用 SIGCHLD 克隆标志来创建普通进程，而且新进程使用与父进程一致的用户堆栈。

**1. 进程创建**

系统启动时，启动程序运行在内核模式，这时，只有一个进程在系统中运行，即初始进程。系统初始化结束时，初始进程启动一个内核进程(即 init)，而自己则处于空循环状态，成为空闲进程。当系统中没有可运行的进程时，调度程序将运行这一空闲进程。空闲进程的 task_struct 是唯一一个非动态分配的任务结构，该结构在内核编译时分配，称为 init_task。init 内核进程的标识号为 1，它是系统的第一个真正进程。它负责初始的系统设置工作，例如打开控制台，挂载文件系统等。然后，init 进程执行系统的初始化程序，这一程序可以是/etc/init、/bin/init 或/sbin/init。init 程序将/etc/inittab 当作脚本文件建立系统中新的进程，这些新的进程又可以建立新进程。Linux 进程的创建分为两部分即进程的复制与目标程序的执行。

第一步是从已经存在的父进程中复制出一个子进程。所谓复制，只是进程的基本资源的复制，如 task_struct 数据结构、系统空间堆栈、页面表等等，对父进程的代码及全局变量则并不需要复制，而只是通过只读访问的形式实现共享，仅在需要写的时候才通过 copy-on-write 的手段为所涉及的页面建立一个新的副本，分配新的进程标识符 pid，但与父进程共享其他所有的资源。

第二步是目标程序的执行。一般来说，创建一个新的进程是因为有不同的目标程序要让新的程序去执行，所以，复制完成以后，子进程通常要与父进程分道扬镳，走自己的路。Linux 为此提供了一个系统调用 execve()，让一个进程执行以文件形式存在的一个可执行程序的映像。

**2. 进程退出**

通过系统调用 exit()，便可以使进程终止执行。在子进程退出时，发送信号给父进程，将退出的消息通知父进程，如果父进程由于执行了 wait()系统调用处于等待状态，则唤醒父进程。然后，将本进程所有的子进程都转移到 init 进程名下，如果本进程的某个子进程已经处于僵死状态，则替该进程发退出信号给 init 进程，以便释放该进程的进程结构。

在进程执行 wait()系统调用时：

(1) 将自己插入到等待队列 wait_chldexit 中。

(2) 遍历所有的子进程，将处于僵死状态的子进程的进程结构释放。

(3) 若要等待的进程尚未退出，将自身状态置为 TASK_INTERRUPTIBLE，调用调度程序。恢复运行时，跳转到第(2)步。

(4) 否则,将自身从等待队列中移出,返回。

只有在父进程执行 wait()系统调用时,才会释放已经退出的子进程的进程结构,否则,子进程将一直保持 TASK_ZOMBIE 状态。

## 2.8.4 进程调度

**1. Linux 调度的时机**

① 自愿方式调度。在内核里面,一个进程可以通过 schedule()启动一次调度,当然也可以在调用 schedule()之前,将本进程的状态设置成为 TASKINTERRUPTIBLE 或 TASKUNINTERRUPTIBLE,暂时放弃运行而进入睡眠。在用户空间中,则可以通过系统调用 pause() 来达到同样的目的。也可以为这种自愿的暂时放弃运行加上时间限制。在内核中有 schedule_timeout() 用于此项目的;相应地,在用户空间则可以通过系统调用 nanosleep()而达到目的。这里要指出:从应用的角度看,只有在用户空间自愿放弃运行这一举动是可见的;而在内核中自愿放弃运行则是不可见的,它隐藏在其他可能受阻的系统调用中。几乎所有涉及外设的系统调用,如 open()、read()、write()和 select()等,都可能受阻。

② 非自愿方式调度,即强制地调度发生在每次从系统调用返回前,以及每次从中断或异常处理返回到用户空间前。

**2. Linux 调度的方式**

Linux 内核的调度方式是有条件的可剥夺方式。当进程在用户空间运行时,不管自愿不自愿,一旦有必要(例如已经运行了足够长的时间),内核就可以暂时剥夺其运行而调度其他进程进入运行。可是,一旦进程进入了内核空间,尽管内核知道应该要调度了,但实际上却不会发生,一直要到该进程回到用户空间的前才能剥夺其运行。所以,Linux 的调度方式从原则上来说是可剥夺的,可是在实际运行中由于调度时机的限制而变成了有条件的。那么,剥夺式的调度发生在进程从系统空间(包括因系统调用进入内核)返回用户空间前。

**3. 进程的调度策略**

为了符合 POSIX 标准,Linux 中实现了三种进程调度策略:

① SCHED_OTHER　一般进程。

② SCHED_FIFO　先进先出(First In First out)的实时进程。

③ SCHED_RR　轮转调度(Round Robin)方式执行的实时进程。

Linux 并不为这三种调度策略的进程分别设置一个运行队列,而是通过权重的不同计算以及其他的一些队列操作,在一个运行队列中实现这三种不同的调度。发生进程调度时,调度程序要在运行队列中选择一个最值得运行的进程来执行,这个进程便是通过在运行队列中一一比较各个可运行进程的权重来选择的。权重越大的进程越优先,而对于相同权重的进程,在运行队列中的位置越靠前越优先。进程权重的计算各不相同,与进程的调度策略、优先级以及已执行时间都有关系。

以下分别先介绍与进程权重计算相关的各个要素。

1）优先级 priority

进程的优先级反映了进程相对于其他进程的可选择度，其实就是系统每次允许进程运行的时间(时钟滴答数)。子进程继承了父进程的优先级。priority 也可以通过系统调用 sys_setpriority()(sys_nice()已被 sys_setpriority()取代)设置。

系统为每个进程预定的 priority 为 DEF_PRIORITY(include/linux/sched.h)。

```
#define DEF_PRIORITY(20 * HZ/100)
```

即每个进程每次最多只能执行 20 个时钟滴答的时间(200ms)。

根据 UNIX 的传统，进程的优先级为 －20～20，－20 优先等级最高而 20 最低，默认的优先级为 0。只有超级用户可以为进程设置数值小于 0 的优先级，而普通用户只能为它的进程设置数值大于 1 的优先级。为了使 UNIX 传统的 －20～20 的优先级与 Linux 中的优先级代表进程可运行时间对应起来，在系统调用 sys_setpriority()与 sys_getpriority()中做了一些调整以及符号的处理，使优先级 0 对应的 priority 值为 20，优先级 20 对应的 priority 值为 1，优先级 －20 对应的 priority 值为 40。

2）相对优先级 rt_priority

对于实时进程，除了用 priority 来反映其优先级(可执行时间)外，还有相对优先级用于同类进程之间的比较选择。实时进程的 rt_priority 取值 1～99，一般进程的 rt_priority 值只能取 0。进程的 rt_priority 可通过 setscheduler 函数而改变。

3）计数器 counter

counter 用以反映进程所剩余的可运行时间，在进程运行期间，每次发生时钟中断时，其值减 1，直至 0。由于时钟中断为快中断，在其底半(bottom haft)处理过程中，才刷新当前进程的 counter 值。因此，也可能在发生了好几次时钟中断后才集中进行处理。

计数器 counter 是衡量一般进程权重的重要指标，主要根据如下几种事件而改变：

- task0 的 counter 初值为 DEF_PRIORITY，在执行 sys_idle()时，将 counter 值置为 100。
- 在创建子进程时，父进程的 counter 变为原值的一半，并将该值赋予子进程。
- 在进程运行期间，每次发生时钟中断时，counter 值减 1，直至为 0。
- 若所有的可运行进程的 counter 值都为 0，则需要为所有的进程都重新赋 counter 值，counter＝counter/2＋priority。

4）权重通过调用函数 goodness 计算

对于实时进程，其权重为 1000＋rt_priority；否则，权重为 counter。对于当前进程，可以得到比其他进程稍高的权重，为 counter＋1。这样处理是为了在某个进程与当前进程权重相同时可选择当前进程继续执行，以减少进程切换的开销。

发生进程调度时，调度程序要在运行队列中选择一个最值得运行的进程来执行，这个进程便是通过在运行队列中一一比较各个可运行进程的权重来选择的。权重越大的进程越优先，而对于相同权重的进程，在运行队列中的位置越靠前越优先。

如果当前进程的优先级和某个其他可运行进程一样，而当前进程至少已花费了一个时钟滴答(计时单位约 10ms)，计算出来的权重必定小于这个进程，因此当前进程总处于劣势(照顾了公平性)。

如果当前进程的权重与某个其他可运行进程一样，则将当前进程的权重增大，以便在没有更高权重进程的情况下可选择当前进程继续执行，从而减少了进程切换的开销。

相对于一般进程，实时进程总是会被认为是最值得运行的进程，只要队列中有一个实时进程就会选择该进程执行。与一般进程不同，实时进程权重的计算与进程的已执行时间无关，通过相对优先级反映，相对优先级越大则权重越大。

调度策略为 SCHED_RR 的实时进程，在分配的时间片到期后，插入到运行队列的队尾。对于相对优先级相同的其他 SCHED_RR 进程，此时它们的权重相同，但由于调度程序从运行队列的头部开始搜索，当前进程在队尾不会先被选择，其他进程便有了更大的机会执行。这个进程执行直至时间片到期，也插入队尾。同样，此时就会先选择上一次运行的那个进程。这便是“循环赛”策略名字的来由。

与 SCHED_RR 不同的是，调度策略为 SCHED_FIFO 的进程，在时间片到期后，调度程序并不改变该进程在运行队列中的位置。于是，除非有一个相对优先级更高的实时进程入队，否则将一直执行该进程，直至该进程放弃执行或结束。这也是“先进先出”策略名字的来由。

进程的调度策略可以通过 setscheduler 函数(kernel/sched. c)改变，同时需要设置进程的相对优先级。超级用户可以改变所有进程的调度策略，而其他用户只能改变它自己执行的进程的调度策略。若设置调度策略为 SCHED_OTHER，相对优先级只能为 0；若为 SCHED_FIFO 与 SCHED_RR，其相对优先级可设置为 1～99。在改变了调度策略后，若进程在运行队列中，则将进程移到队尾，同时置调度标志 need_sched。

至于调度政策，基本上是从 UNIX 继承下来的以优先级为基础的调度。内核为系统中的每个进程计算出一个反映其运行“资格”的权值，然后挑选权值最高的进程投入运行。在运行过程中，当前进程的资格随时间而递减，从而在下一次调度的时候原来资格较低的进程可能就更有资格运行了。到所有进程的资格都变成了 0 时，就重新计算一次所有进程的资格。资格的计算主要是以优先级为基础的，所以说是以优先级为基础的调度。

相关的系统调用有：sys_sched_setscheduler()、sys_sched_setparam()、sys_sched_getscheduler()、sys_sched_getparam()、sys_sched_get_priority_max()、sys_sched_get_priority_min()。由这些系统调用的名字，不难看出它们的功能。

## 2.9 本章小结

本章从计算机能同时做几件事情开始，引出并发与并行的概念。并发是指在同一时间段内，系统中有两个或多个活动同时进行，而并行是指在某一时刻两个或多个活动同时进行。在单 CPU 系统中，多个程序可以并发执行，CPU 与外设可以并行操作。程序的并发执行能有效改善系统资源利用率和提高系统效率但却使系统更加复杂，因为程序的交替执行可能产生与时间有关的错误。在多道程序设计系统中，为了刻画程序并发执行时的动态特性引入了进程的概念。进程是操作系统中最核心的概念，是系统进行资源分配与调度的基本单位。

并发执行的进程存在着直接制约和间接制约的关系。本章介绍了硬件方式、软件方式、信号量方式及管程方式解决资源竞争与并发协作的问题，并且给出了使用这些工具解决同步问题的实例。

进程通信也是本章中的重要概念。信号量与 P/V 操作只能传递信号，没有传递数据的能力，常称之为低级通信机制。当进程之间需要交换大批数据时，可以采用消息传递与管道通信完成。

进程调度有抢占式和非抢占式两种，常用的调度算法有先来先服务、时间片轮转、短进程优先、高响应比优先法、优先级法及多级反馈队列轮转法。每一种调度算法，都适应于一种特定的情况：先进先出调度算法简单易行，但对短进程和时间紧急的进程不利；短进程优先调度算法可以提高系统吞吐量，但对长进程不利，如果系统中一直有短进程进入，则长进程永远得不到执行；时间片轮转调度算法适合于交互式系统；优先级调度算法适合于系统中经常有紧急进程的情况。

无论是相互通信的进程或是共享资源的进程，都可能因推进顺序不当或资源分配不妥而造成系统死锁。死锁是系统中一组并发进程因等待其他进程占有的资源而永远不能向前推进的僵化状态，对操作系统十分有害。这里讨论了系统产生死锁的四个必要条件：互斥条件、请求和保持条件、不剥夺条件和循环等待条件，以及解决死锁问题的策略和方法：死锁的预防、死锁的避免、死锁的检测和解除。银行家算法是著名的死锁避免算法。

20 世纪 80 年代中期，人们提出了比进程更小的能独立运行的基本单位——线程，用它来提高程序的并行程度，减少系统开销，从而可进一步提高系统的吞吐量。近几年，线程概念已得到了广泛应用，不仅在新推出的操作系统中，大多已引入了线程概念，而且在新推出的数据库管理系统和其他应用软件中，也都纷纷引入了线程来改善系统的性能。

本章最后介绍了 Linux 系统中进程的实现。

# 习题 2

2.1　现代操作系统中为什么要引入“进程”概念？它与程序有什么区别？

2.2　叙述进程的并发性和制约性。

2.3　进程的含义是什么？试简述进程的组成。

2.4　什么叫临界资源？什么叫临界区？

2.5　生产者与消费者问题的算法中，交换两个 V 操作的次序及交换两个 P 操作的次序会有什么结果？试说明理由。

2.6　设有三个进程 A、B、C，其中 A 与 B 构成一对生产者与消费者（A 为生产者，B 为消费者），共享一个由 $n$ 个缓冲块组成的缓冲池；B 与 C 也构成一对生产者与消费者（此时 B 为生产者，C 为消费者），共享另一个由 $m$ 个缓冲块组成的缓冲池。用 P、V 操作描述它们之间的同步关系。

2.7　和尚打水问题

一个寺庙，有小、老和尚若干，有一水缸，有小和尚提水入缸供老和尚饮用。水缸可容纳 10 桶水，水取自同一井中。水井狭窄，每次只能容一个桶取水。水桶总数为 3 个。每次入、取水仅为 1 桶，且不可同时进行。试给出取水、入水的算法描述。

2.8 睡眠的理发师问题

理发店里有一位理发师、一把理发椅和 $n$ 把供等候理发的顾客坐的椅子。如果没有顾客，理发师便在理发椅上睡觉。当一个顾客到来时，他必须先叫醒理发师，如果理发师正在理发时又有顾客来到，则如果有空椅子可坐，他们就坐下来等；如果没有空椅子，他们就离开。这里的问题是：为理发师和顾客各编写一段程序，来描述他们的行为。要求不能带有竞争条件。

2.9 证明短进程优先调度算法可使进程的平均等待时间最短。

2.10 多级反馈队列轮转法的特点是什么？

2.11 根据表 2.12 所示信息，分别画图说明使用先来先服务、时间片轮转、短进程优先、最高响应比优先、不可抢占式优先级法和可抢占式优先级法时进程调度情况。

**表 2.12 习题 2.11 用表**

| 进程名 | 产生时间 | 要求服务时间 | 优先级 |
|---|---|---|---|
| $P_1$ | 0 | 10 | 3 |
| $P_2$ | 1 | 1 | 1 |
| $P_3$ | 2 | 2 | 3 |
| $P_4$ | 3 | 1 | 4 |
| $P_5$ | 4 | 5 | 2 |

2.12 何谓死锁？产生死锁的四个必要条件是什么？

2.13 系统有 $R_1$、$R_2$、$R_3$、$R_4$ 四种资源，在 $T_0$ 时刻进程 $P_0$、$P_1$、$P_2$、$P_3$、$P_4$ 的资源占用和需求情况如表 2.13 所示。

**表 2.13 习题 2.13 用表**

| 进程 | Max | | | | Allocation | | | | Available | | | |
|---|---|---|---|---|---|---|---|---|---|---|---|---|
| | $R_1$ | $R_2$ | $R_3$ | $R_4$ | $R_1$ | $R_2$ | $R_3$ | $R_4$ | $R_1$ | $R_2$ | $R_3$ | $R_4$ |
| $P_0$ | 0 | 0 | 4 | 4 | 0 | 0 | 3 | 2 | 1 | 6 | 2 | 2 |
| $P_1$ | 2 | 7 | 5 | 0 | 1 | 0 | 0 | 0 | | | | |
| $P_2$ | 3 | 6 | 10 | 10 | 1 | 3 | 5 | 4 | | | | |
| $P_3$ | 0 | 9 | 8 | 4 | 0 | 3 | 3 | 2 | | | | |
| $P_4$ | 0 | 6 | 6 | 10 | 0 | 0 | 1 | 4 | | | | |

(1) 系统此时是否处于安全状态？

(2) 若此时 $P_2$ 进程发出 $Request_2[1,2,2,2]$，系统能否将资源分配给它？

2.14 何谓并发？何谓并行？

2.15 为何引入线程？线程与进程的关系是什么？

2.16 为何引入管程？管程由几部分构成？

2.17 何谓进程通信？试列举几种进程通信方式。

2.18 消息通信机制中应设置哪些基本通信原语？

# 第 3 章 存储管理

CHAPTER

**教学要点**

本章主要介绍存储管理相关的基本概念、存储管理的目的和四大基本功能以及实存管理。三种分区存储管理方案,空闲区分配算法,地址重定位与存储保护和虚存管理。请求页式存储管理、请求段式存储管理、页面置换算法以及 Linux 存储管理。

读者应重点掌握可变分区存储管理、页式存储管理和虚拟存储管理技术;掌握地址重定位概念,页面置换算法;了解 Linux 存储管理实现策略。

“取指令,执行指令”,这是冯·诺依曼式计算机的基本原则,进程管理研究的是 CPU 如何执行指令的问题,而指令得以执行的前提是已装入内存。存储器是计算机中最重要的资源之一,是用来存放程序和数据的部件。

虽然随着硬件技术的飞速发展,内存的成本急速下降,容量相比从前也增长了许多倍,但软件大小的增长速度比内存容量的增长速度要快得多,再加上多道程序并发执行以及日益复杂的图形界面,内存是很容易就捉襟见肘的,正如帕金森定律所指出:“不管存储器有多大,程序都可以把它填满”。所以,存储管理是操作系统的重要组成部分,能否合理有效地利用内存在很大程度上影响着整个计算机的性能。

本章首先介绍存储管理的研究对象和目的,明确存储管理的基本功能和相关的基本概念;然后从实存和虚存两个角度,分别介绍常用的几种存储管理方案。

## 3.1 概述

### 3.1.1 多级存储器体系

理想状态下,程序员对内存的要求是大容量、高速度和持久性。但他们面临的物理现实却是由高速缓冲存储器(Cache)、内存储器(也称物理存储器,简称内存或实存)、辅助存储器(简称辅存或外存)等组成的一个多级存储器体系。高速缓存的存取速度与 CPU 速度相当,速度快,但由于工艺复杂和成本高，容量很小(几百 KB 到几 MB)，主要用来存放使用频率较高的少量信息；内存储器一般用来存放用户正在执行的程序及其用到的数据，CPU 可随机存取其中的数据，其存取速度居中，容量较高速缓存要大得多(一般为几百 MB 到几 GB)；辅助存储器不能被 CPU 直接访问，一般用来存放大量的、暂时不用的数据信息。它一般是磁盘或者其他存储设备(如 U 盘等)，存取速度较低，成本也较低，但容量较大(GB～TB)。三种存储器之间的关系如图 3.1 所示。

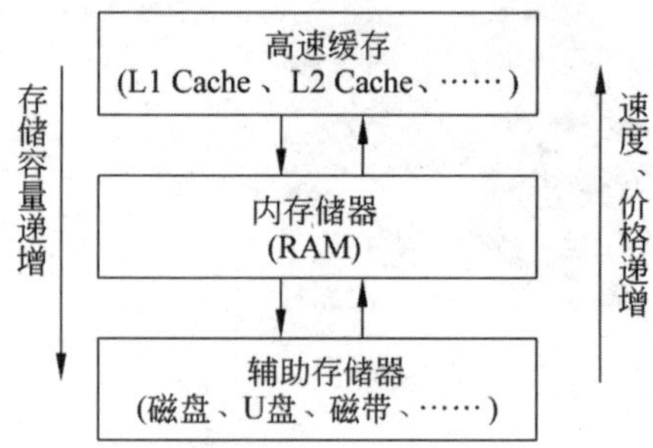


图 3.1　多级存储器体系

## 3.1.2　存储管理的功能

在多道程序并发执行的环境中，存储管理的主要目的有两个：一是提高资源的利用率，尽量满足多个作业对内存的需求；二是能方便用户使用内存，使用户不必考虑程序具体放在内存哪块区域，如何实现正确运行等复杂问题。为此，存储管理一般应能实现如下所述的基本功能：

(1) 按作业要求进行内存分配并进行适时回收；

(2) 实现程序中的逻辑地址到物理地址的转换；

(3) 对操作系统及用户信息提供存储保护；

(4) 实现内存的逻辑扩充，提供给用户更大的存储空间。

## 3.1.3　内存的分配与回收

在多道程序设计的环境中，当有作业进入计算机系统时，存储管理模块应能根据当时的内存分配状况，按作业要求分配给它适当的内存。作业完成后，应回收其占用的内存空间，以便供其他作业使用。

内存分配按分配时机不同，可分为两种方式。

(1) 静态存储分配：指内存分配是各目标模块连接后，在作业运行之前，把整个作业一次性全部装入内存，并在作业的整个运行过程中，不允许作业再申请其他内存，或在内存中移动位置。也就是说，内存分配是在作业运行前一次性完成的。

(2) 动态存储分配：作业要求的基本内存空间是在作业装入内存时分配的，但在作业运行过程中，允许作业申请附加的内存空间，或是在内存中移动位置，即分配工作可以在作业运行前及运行过程中逐步完成。

显然，动态存储分配具有较大的灵活性。它不要求一个作业把全部信息装入内存才开始运行，而是在作业运行期间需要某些信息时，系统才将其自动调入内存，作业中暂不使用的信息可放在外存中，不必进入内存，从而大大提高了内存的利用率。

内存分配与回收时，设计者应考虑以下问题。

(1) 作业调入内存时，如有多个空闲区，应将其放置在什么位置，即如何选择内存中空闲区问题。

(2) 作业调入内存时,若内存中现在没有足够的空闲区,应考虑把那些暂时不用的信息从内存中移走,即所谓的置换问题。

(3) 当作业完成后,如何将作业占用的内存进行回收。

为此,内存中所有空闲区和已分配的区域应该合理地进行组织,通常可使用分区说明表、空闲区链表及存储分块表等组织形式。这样,当作业进入内存时,可适当地按要求分配内存,而作业退出时,可及时回收释放的内存。

## 3.1.4　地址重定位

为了实现静态或动态存储分配策略,必须考虑地址的重定位问题。为此,先明确一下内存空间和逻辑空间的概念。

**1. 内存空间(或物理空间)**

内存是由若干个存储单元组成的,每个存储单元有一个编号,这种编号可唯一标识一个存储单元,称为内存地址(或物理地址)。

内存地址的集合称为内存地址空间(或物理地址空间),简称内存空间(或物理空间)。它是一维线性空间,其编址顺序为 0,1,2,…,$n-1$,$n$ 的大小由实际组成存储器的存储单元个数决定。比如,某个系统,有 64KB 内存,则其内存空间编号为 0,1,2,…,65 535。

**2. 逻辑空间**

用汇编语言或高级语言编写程序时,常常用符号名来访问某一单元。把程序中由符号名组成的程序空间称为符号名空间。

源程序经过汇编或编译后,形成目标程序,每个目标程序都是以 0 为基址顺序进行编址的,原来用符号名访问的单元用具体的数据——单元号取代。这样生成的目标程序占据一定的地址空间,称为作业的逻辑地址空间,简称逻辑空间。在逻辑空间中每条指令的地址和指令中要访问的操作数地址统称为逻辑地址。

一个编译好的程序存在于它自己的逻辑地址空间中,运行时,要把它装入内存空间。图 3.2 显示了一个作业在编译前、编译后及装入内存后不同的地址空间。

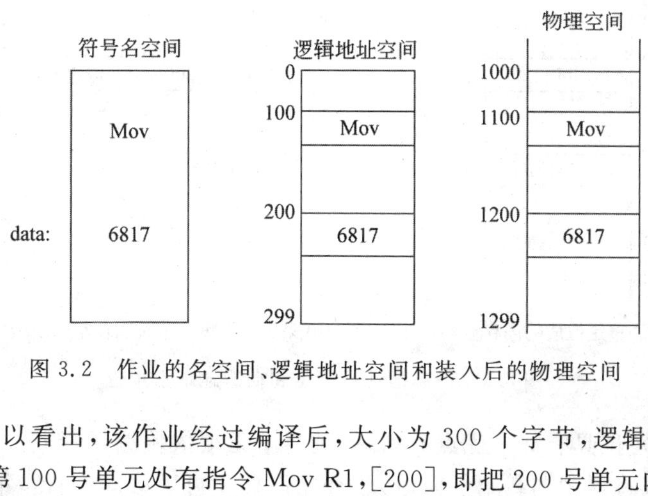


图 3.2　作业的名空间、逻辑地址空间和装入后的物理空间

由图 3.2 可以看出,该作业经过编译后,大小为 300 个字节,逻辑地址空间为 0～299。在作业的第 100 号单元处有指令 Mov R1,[200],即把 200 号单元内的数据 6817 送

入寄存器 R1。

假如把作业装入到内存第 1000～1299 号单元处。由图 3.2 可以看出，若只是简单地装入第 1000～1299 号单元，执行 Mov R1,[200]指令时，会把内存中 200 号单元的内容送入 R1，显然这样会出错。只有把 1200 号单元的内容送入 R1 才是正确的。所以作业装入内存时，需对指令和指令中相应的逻辑地址部分进行修改，才能使指令按照原有的逻辑顺序正确运行。

**3. 地址重定位**

把用户程序装入内存时，对有关指令的逻辑地址部分的修改称为地址重定位，即地址重定位是建立用户程序的逻辑地址与物理地址之间的对应关系。按实现地址重定位的时机不同，地址重定位又分为两种：静态地址重定位和动态地址重定位。

1）静态地址重定位

静态地址重定位是在程序执行之前由操作系统的重定位装入程序完成的。它根据要装入的内存起始地址，如图 3.2 中为 1000 号单元，直接修改所有涉及的逻辑地址，将内存起始地址加上逻辑地址得到正确的内存地址，如 100 号单元的 Mov R1,[200]装入内存后，被装入到 1100 号单元，且指令中逻辑地址被改为 Mov R1,[1200]，这样指令就可正确读取数据了。静态重定位后的内存空间如图 3.3(a)所示。

静态地址重定位的优点是通过重定位装入程序，实现逻辑地址到物理地址的转化，不需要硬件的支持，可在任何机器上实现。早期的操作系统中大多数采用这种方法。缺点是程序必须占用连续的内存空间，且一旦装入内存后，因为逻辑地址已被改变，就不便再移动，不利于内存空间的利用。所以静态地址重定位只适用于静态的内存分配方式。

2）动态地址重定位

动态地址重定位是在程序执行期间进行的。一般说来，这种转换由专门的硬件机构来完成，通常采用一个重定位寄存器，在每次进行存储访问时，对取出的逻辑地址加上重定位寄存器的内容（偏移量），形成正确的物理地址，重定位寄存器的内容是程序装入内存的起始地址，如图 3.3(b)所示。

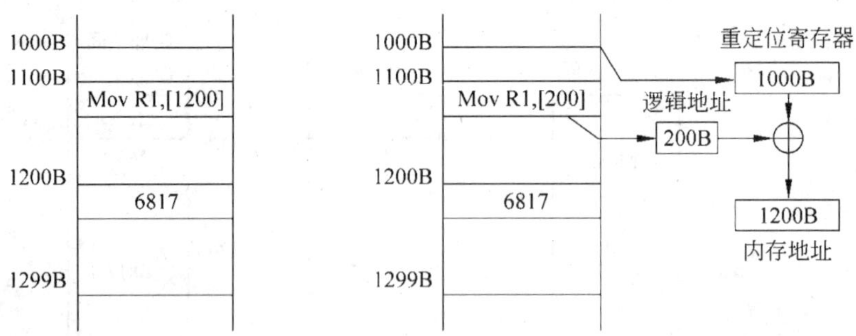


(a) 采用静态重定位后的内存空间　　(b) 采用动态重定位时内存空间及地址重定位

图 3.3　静态地址重定位和动态地址重定位

动态地址重定位具有如下优点。第一，灵活。无须依赖编译器或加载器来进行静态地址重定位，可以将程序加载到任何地方，且允许程序再次移动位置。第二，由于对每个访问地址的检查就是动态的，从而确保实施地址保护。第三，可以部分地装入程序运行，使虚拟内存的概念得以实现。现代计算机系统广泛采用动态地址重定位技术。

动态地址重定位技术的缺点是需要硬件支持，而且实现存储管理的软件算法也较为复杂。

### 3.1.5　存储保护

在多道程序设计环境中，要保证各道程序只能在自己的存储区中活动，不能对别的程序产生干扰和破坏，尤其是不能破坏操作系统的内存区。因此，必须对存储信息采取各种保护措施，这也是存储管理的一个重要功能。

存储信息的保护体现在不能越界访问，破坏操作系统或其他用户的程序。实现这种存储保护，可以采用硬件的方法，也可采用软、硬件结合的方法。通常使用较为普遍的是采用硬件的界限寄存器保护法。下面讨论一下界限寄存器保护的两种具体实施技术——上、下界存储保护和基址-限长存储保护方法。

(1) 上、下界存储保护：上、下界存储保护是一种简单的存储保护技术。系统可为每道作业设置一对上、下界寄存器，分别用来存放当前运行作业在内存空间的上、下边界地址，用它们来限制用户程序的活动范围。如图 3.4(a)所示，某作业在内存的起始位置是 20KB，结束位置是 25KB，上、下界寄存器的值分别为 25KB 和 20KB。在作业运行过程中，每当要访问内存某单元时，就检查经过重定位后产生的内存地址是否在上、下界寄存器所规定的范围之内，若在，则访问是合法的，可以进行；否则，产生越界中断，通知系统进行越界处理。

(2) 基址-限长存储保护：上、下界保护的一个变种是采用基址-限长存储保护。系统可为每个作业设一个基址寄存器和一个限长寄存器，基址寄存器存放该作业在内存的首址，限长寄存器存放该作业的长度。如图 3.4(b)所示，基址寄存器的值为 20KB，限长寄存器的值为 5KB。在作业运行时，每当要访问内存单元时，就检查指令中的逻辑地址是否超过限长寄存器的值，若不超过，则访问合法，可以进行；否则，视为非法访问。基址-限长存储保护通常可结合动态地址重定位实现，基址寄存器相当于重定位寄存器。

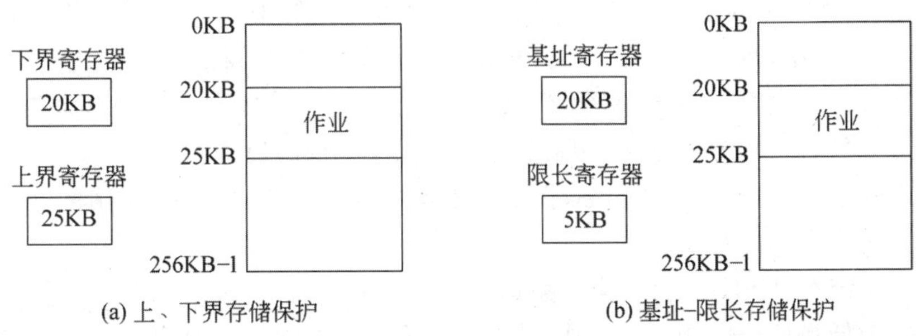


图 3.4　界限寄存器的两种存储保护方式

对于存储保护除了防止越界外，还可对某一区域指定专门的保护方式。常见的对某一区域的保护方式有四种：①禁止做任何操作；②只能执行；③只能读；④能读/写。如对许多用户可共享的程序，一般设定为只能执行，而对许多用户可共享的数据，则设定为只能读；一般的用户数据则是可读写的。

### 3.1.6 虚拟存储器

随着计算机技术应用得日益广泛，需要计算机解决的问题越来越复杂。有许多作业的大小超出了内存的实际容量。尽管在现代技术的支持下，人们对内存的实际容量进行了不断的扩充，但大作业、小内存的矛盾依然非常突出，再加上多道程序环境中，多道程序对内存的共享，使内存更加紧张。因此，要求操作系统能对内存进行逻辑意义上的扩充，这也是存储管理的一个重要功能。

虚拟存储技术的基本思想是把有限的内存空间与大容量的外存统一管理起来，构成一个远大于实际内存的、虚拟的存储器。此时，外存是作为内存的逻辑延伸，用户并不会感觉到内、外存的区别，即把两级存储器当做一级存储器来看待。一个作业运行时，其全部信息装入虚存，实际上可能只有当前运行所必需的一部分信息存入内存，其他则存于外存，当所访问的信息不在内存时，系统自动将其从外存调入内存。当然，内存中暂时不用的信息也可调至外存，以腾出内存空间供其他作业使用。这些操作都由存储管理系统自动实现，不需用户干预。对用户而言，只感觉到系统提供了一个大容量的内存，但这样大容量的内存实际上并不存在，是一种虚拟的存储器，也叫存储器的一种抽象，因此把具有这种功能的存储管理技术称为虚拟存储管理。

为了实现存储管理的上述功能，人们研究并总结出来各种存储管理方案。

## 3.2 连续存储管理

常用的连续存储管理技术有固定分区存储管理和可变分区存储管理。

### 3.2.1 固定分区存储管理

固定分区存储管理是实现多道程序设计的最简单的一种存储管理技术。其基本思想是，在作业未进入内存之前，就由操作员或操作系统把内存可用空间划分成若干个固定大小的存储区，除操作系统占用一个区域外，其余区域为系统中多个用户共享。因为在系统运行期间，分区大小、数目都不变，所以固定分区也称为静态分区。

在固定分区存储管理系统中，每个用户作业运行时可分配到一块足够大的区域，用户作业一次性全部装入到分配区，并限制作业只能在这个分区中运行。由于分区大小一般不可能刚好等于作业大小，所以分区中常有已分配给某作业，但未被使用的空闲部分，把它们称为分区的内部碎片。

假设某系统有 256KB 内存，刚开始运行时，内存分区划分如图 3.5(a)所示。除操作系统占用一个低地址分区 40KB 以外，其余的内存空间(216KB)划分成 4 个不等的分区。为简单起见，分区大小由小到大排列。第一分区为 8KB，第二分区为 32KB，第三分区为 64KB，第四分区为 112KB。

为了进行分区的分配和回收，在固定分区存储管理系统中，应有一张记录内存分区使用情况的分区说明表，如图 3.5(b)所示。分区说明表用来记录各分区的起始地址、分区大小和分区的分配状态。若分配状态为 0,则表示该分区未分配;若分配状态为 1,则表示该分区已分配。假设现在分区四已分配给作业 1,分区一、二和三尚未分配,是空闲分区。

固定分区的内存分配与回收比较简单。当某个作业,比如作业 2,大小为 30KB,要求装入内存运行时,系统首先查询分区说明表,从中找到一个满足作业要求的空闲分区,此时找到分区二,将相应表项的状态位置为 1,然后向用户返回分区号或分区起始地址,完成内存的分配工作;如没有能满足作业要求的空闲区,则无法分配。当一个用户作业完成后,释放其占用的内存分区,系统根据分区号或起始地址找到分区说明表相应表项,将其状态置为 0,表示该分区已空闲,可供其他作业使用。

固定分区的地址重定位一般可由重定位装入程序来完成,即采取静态地址重定位方法,固定分区的存储保护可采用上、下界寄存器保护方式。

固定分区存储管理的最大优点是简单,要求的硬件支持少,软件算法也简单;缺点是容易产生内部碎片。如图 3.5(a)所示,第二分区共 32KB 分配给作业 2,因作业 2 只有 30KB,故产生 2KB 大小的碎片,内存的利用率不高。早期的 IBM 公司的 OS/360MFT(具有固定任务数的多道程序系统)采用了固定式分区存储管理方法。

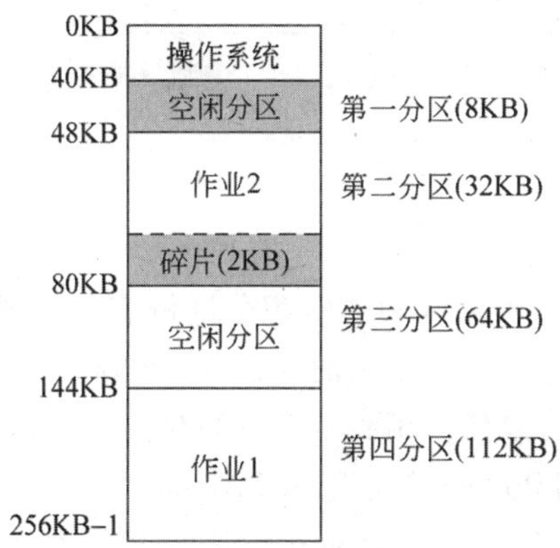


(a) 固定式分区内存分配

| 分区号 | 起始地址/KB | 分区大小/KB | 状态 |
|---|---|---|---|
| 1 | 40 | 8 | 0 |
| 2 | 48 | 32 | 1 |
| 3 | 80 | 64 | 0 |
| 4 | 144 | 112 | 1 |

(b) 固定式分区说明表

图 3.5　固定式分区内存分配和固定式分区说明表

## 3.2.2　可变分区存储管理

固定分区存储管理在作业未装入时,分区的大小、数目已定,容易造成分区的内碎片问题,为此,人们提出了可变式分区的概念。可变式分区是指在作业装入时,依据它对内存空间实际的需求量来划分内存的分区,因此,每个分区的尺寸与进入它的作业大小相同。它能有效解决固定式分区的内部碎片问题,是一种较为实用的存储管理方法。因为在系统运行过程中,内存中分区的数目和大小都是可变的,所以这种可变式分区也称为动态分区。

如图 3.6 所示,假设某系统采用可变式分区存储管理,在系统运行的开始,存储器被分为操作系统分区(40KB)和可分给用户的空闲区(216KB)。当作业 1(46KB)进入内存后,分给作业 1(46KB),随着作业 2、3、4 的进入,分别分配 32KB、38KB、40KB,经过一段时间的运行后，作业 1、3 运行完毕，释放所占内存。此时，作业 5 进入系统，要求分配 36KB 内存，如何为作业 5 分配内存呢？

如图 3.6(c)所示，此时，有三种方法可给作业 5 分配内存：①从作业 1 释放的 46KB 中，分 36KB 给作业 5，即分配空闲区 1；②从作业 3 释放的 38KB 中，分 36KB 给作业 5，即分配空闲区 2；③从空闲的 60KB 中，分 36KB 给作业 5，即分配空闲区 3。到底采用哪种分配方法呢？这时，应考虑空闲分区的组织形式和采用的内存分配算法。

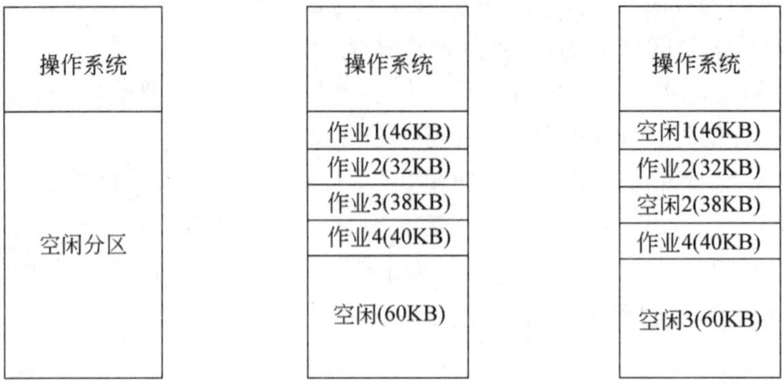


(a) 可变式分区运行开始　(b) 作业1、2、3、4进入内存　(c) 作业1、3释放后内存

图 3.6　可变式分区内存使用情况

**1. 空闲分区的组织形式**

在可变式分区存储管理中，常把空闲区组成空闲分区表或空闲分区链表的形式。空闲分区表的组织类似于固定分区的分区说明表，包含空闲分区的起始位置和大小，因分区数目不定，故空闲分区表长度不定。采用空闲分区表要占用一定数量的存储单元存放表，增加了系统的开销。所以使用比较广泛的是空闲分区的链表组织形式。

空闲分区链表的组织是这样的：在每个空闲分区的起始部分开辟出一个单元，存放一个链表指针和该分区的大小，链表指针指向下一个空闲分区。系统中用一个固定单元作为空闲分区链表的链表头指针，指向第一块空闲分区首地址，最后一块空闲分区的链表指针存放链尾标志。如图 3.7(a)所示，链表按空闲分区在内存的位置顺序由小到大链接起来，空闲分区的链表头指针指向内存中第一个空闲分区的起始地址 40KB。因空闲分区链表组织时，空闲区的信息放在空闲区内，因此不会额外增加系统的开销。

**2. 内存的分配与回收**

在可变式分区存储管理中，当作业要求一个 $X_k$ 大小的存储空间时，系统从链表头指针开始依次检索空闲区，直到找到第一个大于等于 $X_k$ 的空闲区。若系统中所有空闲区都小于 $X_k$，则无法分配。若有空闲区等于 $X_k$ 大小，则修改链表指针，取消该空闲区，并向用户返回该空闲区首地址。若该空闲区大于 $X_k$，则将空闲区一分为二，一个为 $X_k$，分给用户，另一个为余下部分，仍留在空闲区链表中，修改相应链表指针所指向的地址和空闲区大小。

当某一个用户作业完成释放所占分区时，系统应进行回收。在可变式分区中，应该检查回收区与内存中前后空闲区是否相邻，若相邻，则应进行合并，形成一个较大的空闲区，并对相应的链表指针进行修改；若不相邻，应将空闲区插入到空闲区链表的适当位置。

**3. 常用的分区适应算法**

可变分区存储管理中，对空闲区链表采用不同的组织形式，就对应不同的分配和回收算法。常用的分配算法有以下三种。

(1) 首次适应算法(First Fit)：这种算法把空闲分区按其在存储空间中地址递增的顺序链接在一起。当用户申请一块内存空间时，从空闲区链表的头指针开始查找，选择第一个满足要求的空闲分区。如果它不等于作业大小，将其分成两部分，一部分给作业，另一部分仍留在空闲区链表中。

图3.7(a)中，空闲区就是按首次适应算法组织的，链接顺序依次是空闲分区1、2和3。此时，按链接顺序可将空闲分区1，即自40KB开始的原作业1释放的46KB中，分36KB给作业5，剩余10KB留在空闲区链表中，调整链表的头指针，指向新的空闲区开始位置76KB。作业5进入后的内存分配情况及空闲区链表组织情况如图3.7(b)所示。

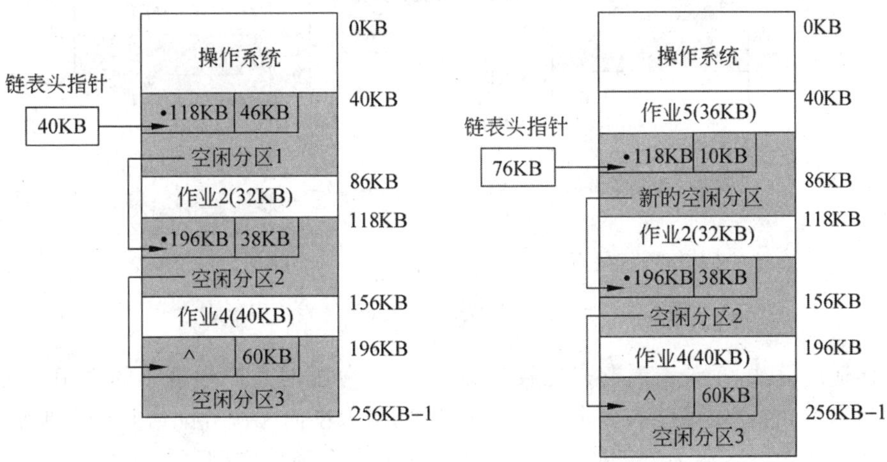


(a) 作业5未进入内存之前　　(b) 作业5进入内存之后

图3.7　首次适应算法的空闲分区链表组织形式

当系统回收一个分区时，首先检查是否有前、后相邻的空闲区。如有，则进行合并，合并后的空闲区仍保留在链表的原位置上，但需修改相应链表指针和分区大小。如图3.7(a)所示，若在当前状态下，作业2完成，则与前、后两个空闲区都相邻，完成合并后，链表头指针仍指向40KB，链接指针则指向196KB，分区大小成为116KB。如回收的分区不和其他空闲区相邻，则根据起始地址大小把它插到链表的相应位置上。一般说来，只要查找半个表就可以找到合适的位置。

首次适应算法的优点是分配和回收算法都比较简单，查找速度快，由于这个算法总是从低地址开始查找，因此留在高地址部分的大空闲区被划分机会少，在大作业到来时容易满足。

(2) 最佳适应算法(Best Fit)：此种算法把空闲分区链表按分区大小由小到大进行组

织。当有作业申请内存时,总是首先找到满足要求的最接近于作业大小的空闲分区。因分区大小与作业相近,从而避免将较大的分区分成两部分,当有较大的作业要求分配内存时,容易得到满足。

在图3.6(c)所示情况下,空闲分区若按最佳适应算法组织,形成的链表如图3.8(a)所示。链接顺序依次为空闲分区2、1和3,链表头指针指向空闲分区2的首地址118KB。当作业5要求进入时,会将自118KB开始的原作业3的38KB,即空闲分区2分给作业5,剩余的2KB,仍留在空闲区链表中。作业5进入后的内存分配情况及空闲区链表组织情况如图3.8(b)所示。

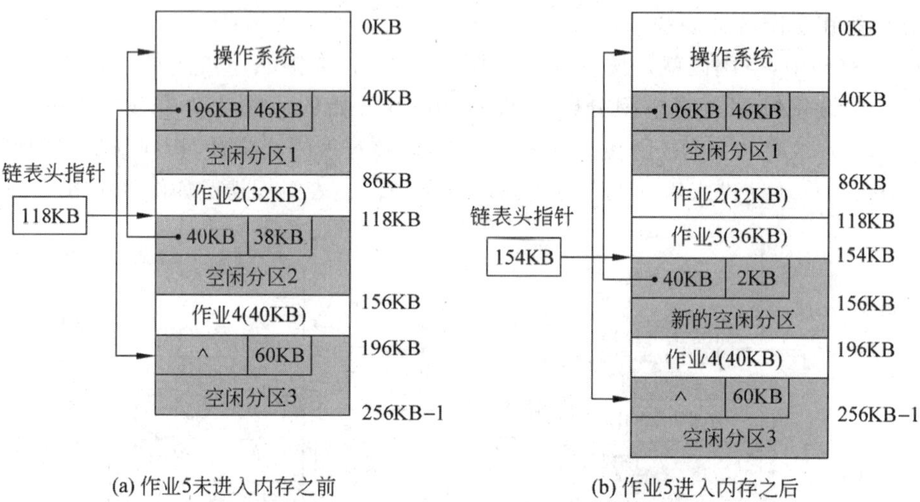


图3.8 最佳适应算法的空闲分区链表组织形式

最佳适应算法,理论上看起来比较完美,但每次分配时总产生极小的空闲分区,经过一段时间运行,内存中可能有多个这样的小分区,因太小而无法分配给其他作业使用。这些无法使用的小分区称为外部碎片,外部碎片的增多会降低空闲区链表的查找速度。为此,人们又在此算法中设定一个参数 $G$,当从一个分区中,分配 $X_k$ 给某作业后,剩余部分小于 $G$ 时,就把整个分区分配给该作业,不再划分成两部分。

采用最佳适应算法的另一个问题是,回收一个分区时,为了把它插入到空闲区链表的合适位置,也是比较费时的。

(3) 最差适应算法(Worst Fit):这种算法要求把空闲区按从大到小递减的顺序组织成空闲区链表。当用户申请一个存储区时,总是检查空闲区链表的第一个空闲区是否满足要求,若不满足,分配失败;若满足,则将该空闲区分配给用户,然后修改和调整空闲区链表。

在图3.6(c)情况下,空闲区若按最差适应算法进行组织,形成的链表如图3.9(a)所示。链接顺序依次为空闲分区3、1和2。作业5申请内存时,按查找顺序,应将原空闲的自196KB开始的60KB中划分36KB给作业5,剩余24KB仍在空闲区链表中,但其在空闲区链表的位置需调整。作业5插入后的内存分配情况及空闲区链表组织情况如图3.9(b)所示。

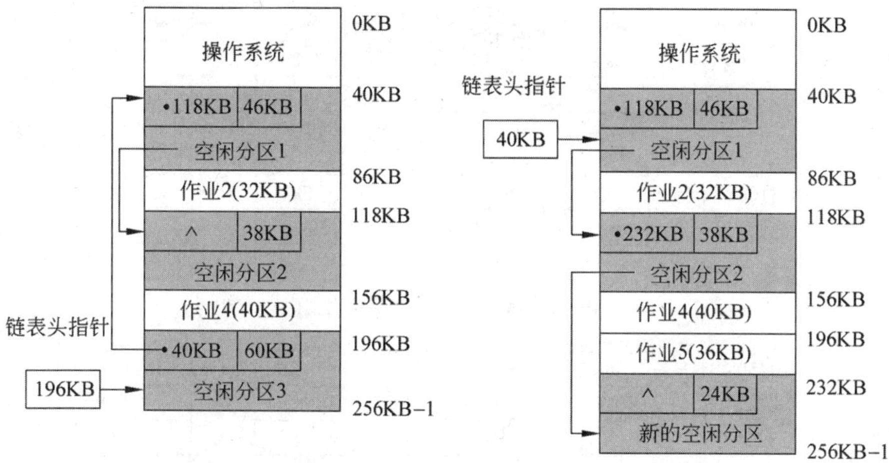


(a) 作业5未进入内存之前　　(b) 作业5进入内存之后

图 3.9　最差适应算法的空闲分区链表组织形式

最差适应算法的优点是查询简单，而且每次分配的总是最大的空闲区，除用户使用的外，剩余的空闲区还可能相当大，还能装入较大的程序，但缺点也在于此，每次总从最大的空闲分区分配，当有大的作业到来时，其存储分配申请往往得不到满足。

这三种算法，各有利弊。到底哪一种好，不能一概而论，应针对具体的作业序列来分析。如果对于某一作业序列来说，某种算法能将该作业序列中的所有作业安置完毕，那么就认为该算法对这一作业序列而言是合适的。

比如，现在有一作业序列，作业 A(15KB)、作业 B(16KB)、作业 C(15KB)，依次要求进入系统运行，假设此时系统的空闲区按地址顺序排列，分别是起始地址为 40KB 的空闲区 1(16KB)、起始地址为 70KB 的空闲区 2(14KB)、起始地址为 100KB 的空闲区 3(5KB)、起始地址为 150KB 的空闲区 4(30KB)，内存分配情况如图 3.10 所示。用首次适应算法、最佳适应算法和最差适应算法来处理该作业序列，看哪种算法是合适的。

图 3.10　内存分配情况

为了简单明了，把三种算法的空闲区用链表形式组织起来，如图 3.11 所示。

在图 3.11 中，由三种算法的空闲区链表组织形式，结合动态分区分配，可以分析得出这样的结论：对于作业 A(15KB)，作业 B(16KB)，作业 C(15KB)而言，首次适应算法和最佳适应算法都只能分配作业 A 和作业 B，不能再分配作业 C，即不能对这三个作业进行完全吞吐。只有最差适应算法，可将作业 A、作业 B、作业 C 这个作业序列的三个作业全部分配，所以最差适应算法对该作业序列而言是合适的。

在内存状态如图 3.10 所示情况下，若作业进入内存的顺序依次为：作业 B(16KB)，

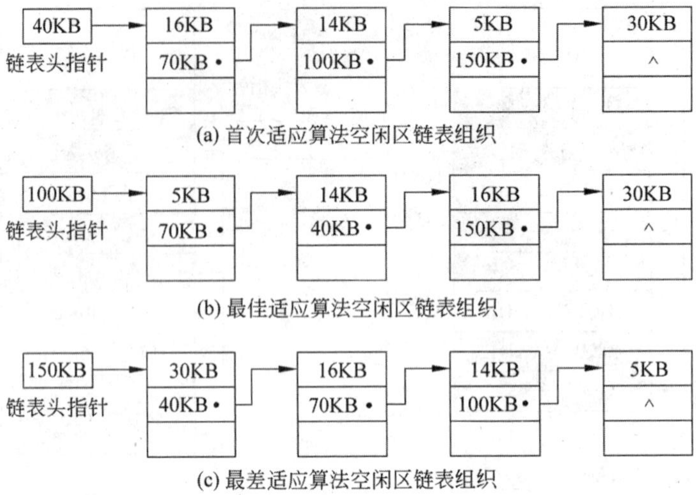


图 3.11 用三种适应算法处理同一作业序列

作业 A(15KB),作业 C(15KB),则由图 3.11 的三种算法的链表组织形式可以分析得出,首次适应法和最佳适应法都能将该作业序列完全吞吐,而最差适应法不能将该作业系列完全吞吐。

实际应用时,应综合考虑不同情况,如用户要求、内存大小、作业平均大小等因素,选择合适的分配算法。

**4. 可变分区存储管理的地址重定位**

可变分区的地址重定位可采用静态重定位,也可采用动态重定位。

(1) 采用静态重定位,因用户作业进入内存后,程序的逻辑地址实现了重定位,不能在内存中再进行移动,经过一段时间的运行,内存中不能再分配的小碎片会越来越多。有时可能会出现这种情况,即当一个作业申请一定数量的内存时,虽然此时空闲区的总和大于新作业的内存要求,但却没有单个的空闲区足以装下该作业。

解决这个问题的办法之一是采用紧凑技术,即把小碎片集中起来使之成为一个大分区。实现的方法是移动各用户分区中的程序,使它们集中于内存的一端,使碎片集中于另一端,从而将空闲的碎片连成一个较大的分区,供需求的作业使用。为此,必须采用动态重定位技术,才能使用户程序在内存中进行移动。

(2) 采用动态重定位的可变式分区管理技术,在执行内存分配时,如无足够大的空闲块,应考虑实现紧凑操作。其分配算法如图 3.12 所示。

可变式分区的存储保护可采用基址-限长存储保护方式。

可变式分区存储管理的优点是可以有效解决固定式分区的内部碎片问题,能较有效利用内存空间,提高了多道程序系统对内存的共享。缺点是容易产生外部碎片问题,为解决外部碎片问题,需要采用动态重定位,增加了计算机硬件成本,而紧凑工作又要花费大量处理机时间。

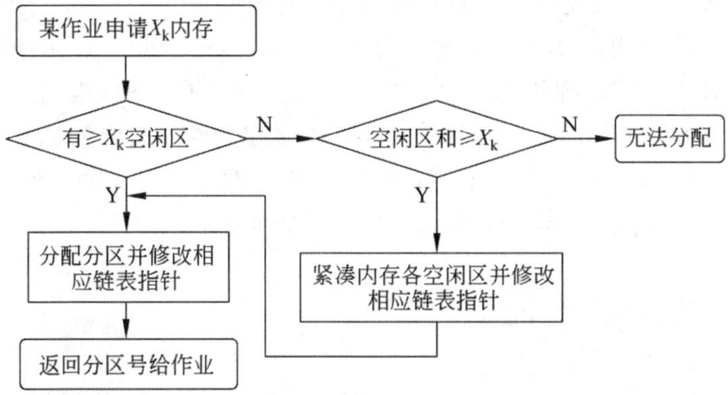


图 3.12　采用动态重定位的可变式分区分配算法

### 3.2.3　覆盖技术

覆盖技术主要用在早期的操作系统中。因为在早期的单用户系统中内存的容量一般小于 64KB,可用的存储空间受到相当限制,某些大作业不能一次全部装入内存中,这就发生了大作业和小内存的矛盾。为此,引入"覆盖"管理技术。就是把大的程序划分为一系列的覆盖,每个覆盖是一个相对独立的程序单位,把程序执行时不需要同时装入内存的覆盖构成一组,称为覆盖段。这个覆盖段中的覆盖都分配到同一个存储区域,这个存储分配区域称为覆盖区,它与覆盖段一一对应。并且,为了覆盖区能被相应覆盖段中的每个覆盖在不同时刻共享,其大小应由其中最大的覆盖来确定。

覆盖技术要求程序员必须把一个程序划分成不同的程序段,并规定好它们的执行和覆盖顺序,操作系统根据程序员提供的覆盖结构来完成程序段之间的覆盖。因此,要求用户明确地描述作业中各个程序模块间的调用关系,这将加重用户负担。

### 3.2.4　交换技术

交换技术就是把暂时不用的某个程序及数据的一部分或全部从内存移到外存中去,以便腾出必要的内存空间,或把指定的程序或数据从外存读到相应的内存中,并将控制权转给它,让其在系统上运行的一种内存扩充技术。实际上这是用外存作缓冲,让用户程序在较小的存储空间中,通过不断地换出/换进作业或进程来执行较大的程序。与覆盖技术相比,交换不要求程序员给出程序段之间的覆盖结构。交换主要是在进程或作业之间进行的,而覆盖则主要在同一个作业或进程中进行,而且其只能覆盖与覆盖程序段无关的程序段。

交换进程由换出和换进两个过程组成,换出是把内存中的数据和程序换到外存的交换区,而换进则是把外存交换区中的数据和程序换到内存的分区中。

交换技术是一种很有效的管理技术,通常可以解决如下问题。

(1) 作业要求增加存储空间,而分配请求受到阻塞。

(2) CPU 时间片用完。

(3) 作业等待某一 I/O 事件发生,如等待打印机资源等。

(4) 紧凑存储空间，需把作业移动到存储空间的新位置上。

交换技术最早被用在 MIT 的兼容分时系统(Compatible Time-Sharing System，CTSS)中，任何时刻在该系统的内存中只有一个完整的用户作业，当其运行一段时间后，或由于分配给它的时间片用完，或由于需要其他资源而等待，系统就把它交换到外存上，同时把另一个作业调入内存让其运行，这样，可以在存储容量不大的小型机上实现分时运行。早期的一些小型分时系统多数都是采用这种交换技术。

## 3.3 分页式存储管理

分页式存储管理的基本思想是，把内存空间分成大小相等、位置固定的若干个小分区，每个小分区称为一个存储块，简称块，并依次编号为 0，1，2，3，…，$n$ 块，每个存储块的大小由不同的系统决定，一般为 2 的 $n$ 次幂，如 1KB、2KB、4KB 等，一般不超过 4 KB。把用户的逻辑地址空间分成与存储块大小相等的若干页，依次为 0，1，2，3，…，$m$ 页。当作业提出存储分配请求时，系统首先根据存储块大小把作业分成若干页。每一页可存储在内存的任意一个空白块内。此时，只要建立起程序的逻辑页和内存的存储块之间的对应关系，借助动态地址重定位技术，原本连续的用户作业在分散的不连续存储块中，就能够正常投入运行。

如果把一个作业的所有页面一次全部装入到内存块中，就把这种分页称为分页式存储管理。如果作业的所有页面并不是一次全部装入，而是根据作业运行时的实际要求装入，则把这种分页管理称为请求页式存储管理。本节先讨论分页式存储管理。

### 3.3.1 分页式存储管理中存储块的分配与回收

分页式存储管理中，存储块的分配与回收算法比较简单。当作业有存储分配请求时，可以根据逻辑地址的大小计算出需要多少存储块，然后将空闲块分配给它们使用。通常有两种记录空闲存储块的方法：位图法和链表法。

**1. 位图法**

位图法是用存储单元中的二进制位与存储块相对应，某位的值为 0，表示对应的存储块是空闲的；其值为 1，表示已分配。把这些二进制位组合在一起，就构成一张位图。如图 3.13(a)所示，假设内存中前 16 块的情形是：0、1 两块由操作系统占用，作业 1 占用 2、8、12 三块，作业 2 占用 4、7、10、14 四块，3、5、6、9、11、13、15 是空闲块，图 3.13(b)反映了此时系统采用位图法表示的存储块使用情况。

位图是记录存储块使用情况的最简单方法，内存被划分成多少块，就有多少个二进制位与之对应。使用位图法对存储块进行管理，查找空闲块比较费时，但回收时比较简单，只需将该块对应的位图中二进制位置 0 即可。

**2. 链表法**

在分区存储管理中，使用链表方式来管理空闲分区的方法同样也适于页式存储管理，而且由于块的大小相同，在每个空闲块中只需包含有下一个空闲块的指针信息即可。系

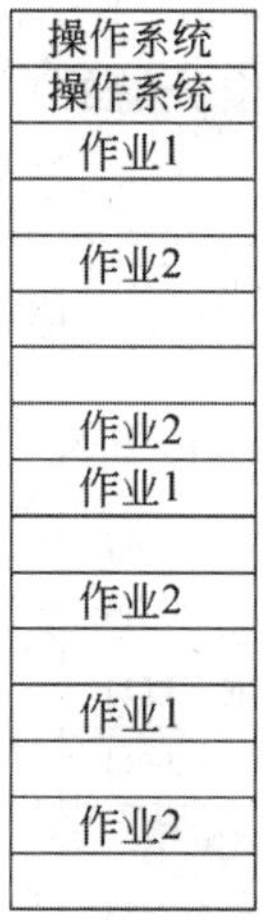


(a) 块使用情况

| 1 | 1 | 1 | 0 | 1 | 0 | 0 | 1 |
|---|---|---|---|---|---|---|---|
| 1 | 0 | 1 | 0 | 1 | 0 | 1 | 0 |

(b) 存储块使用情况的位图表示

图 3.13　存储块的位图管理法

统设定一个空闲块链表头指针指向链表的第一个空闲块。当用户申请内存时，根据链表头指针顺序分配即可；回收时，只需将该块插入表头即可。

## 3.3.2　分页式存储管理的地址重定位

分页式存储管理中的地址重定位是非常重要的，要使不连续的、分散的用户程序能正常运行，须采用动态地址重定位。此时，可采用重定位寄存器方式，如分页太多，则重定位寄存器用得太多。通常可在内存中为每个作业开辟一块特定区域，建立起作业的逻辑页与存储块之间的对应表格关系，这种表常称为页面映像表，简称页表。最简单的页表只包含页号、块号两个内容。页表的起始地址、长度，放在该作业的进程控制块(PCB)中。对当前运行作业的页表由一个专用的控制寄存器——页表始址寄存器来指定。每当运行一个新作业就将该作业的页表始址、长度从进程控制块中取出。

在作业执行过程中，由硬件地址分页结构自动将每条程序指令中的逻辑地址解释成两部分，页号 $p$ 和页内地址 $w$。通过页号查页表得到存储块号 $b$，与页内地址 $w$ 合成，形成物理地址，访问内存，得到操作数据。

逻辑地址由硬件分成的两部分页号 $p$ 和页内地址 $w$ 是系统自动进行的，对用户是透明的。页内地址的长度由页大小决定，逻辑地址中除去页内地址所占的低位部分外，其余高位部分为页号。假定一个系统的逻辑地址为 16 位，页大小为 1KB，则逻辑地址的低 10 位($2^{10}=1$KB)，被解释成页内地址 $w$，而高 6 位则为页号 $p$，地址结构如下：

| 15 | 10　　　　　　　　　0 |
|---|---|
| 页号 $p$(6 位) | 页内地址 $w$(10 位) |

现在举例说明动态地址重定位的实现过程。比如，现有一个系统，内存容量共 256KB，存储块的大小为 1KB，共有 256 块，编号为 0～255。第 0～4 块为操作系统所使

用。现有 2 个用户作业，作业 1 和作业 2，其逻辑地址空间分别占 2KB 和 2.5KB，进入系统后，按块的大小划分分别占 2 页和 3 页(因内存是以块为单位分配的)，它们的分页情况如图 3.14 所示。

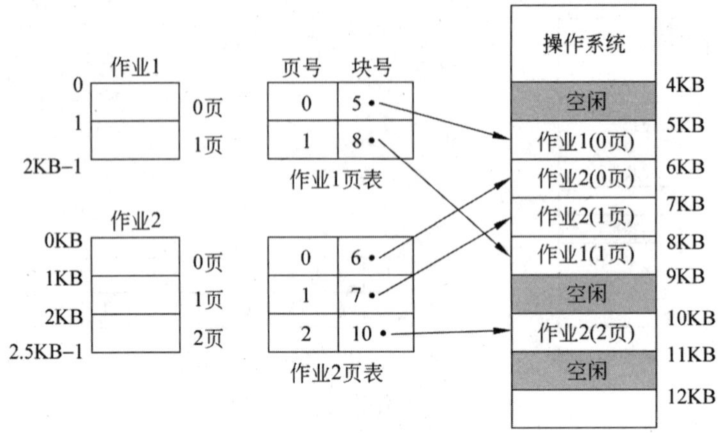


图 3.14　分页式存储管理

图 3.14 中的页表反映了作业 1 和作业 2 的各页在内存中相应的存储块号。假设作业 2 正在运行，在第 0 页某单元处有一条指令 MOV R1,[2500]，因每页长度为 1KB，所以由逻辑地址的低 10 位构成页内地址，2500 为十进制数，转化为十六进制为 09C4H(二进制为 0000100111000100)，取低十位为 1C4H，为页内地址 $w$；高 6 位为 2，形成页号 $p$，查页表知第 2 页在内存第 10 块，得到内存地址的块号 $b$，逻辑地址的页内地址作为块内地址 $w$，一起构成新的物理地址为 29C4H 单元，访问该单元，把其中的数据 016817 送入 R1 寄存器。具体实现过程如图 3.15 所示。

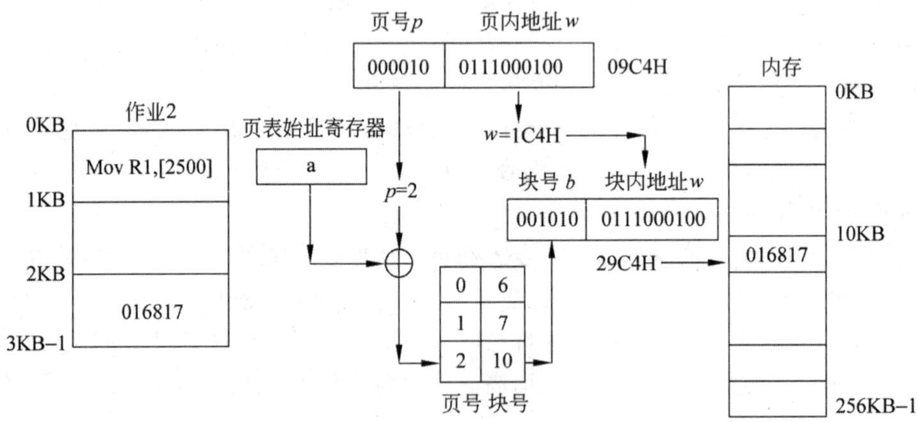


图 3.15　分页式存储管理地址重定位实现过程

## 3.3.3　联想存储器

从上面介绍的地址变换过程可以看出，如果把页表全部放在内存，那么存取一个数据时，至少要访问两次内存：一次是访问页表，形成实际内存地址；另一次是根据形成的内存地址存取数据。显然，这比通常执行指令的速度要慢得多，使计算机的运行速度几乎降低一半。

为了提高查表的速度，人们在分页地址变换机构中，加入一组高速缓冲存储器，用来存放当前作业的最常用的页号和与之相应的物理块号。一般称这样的寄存器组为快表或联想存储器。联想存储器因硬件成本较高，所以个数不宜太多，一般以 8～16 个单元组成，用来存放页表最常用部分的内容，并和页表具有并行查找能力。

当处理机给出逻辑地址($p$,$w$)时，分页机构一方面取出页号 $p$，并根据 $p$ 从页表中查找相应的内存块号 $b$；另一方面自动把页号 $p$ 送入联想存储器，并和联想存储器各单元进行比较，如与某单元页号相符，则输出对应块号 $b$，并与页内地址 $w$ 形成物理地址进行访问，同时停止前面查找页表的工作。由于联想存储器采用的是高速缓存，其访问速度比访问页表要快得多。如果在联想存储器中查不到，仍继续在页表中查找，并把查找到的页号 $p$ 和块号 $b$ 放到联想存储器的空闲单元中，以备下次使用。如无空闲单元，则通常把最先装入的那个页号淘汰，以腾出位置。采用联想存储器和内存中页表相结合的分页地址变换过程如图 3.16 所示。

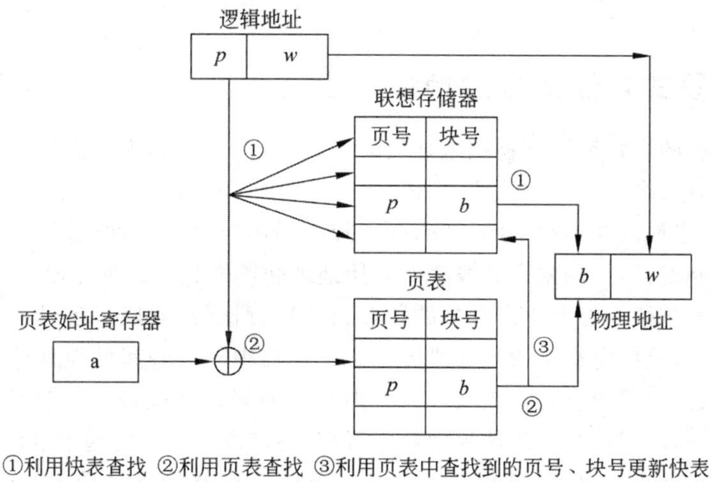


图 3.16　采用快表和页表相结合的分页地址变换过程示意图

应用联想存储器和页表相结合的方式，可有效地提高系统动态地址转换的速度，是一种行之有效的方法。

## 3.4　分段式存储管理

分页式存储虽然解决了内存利用率和碎片的问题，但有时一个逻辑上独立的程序段有可能被分为多个页面，装入内存中并不连续的块中，这就使得程序的上下逻辑关联性遭到了破坏。通常一个作业是由多个程序段和数据段组成的，一般情况下，从用户角度来说，希望按逻辑关系对作业分段，并能根据名字来访问程序段和数据段，这样就可以解决前面的问题。分段式存储管理较好地解决了程序和数据的共享以及程序动态链接等问题。

## 3.4.1 分段式存储管理的基本思想

在分段式存储管理中，作业的地址空间由若干个逻辑分段组成，每一分段是一组逻辑意义完整的信息集合，并有自己的名字(段名)。每一段都是以 0 开始的连续的一维地址空间，整个作业则构成了二维地址空间。

分段式存储管理是以段为基本单位分配内存，且每一段必须分配连续的内存空间，但各段之间不要求连续。由于各段的长度不一样，因此分配的内存空间大小也不一样。分段式存储管理的逻辑地址结构如下：

| 段号 $S$ | 段内位移 $W$ |
|---|---|

所谓分段式管理，就是管理由若干段组成的作业，并且按段来进行存储分配，由于分段式管理的作业地址空间是二维的，因此分段式存储管理的关键在于如何把分段地址结构变成一维的地址结构。与分页式存储管理一样，分段式存储管理采用动态重定位技术来进行地址转换。

## 3.4.2 分段式存储管理的地址重定位

为了实现段的逻辑地址到物理地址的转换，系统为每个作业设置了一张段表 SMT，每个表项至少有 4 个数据项：段号、段长、内存始址和存取控制。其中，段长指明段的大小，内存始址指出该段在内存中的位置，存取控制说明对该段访问的限制。此外，系统还设置了段表控制寄存器，用来存放段表的起始地址和段表长度。进行地址变换时，先将逻辑地址中的段号与段表控制寄存器中的段表长度进行比较，若段号超过段表长度则产生越界中断。否则，系统将根据段号和段表控制寄存器中的段表起始地址计算出该段在段表中的位置，从该位置中将获得该段存放在内存中的起始地址，然后，检查段内位移是否超过该段的段长，若超过则产生越界中断。否则，将该段在内存的起始地址与逻辑地址的段内位移相加就可得到要访问的物理地址。分段式存储管理系统的地址变换过程如图 3.17 所示。

**【例 3-1】** 在一个分段式存储管理系统中，其段表如表 3.1 所示。求表 3.2 中逻辑地址对应的物理地址。

表 3.1 段表

| 段号 | 内存起始地址 | 段长 |
|---|---|---|
| 0 | 210 | 500 |
| 1 | 2350 | 20 |
| 2 | 100 | 90 |

表 3.2 逻辑地址

| 段号 | 段内位移 |
|---|---|
| 0 | 430 |
| 1 | 10 |
| 2 | 500 |

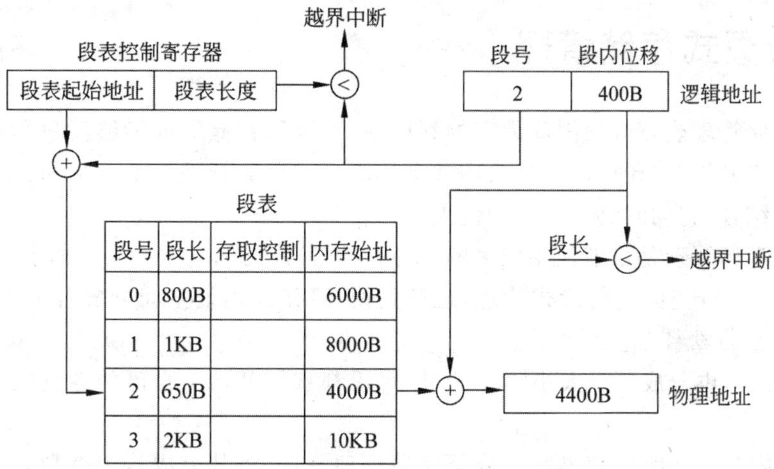


图 3.17 分段式存储管理系统的地址变换

**解**

(1) 由表 3.1 知,段号为 0 的段的内存起始地址为 210,段长为 500。由表 3.2 知,逻辑地址的段内位移为 430。因为 430<500,所以该逻辑地址是合法的。其对应的物理地址为

$$210+430=640$$

(2) 由表 3.1 知,段号为 1 的段的内存起始地址为 2350,段长为 20。如表 3.2 所示,逻辑地址的段内位移为 10。因为 10<20,所以该逻辑地址是合法的。其对应的物理地址为

$$2350+10=2360$$

(3) 由表 3.1 知,段号为 2 的段的内存起始地址为 100,段长为 90。如表 3.2 所示,逻辑地址的段内位移为 500。因为 500>90,即逻辑地址的段内位移 500 已超过了段长 90,所以该逻辑地址是非法的。

### 3.4.3 分段与分页的区别

分页与分段存储管理系统虽然在很多地方相似,例如,它们在内存中都是离散的,都要通过地址映射机构将逻辑地址映射到物理内存中。但从概念上讲,两者是完全不同的,它们之间的区别如下。

(1) 页是信息的物理单位。分页的目的是实现离散分配,减少外部碎片,提高内存利用率。段是信息的逻辑单位。每一段在逻辑上是一组相对完整的信息集合。

(2) 分页式存储管理的作业地址空间是一维的,而分段式存储管理的作业地址空间是二维的。

(3) 页的大小固定且由系统确定,是等长的。而段的长度不定。

(4) 分页的优点体现在内存空间的管理上,而分段的优点体现在地址空间的管理上。

## 3.5 段页式存储管理

分页存储管理能有效地提高内存的利用率，而分段存储管理能够反映程序的逻辑结构以满足用户的需要，还可以实现段的共享。段页式存储管理则是分页和分段两种存储管理方式的结合，它同时具备两者的优点。

段页式存储管理是目前使用较多的一种存储管理方式，它主要涉及如下概念。

(1) 作业地址空间进行段式管理，也就是说，将作业地址空间分成若干个逻辑分段，每段都有自己的段名。

(2) 每段内再分成若干大小固定的页，每段都从零开始为自己的各页依次编写连续的页号。

(3) 对内存空间的管理仍然和分页存储管理一样，将其分成若干个与页面大小相同的物理块，对内存空间的分配是以物理块为单位的。

(4) 作业的逻辑地址包括 3 个部分：段号、段内页号和页内位移。其结构如下：

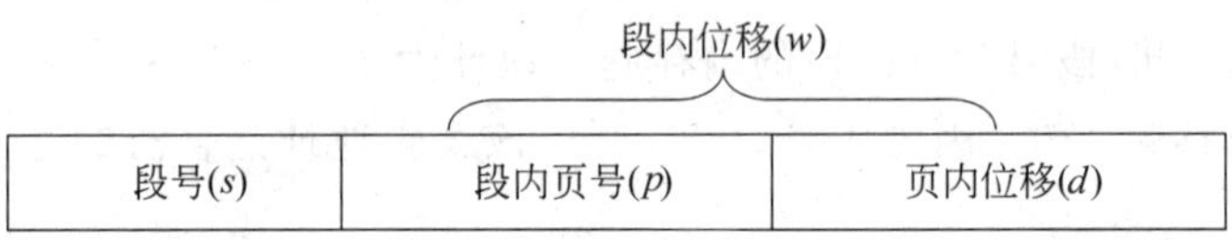


对上述 3 个部分的逻辑地址来说，用户可见的仍是段号 $s$ 和段内位移 $w$，由地址变换机构将段内位移 $w$ 的高几位划分为段内页号 $p$，低几位划分为页内位移 $d$。

(5) 为实现地址变换，段页式系统设立了段表和页表。系统为每个作业建立一张段表，并为每个段建立一张页表。段表表项中至少包含段号、页表起始地址和页表长度等信息。其中，页表起始地址指出了该段的页表在内存中的起始存放地址。页表表项中至少要包括页号和块号等信息。此外，为了指出运行作业的段表起始地址和段表的长度，系统有一个段表控制寄存器。段表、页表和内存的关系如图 3.18 所示。

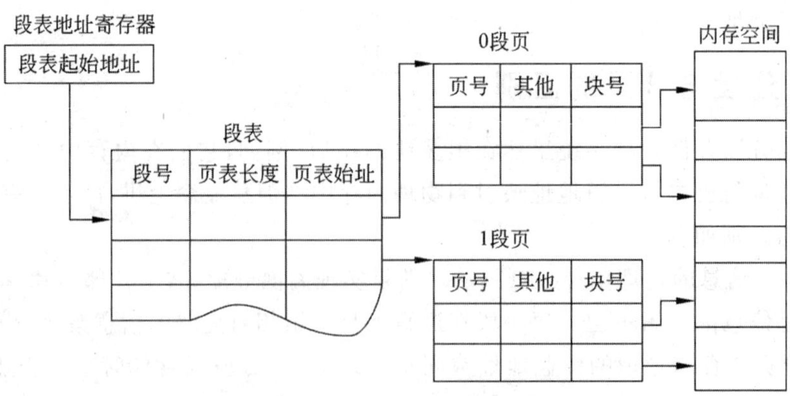


图 3.18　段表、页表和内存的关系

段页式存储管理进行地址变换的过程：首先根据段号 $s$，将其与段表控制寄存器中的段长比较，若超出段长则产生越界中断，否则由段号和段表控制寄存器中的段表起始地址相加得到该段在段表中的相应表项位置。由该表项得到该段对应的页表存放的起始地址，再由段内位移 $w$ 分解出页号 $p$，从而找到对应页表项的位置，从中得到该页所在的物理块号，此时将物理块号与段内位移 $w$ 分解出的页内位移拼接起来得到所需的物理地址。

从上述过程可知，若段表、页表存放在内存中，则为了访问内存的某一条指令或数据，将需要访问 3 次内存：

第一次，查找段表获得该段所对应页表的起始地址；

第二次，查找页表获得该页所对应的物理块号，从而形成所需的物理地址；

第三次，根据所得到的物理地址到内存中去访问该地址中的指令或数据。

3 次访问内存极大降低了内存的存取速度，因此可同样采用联想存储器技术提高内存的存取速度。

## 3.6 虚拟存储器管理

前面介绍的分区（固定分区和可变式分区）存储管理和分页、分段式存储管理技术，都要求作业在执行之前必须全部装入内存，并且作业的逻辑地址空间不能比内存空间大，否则该作业就无法装入内存运行，这就存在大作业与小内存的矛盾问题。为解决这一问题，人们提出了虚拟存储管理技术。

虚拟存储器源于英国 ATLAS 计算机的一级存储器概念。到 1970 年，美国 RCA 公司研究成功虚拟存储器系统。IBM 公司于 1972 年在 IBM370 系统上全面采用了虚拟存储技术。之后，虚拟存储器成为计算机系统中非常重要的部分。

下面先介绍虚拟存储器的概念，然后介绍虚拟存储管理方案：请求页式存储管理。

### 3.6.1 虚拟存储的概念

虚拟存储器的基本思想，就是把内存与外存统一起来形成一个存储器。作业运行时，只把必需的一部分信息调入内存，其余部分仍放在外存，当需要时，由系统自动将其从外存调入内存。

这一思想的理论依据是程序的局部性原理。所谓程序的局部性原理，是指在一段时间内，程序执行过程中往往是集中地访问某一部分内存区域中的指令或数据，例如循环程序结构或者是访问一个数组等。所以一个作业，特别是大作业，只需要装入其中的一部分就可以正常运行，而且我们也熟知这样一些事实。

(1) 程序中往往会有一些彼此互斥的部分。比如分支结构，程序执行时，如果走一条执行路径，那么位于另一条执行路径的程序段，即使不在内存，也不会影响到程序的运行。

(2) 在一个完整的程序中，会有一些诸如出错处理这样的子程序，在作业正常运行情况下不会执行这些程序，没有必要把它们调入内存。

基于程序局部性原理和上述情况，就没有必要把一个作业一次性全部装入内存再开始运行。可以把程序当前执行所涉及的程序和数据放入内存，其余部分可根据需要临时调入，由操作系统和硬件相配合来完成内存和外存之间信息的动态调度。这样的计算机系统好像为用户提供了一个存储容量比实际内存大得多的存储器，就称为虚拟存储器。

对用户来说,引入虚拟存储器概念相当于系统为每个用户建立了一个虚存,这个虚存就是用户的逻辑地址空间。用户在编程时可以不考虑实际内存的大小,认为自己编写多大程序就有多大的虚拟存储器与之对应。每个用户可以在自己的逻辑地址空间中编程,在各自的虚拟存储器上运行,给用户编程带来了极大的方便。

当然,虚拟存储器的容量也不是无限的,一个虚拟存储器的最大容量取决于计算机的地址结构。比如,某计算机系统的内存大小为64MB,其地址总线是32位的,则虚存的最大容量为$2^{32}=4GB$,即用户编程的逻辑地址空间可高达4GB,远比其内存容量大得多。

采用虚拟存储管理技术,提供了存储扩充的功能,给用户带来了很大方便,使内存空间可以得到有效利用。当然,也使存储管理技术趋向于复杂。下面介绍两种常见的虚存管理方案。

### 3.6.2 请求页式存储管理

请求页式存储管理是在分页式存储管理的基础上发展起来的。基本结构和页式存储管理相同,不同的是在一个作业运行时,不要求把作业的全部信息装入内存,而只装入目前运行所要用到的几页,其余的仍保存在外存,等到需要时再请求系统调入,这也就是请求页式存储管理名称的由来。

请求页式存储管理与分页式存储管理在内存块的分配与回收、存储保护等方面都十分相似,不同之处在于地址重定位问题。在请求页式存储管理的地址重定位时,可能会出现所需页面不在内存的情况,此时,系统必须解决以下两个问题。

(1) 当程序要访问的某页不在内存时,如何发现这种缺页情况?发现后应如何处理?

(2) 当需要把外存上的某个页面调入内存时,此时内存中没有空闲块应怎么办?

解决第一个问题,可以对分页式存储管理的页表表项进行扩充,在原有页号和块号的基础上,增加一个状态位和当前页在外存的地址。状态位用以表示当前页是否在内存中。

按照分页式管理模式,程序中的逻辑地址首先被硬件解释成$(p,w)$两部分,根据页号可查页表,如该页在内存,查找得到相应块号,转换成物理地址,完成程序指令。如该页不在内存,则引起缺页中断,由系统将该页从外存读入,并将状态位修改,填入实际内存块号,再转换成物理地址,完成程序指令的运行。如图3.19所示是请求页式存储管理的存储映像。为简单起见,对每个作业一般可事先分配一个固定数目的内存块数。图3.19中假设作业1分得的块数为3。

由图3.19可以看出,作业1的第0、1和3页已分别装到内存2、4、6块中。当程序执行到Mov R1,[2500]这条指令时,2500这个逻辑地址,由硬件分页后得到页号P=2,查页表知第2页对应的表项中状态位=0,该页不在内存,发生缺页中断,由操作系统通过软件中断来处理。若内存中该作业尚未占满所分得的内存块,直接调入需要页面,修改页表,完成中断,返回指令被中止处继续执行。现在作业1分得的固定块数已用完,为使程序执行,必须置换掉已在内存中的某页,将需要的页面调入。

这牵扯到第二个问题,即页面置换问题。发生页面置换时,被置换出内存的页面是否需要再写到外存呢?这要看被置换的页在进入内存后是否被修改过。若在程序执行过程中已作修改,则应写回外存,否则,就不必写回外存。为此,在页表中还应增加修改位,以

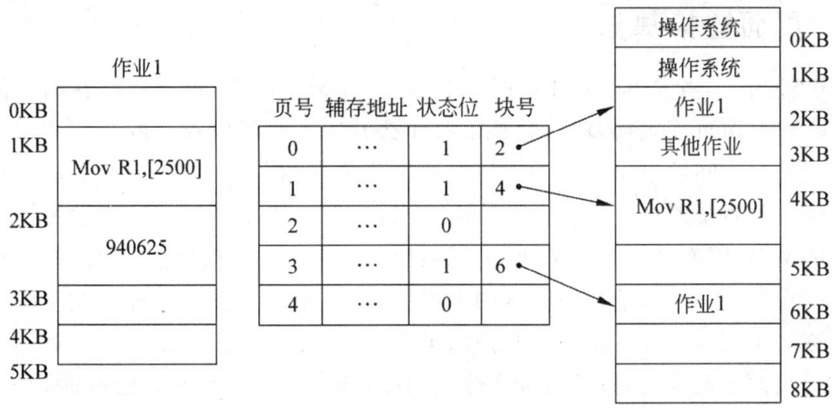


图 3.19 请求式分页存储管理示意

标志该页在内存中是否被修改过。

另外，为了帮助操作系统对要置换出内存的页面进行选择，在页表中还可以增加一个引用位，以反映该页最近的使用情况。

一般来说，一个页表的表项通常可包括如下的数据内容：

| 页号 | 内存块号 | 状态位 | 修改位 | 引用位 | 外存地址 | 存取控制 | 其他 |
|---|---|---|---|---|---|---|---|

请求式分页存储管理中的地址重定位和缺页中断处理过程如图 3.20 所示。

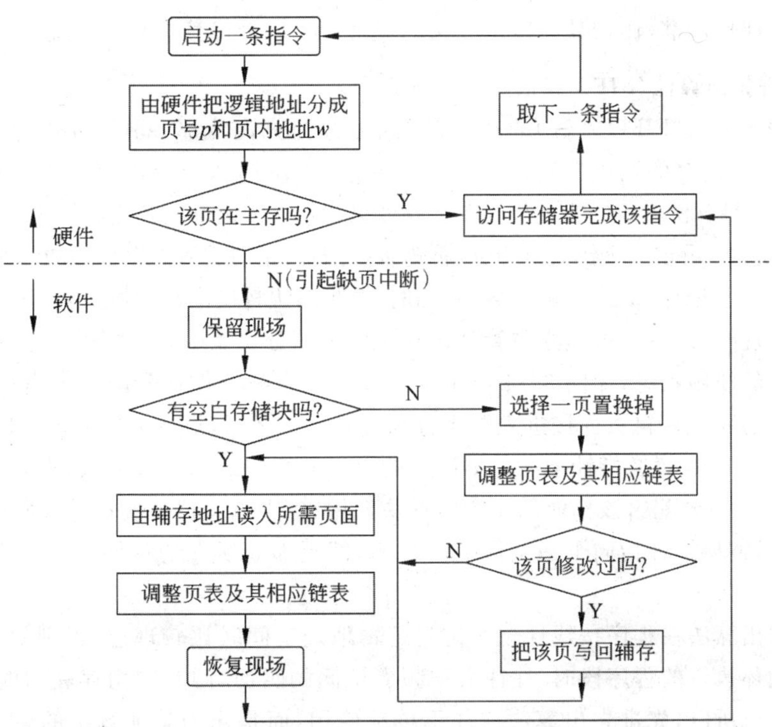


图 3.20 请求式分页存储管理缺页中断处理过程示意

### 3.6.3 页面置换算法

前面已经指出，当发生缺页中断时，如果内存已无空闲块，就要把已在内存的一些页面置换出去。所谓页面置换算法，就是采取什么办法淘汰掉内存中的某些页为必须进入内存的页面腾出空间的策略。这一直是人们十分重视的一个问题，因为页面置换算法的优劣直接影响到系统效率。如果置换算法不当，就有可能出现某些页刚被置换出去又要马上访问的情况，因而又要将其调回，而调回后不久又要被置换出去，这样不断反复，以致使处理机的大部分时间都消耗在频繁的页面置换上，结果使系统性能急剧下降。我们把这种现象称为系统抖动。尽量减少和排除抖动现象的发生，是人们一直追求的目标。

在讨论页面置换算法时，还有一个范围问题，即当需要进行页面置换时，是从整个内存中选取置换掉的页面呢？还是局限于从本作业所占用的内存块中进行置换。在实际系统中，两种方法都是可行的，为了简单和容易准确评估起见，这里只讨论局部范围内的置换算法，即系统为每个作业规定最大的内存占有块数，当已占满规定的内存块数而又有新页要调入时，就从自身空间中置换出一个页面，不允许置换别的作业的页面。下面介绍几种常见的页面置换算法。

**1. 最优算法(OPT 算法)**

最理想的页面置换算法是：从内存中移出以后不再使用的页面；如无这样的页面，则选择以后最长时间内不需要访问的页面。这就是最优算法的思想。

这种算法本身不是一种实际的方法，因为页面访问的顺序是很难预知的。但是，可把它作为一种评价标准，比较其他实用方法的优劣，所以，最优算法只具有理论上的意义。

**2. 先进先出算法(FIFO 算法)**

先进先出算法(FIFO 算法)的基本思想是：总是先淘汰那些驻留在内存时间最长的页面，即先进入内存的页面先被置换掉。理由是：最先进入内存的页面不再被访问的可能性最大。这种算法实现起来比较简单。作业只要把进入内存的各页面按进入的时间次序用链表链接起来，设定一个链表首指针(称为替换指针)指向进入内存最早的一个页面，新进入的页面放在链表尾部，需要淘汰某一页面时，总是淘汰替换指针所指向的页面即可。

实际实现时，该链表可建立在管理内存块的存储分块表中，存储分块表记录内存中各存储块当前的使用状态，如图 3.21 所示。假设系统为某个作业分配 4 个内存块，某一时刻调入内存的四个逻辑页面按进入顺序分别是 4、5、1、2 页，形成一个链表，链接的存储块号顺序是 2、6、7、4，替换指针指向最早调入的页面 4 所在的 2 号存储块，如现在需调入一个新的页面 3，因分配给该作业的 4 个内存块已用完，则淘汰掉替换指针指向的页面 4，将页面 3 调入，替换指针指向下一个最老的页面，即页面 5 所在的存储块号 6，链接的存储块号依次是 6、7、4、2。

先进先出算法在程序按线性顺序访问逻辑地址空间时比较理想，否则效率不高。特别是遇到循环执行的程序段时，往往会把频繁访问的页面，因其在内存驻留时间长，而周期性地淘汰。所以，先进先出算法往往不单独使用，而是作为其他算法的一种辅助策略使用。

| 块号 | 页号 | 指针 |
| --- | --- | --- |
| 0 | | |
| 1 | | |
| 2 | 4 | 6 |
| 3 | | |
| 4 | 2 | ^ |
| 5 | | |
| 6 | 5 | 7 |
| 7 | 1 | 4 |

替换指针：2

(a) 替换之前

| 块号 | 页号 | 指针 |
| --- | --- | --- |
| 0 | | |
| 1 | | |
| 2 | 3 | ^ |
| 3 | | |
| 4 | 2 | 2 |
| 5 | | |
| 6 | 5 | 7 |
| 7 | 1 | 4 |

替换指针：6

(b) 替换之后

图 3.21　先进先出算法存储分块表构造

### 3. 最近最久未使用算法(LRU 算法)

最近最久未使用算法(LRU 算法)的基本思想是，如果某一页被访问了，那么它很可能马上又被访问；反之，如果某一页很长时间没有被访问，那么最近也不太可能会被访问。这种算法考虑了程序设计的局部性原理。其实质是，当需要置换一页时，选择最近一段时间最久未使用的页面予以淘汰。

实现这种算法可通过周期性地对“引用位”进行检查，并利用它来记录一页面自上次被访问以来所经历的时间 $t$，淘汰时选择 $t$ 最大的页面。

这种算法能够比较普遍地适用于各种类型的程序，但是实现起来比较困难。因为要对以前的访问历史时时加以记录和更新，如果这种连续的修改完全由软件来做，则系统开销较大。如果由硬件完成会增加计算机成本。因此，在实际应用中得到推广的是一种简单而有效的 LRU 近似算法。

### 4. LRU 近似算法

LRU 近似算法，只要在页表中设一个“引用位”，当存储分块表中的某一页被访问时，该位由硬件自动置 1，并由页表管理软件周期性把所有引用位置 0。这样，在一个时间周期 $T$ 内，某些被访问过的页面其引用位为 1，而未被访问过的页面其引用位为 0。因此，可根据引用位的状态来判别各页面最近的使用情况。当需要置换一页面时，选择其引用位为 0 的页，如图 3.22 所示的算法，就是通过存储分块表循环查找引用位为 0 的块，在查找过程中，那些被访问过的页所对应的引用位被重新置 0。

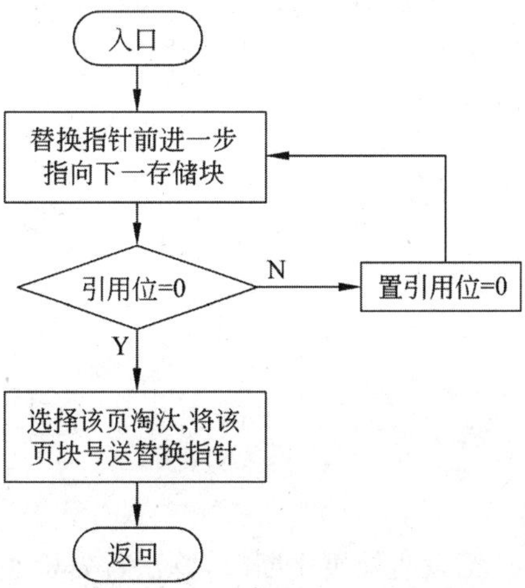

图 3.22　LRU 近似算法流程

图 3.23 是这种近似算法的一个例子。仍以上题为例，替换指针在 LRU 算法中，总是指向最近被替换的页所在的存储块，链表按存储块的物理顺序组织成循环链表形式。逻辑页面按调入顺序为 4、5、1、2，替换指针指向最近被调入的

页面 2，当第 3 页需要调入内存时，发生缺页中断需要置换出某页，从替换指针所指的下一存储块，开始查询引用位，若引用位为 1，则置 0，继续查询，直到发现第一个引用位为 0 的页为止。图 3.23(a)中，替换指针指向最近被调入的第 4 块中第 2 页，从第 4 块开始进行查找，第 6 块引用位为 1，将其置为 0，继续查找，第 7 块中引用位为 0，选择第 7 块中的页面 1 淘汰，装入页面 3。替换指针指向新装入的页面 3 所在的存储块 7。图 3.23(b)为置换后的情况。

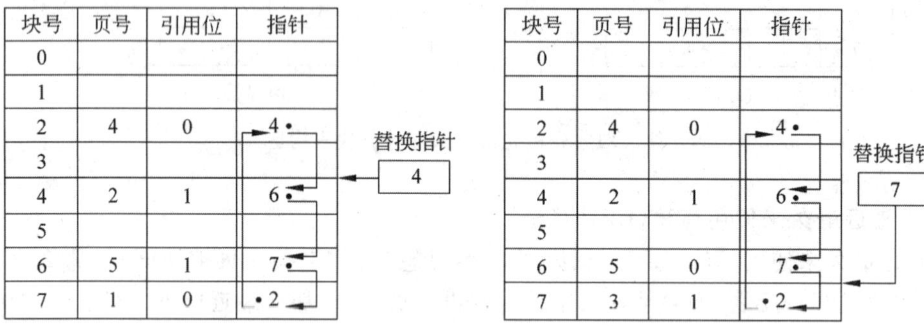


(a) 替换之前 (b) 替换之后

图 3.23 LRU 近似算法举例

这种 LRU 近似算法比较简单，易于实现，其缺点是：将所有存储块的引用位重新置 0 的周期 $T$ 的大小不易确定，$T$ 太大会使得所有的引用位都为 1，无法确定哪一页是最近未用的页；$T$ 太小引用位为 0 的块可能相当多，因而所选择的页面未必是最久未用的页。另外，如果缺页中断刚好发生在系统对所有引用位重置 0 后，所有块的引用位为 0，因而也有可能把常用的页淘汰出去。

**5. 时钟算法(Clock)**

所谓时钟算法是把所有的页面都保存在一个类似钟面的环形链表中，一个表针指向最老的页面，如图 3.24 所示。

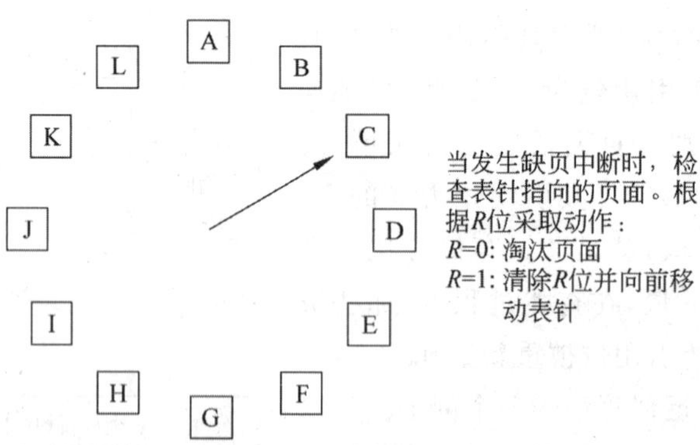


图 3.24 时钟算法

当发生缺页中断时，算法首先检查表针指向的页面，如果它的 $R$ 位是 0 就淘汰该页面，并把新的页面插入这个位置，然后把表针前移一个位置；如果 $R$ 位是 1 就清除 $R$ 位并把表针前移一个位置，重复这个过程直到找到了一个 $R$ 位为 0 的页面为止。了解了这个算法的工作方式，就明白为什么它被称为时钟算法了。

在置换过程中，可能出现这样的情况，刚换出的页面又因程序的需要而要换入，即出现系统**抖动**问题。抖动问题与程序的执行特性有关，也与置换算法有关，是比较复杂的。抖动现象可使得整个系统的页面置换非常频繁，以致大部分的机器时间花费在来回进行页面置换上，只有一小部分时间用于程序的实际运行，从而直接影响到整个系统的效率。

解决抖动问题最根本的方法是控制多道程序的道数，使得每个用户作业都有足够的内存空间可供使用。但作业的个数又不能太少，否则，会影响处理机的利用率。最好是使处理机利用率较高，又不至于使系统发生抖动，这是一个很难解决的问题，牵扯到程序的局部性问题，并需借助于工作集模型。

所谓**工作集**(working set)，就是一个进程当前正在使用的页面的集合。不少分页系统都会设法跟踪进程的工作集，以确保在让进程运行以前，它的工作集就已在内存中了。该方法称为工作集模型(working set model)，其目的在于大大减少缺页中断率。在让进程运行前预先装入其工作集页面也称为预先调页(prepaging)，工作集是随着时间变化的。

程序执行时访问往往是集中于一小部分页面。一次内存访问可能会取出一条指令，也可能会取数据，或者是存储数据。在任一时刻 $t$，都存在一个集合，它包含所有最近 $k$ 次内存访问所访问过的页面。这个集合 $w(k, t)$ 就是工作集。因为最近 $k=1$ 次访问肯定会访问最近 $k>1$ 次访问所访问过的页面，所以 $w(k, t)$ 是 $k$ 的单调非递减函数。随着 $k$ 的变大，$w(k, t)$ 是不会无限变大的，因为程序不可能访问比它的地址空间所能容纳的页面数目上限还多的页面，并且几乎没有程序会使用每个页面。

举例来说，某个程序执行占用了两个页面的循环，并使用四个页面上的数据，那么可能每执行 1000 条指令，它就会访问这六个页面一次，但是最近的对其他页面的访问可能是在 100 万条指令以前的初始化阶段。因为这是个渐进的过程，$k$ 值的选择对工作集的内容影响不大。换句话说，$k$ 的值有一个很大的范围，它处在这个范围中时工作集不会变。因为工作集随时间变化很慢，那么当程序重新开始时，就有可能根据它上次结束时的工作集对要用到的页面做一个合理的推测，预先调页就是在程序继续运行之前预先装入推测出的工作集的页面。

为了实现工作集模型，操作系统必须跟踪哪些页面在工作集中。通过这些信息可以直接推导出一个合理的页面置换算法：当发生缺页中断时，淘汰一个不在工作集中的页面。为了实现该算法，就需要一种精确的方法来确定哪些页面在工作集中。根据定义，工作集就是最近 $k$ 次内存访问所使用过的页面的集合。为了实现工作集算法，必须预先选定 $k$ 的值。一旦选定某个值，每次内存访问之后，最近 $k$ 次内存访问所使用过的页面的集合就是唯一确定的了。

## 3.7　Linux 存储管理

Linux 操作系统采用虚拟内存管理技术，使得每个进程都有各自互不干涉的进程地址空间。用户所看到和接触的都是该虚拟地址，无法看到实际的物理内存地址。利用虚拟地址不但能起到保护操作系统的效果(用户不能直接访问物理内存),而且更重要的是用户程序可使用比实际物理内存更大的地址空间。Linux 存储管理是内核中最复杂的部分之一,它涉及很多与 CPU 体系结构相关的细节。Linux 系统采用的是段页式内存管理,用请求调页技术实现虚拟存储,用伙伴算法实现内存的分配与回收,用“最近最少使用”(LRU)算法进行页面置换,采用交换技术来提高内存利用率。

图 3.25 是 Linux 进程虚拟地址空间示意图,其中的各个数据结构和实现机制会在后面三节详述。

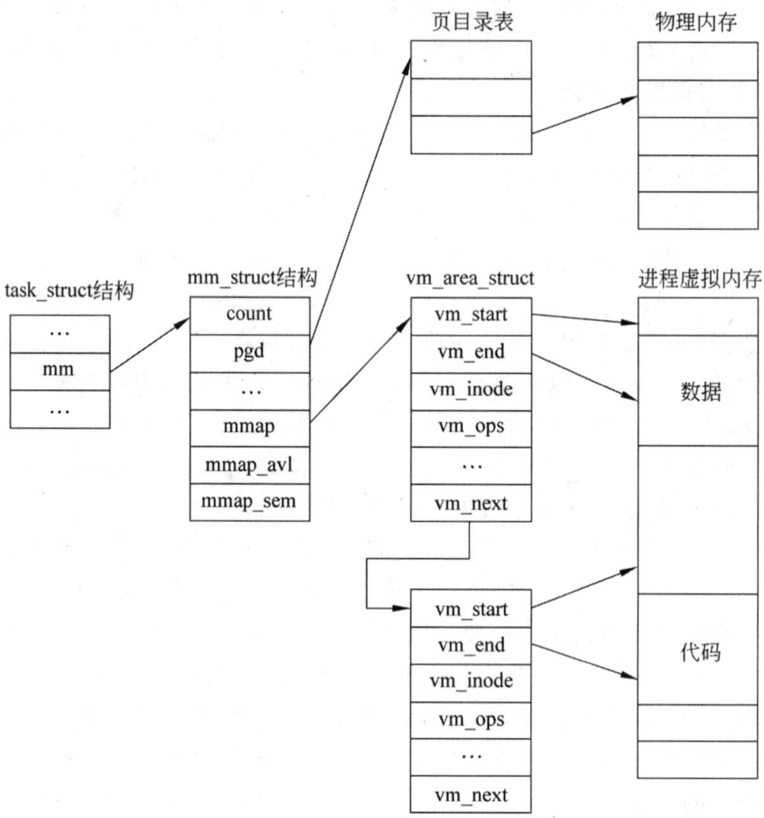


图 3.25 Linux 进程虚拟地址空间示意图

内存管理最终是为用户进程(程序)服务的。下面简单描述一下 Linux 中进程从创建到进程终止的整个过程中所需要的内存管理操作。

程序运行前,应先将一部分指令和数据装入内存,这需要进行内存分配;程序运行时,若用到的指令或数据不在内存中,则产生缺页中断,这需要进行请求调页操作;如果该进程因某种原因进入等待状态,而此时内存又比较紧张,则可将该进程的部分页交换到外存的交换空间上,这需要进行页面交换;进程终止时应将占用的内存释放,这需要进行内存回收。

下面分别介绍 Linux 存储管理的段页式内存管理、内存分配、请求调页和页面交换的实现。

### 3.7.1 段页式内存管理

32 位 CPU 地址线最大寻址 4GB，Linux 将 4GB 的进程地址空间人为地分为两个部分——用户空间与内核空间。用户空间从 0 到 3GB(0xC0000000)，内核空间占据 3GB 到 4GB。用户进程通常情况下只能访问用户空间的虚拟地址，不能访问内核空间虚拟地址。只有用户进程进行系统调用时才可以访问内核空间。用户空间对应进程，所以每当进程切换，用户空间就会跟着变化；而内核空间是由内核负责映射，它并不会跟着进程改变，是固定的。每个进程的用户空间都是完全独立、互不相干的。

Linux 系统共有三级页面表。Linux 内核的设计要考虑到在各种不同 CPU 上的实现，还要考虑到在 64 位 CPU(如 Alpha)上的实现，所以不能仅仅针对 i386 结构来设计它的映射机制，而要以一种假想的、虚拟的 CPU 和 MMU(Memory Management Unit，内存管理单元)为基础，设计出一种通用的模型，再把它分别落实到各种具体的 CPU 上。因此，Linux 内核的映射机制设计成三层，在页面目录和页面表中间增设了一层中间目录。在代码中，页面目录称为 PGD，中间目录称为 PMD，而页面表则称为 PT。PT 中的表项则称为 PTE，PTE 是 Page Table Entry 的缩写。PGD、PMD 和 PT 三者均为数组。相应地，在逻辑上也把线性地址从高位到低位划分成 4 个位段，各占若干位，分别用做 PGD 中的下标、PMD 中的下标、页面表中的下标以及物理页面内的位移，但在 i386 体系结构下只采用两级页表。i386 CPU 对程序中使用的地址一律先进行段式映射，然后才能进行页式映射。Linux 内核的段式分配如下。

i386 CPU 使用代码段寄存器的当前值作为段式映射的选择码，也就是用它作为在段描述表中的下标。内核创建任何进程时都要设置段选择码，参看 processor. h。

```
===============include/asm-i386/ processor.h 408-417=============
#define start_thread(regs, new_eip, new_esp) do {          \
__asm__("movl%0,%%fs; movl%0,%%gs": :"r" (0));     \
set_fs(USER_DS);                         \
regs->xds=__USER_DS;                       \
regs->xes=__USER_DS;                       \
regs->xss=__USER_DS;                       \
regs->xcs=__USER_CS;                       \
regs->eip=new_eip;                         \
regs->esp=new_esp;                         \
} while (0)
```

这里 regs－>xds 是段寄存器 DS 的映像，其他的类推。除 CS 被设置成 USER_CS 外，其他所有的段寄存器都设置成 USER_DS。这里特别值得注意的是堆栈寄存器 regs－>xss，它也被设置成 USER_DS。就是说，虽然 Intel 的意图是将一个进程的映像分成代码段、数据段和堆栈段，Linux 内核却并不是这样，在 Linux 内核中堆栈段和数据段是不分的。再来看看 USER_CS 和 USER_DS 到底是什么。那是在 segment. h 中定义的。

```
===============include/asm-i386/ segment.h 1-10=================
#ifndef _ASM_SEGMENT_H
#define _ASM_SEGMENT_H
#define __KERNEL_CS     0x10
#define __KERNEL_DS     0x18
#define __USER_CS     0x23
#define __USER_DS     0x2B
#endif
```

通过分析可见段选择符 TI 位设置成 0,即全部使用全局段描述符表(GDT)。再看 RPL,只用了 0 和 3 两级,内核为 0 级用户为 3 级。初始的 GDT 内容是在 heads. h 中定义的,其主要内容在运行中并不改变:

```
===============linux/arch/i386/kernel 427-435=================
ENTRY(gdt_table)
.quad 0x0000000000000000      /* NULL descriptor */
.quad 0x0000000000000000      /* not used */
.quad 0x00cf9a000000ffff      /* 0x10 kernel 4GB code at 0x00000000 */
.quad 0x00cf92000000ffff      /* 0x18 kernel 4GB data at 0x00000000 */
.quad 0x00cffa000000ffff      /* 0x23 user   4GB code at 0x00000000 */
.quad 0x00cff2000000ffff      /* 0x2b user   4GB data at 0x00000000 */
.quad 0x0000000000000000      /* not used */
.quad 0x0000000000000000      /* not used */
```

GDT 中的第一项(下标为 0)是不用的,这是为了防止在加电后段寄存器未经初始化就进入保护模式并使用 GDT,这也是 Intel 的规定。第二项也不用。从下标 2 至 5 共 4 项对应于前面的 4 种段寄存器数值。结合段选择符分析可以看出,相同的是:每个段都是从 0 地址开始的整个 4GB 虚存空间,虚地址到线性地址的映射保持原值不变。不同的有两个地方:一个是 DPL,内核为最高的 0 级,用户为最低的 3 级;另一个是段的类型,或为代码,或为数据。这两项都是 CPU 在映射过程中要加以检查核对的。如果 DPL 为 0 级,而段寄存器 CS 中的 DPL 为 3 级,那就不允许了,因为那说明 CPU 的当前运行级别比想要访问的区段要低。或者,如果段描述项是数据段,而程序中通过 CS 来访问,那也不允许。

上面是 Linux 关于段式存储的处理,下面介绍页式存储。

与段式映射过程中所有进程全都共用一个 GDT 不一样,每个进程都有其自身的页面目录(PGD),指向这个目录的指针保持在每个进程的 mm_struct 数据结构中。每当调度一个进程进入运行的时候,内核都要为即将运行的进程设置好控制寄存器 CR3,硬件则总是从 CR3 中取得指向当前页面目录的指针。不过,CPU 在执行程序时使用的是虚拟地址,而 MMU 硬件在进行映射时使用的则是物理地址。这是在 inline 函数 switch_mm()中完成的,其代码见 include/asm-i386/mmu_context. h。

```
===============linux/include/asm-i38/mm_context.h 28-59==============
static inline void switch_mm(struct mm_struct * prev, struct mm_struct * next,
```

```
struct task_struct * tsk, unsigned cpu)
⋮
asm volatile("movl %0,%%cr3": :"r" (__pa(next->pgd)));
⋮
```

一个进程执行时，页面目录(PGD)的物理地址装入寄存器%%cr3，也即CR3。进程可以通过读取CR3获取目录。先将线性地址按二进制展开，使用线性地址最高10位为下标去页面目录中找到其目录项。这个目录项中的高20位指向一个页面表。CPU在这20位后边添上12个0就得到该页面表的指针。每个页面表占一个页面，所以自然就是4KB边界对齐的，其起始地址的低12位一定是0。正因为如此，才可以把32位目录项中的低12位作为标记位使用，其中的最低位为P标志位，为1时表示该页面表在内存中。

找到页面表以后，再来看线性地址中的中间10位。以线性地址的第二个10位为下标在已经找到的页面表中找到相应的表项。与目录项相似，当页面表项的P标志位为1时表示所映射的页面在内存中。32位的页面表项中的高20位指向一个物理内存页面，在后边添上12个0就得到这物理内存页面的起始地址。所不同的是，这一次指向的不再是一个中间结构，而是映射的目标页面了。在其起始地址上加上线性地址中的最低12位，就得到了最终的物理内存地址。

## 3.7.2 内存分配

Linux内存分配采用伙伴算法，以便将外存上连续的页面映射到内存连续的块中，提高内存读写的效率。Linux的伙伴算法把所有的空闲页面分为10个块组free_area，每组中块的大小是2的幂次方个页面。例如，第0组中块的大小都为1个页面，第1组中块的大小都为2个页面，以此类推，第9组中块的大小都为512个页面，如图3.26所示。

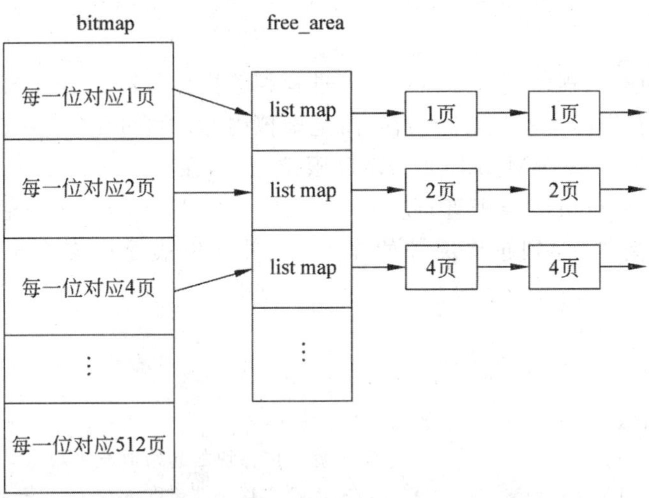


图3.26 free_area结构

下面通过一个简单的例子来说明该算法的工作原理。假设要求分配的块的大小为128个页面，该算法先在块大小为128个页面的链表中查找，看是否有这样一个空闲块。如果有，就直接分配；如果没有，该算法会查找下一个更大的块，就是在块大小为256的页面链中查找。如果存在这样的空闲块，内核就把这256个页面分为两等份，一份分配出去，另一份插入到块大小为128个页面的链表中。如果在块大小为256的页面链中没有找到空闲页块，就继续找更大的块，即512个页面的块。如果存在这样的块，内核就将512个页面的块中分出128个页面满足请求，然后从384个页面中取出256个页面插入到大小为256个页面的链表中，然后把剩余的128个页面插入到块大小为128个页面的链表。如果512个页面的链表中还没有空闲块，该算法就放弃分配，并发出出错信号。上述过程的逆过程就是内存块的释放过程。因总是将一块内存一分为二或合二为一，就像伙伴一样，故称为伙伴算法。

每当创建一个新进程时，Linux都为其分配一个task_struct结构，其中的mm_struct结构包含了用户进程与存储有关的信息。

```
struct mm_struct
{
    struct vm_area_struct mmap;              /* 指向虚拟内存段双向链表指针 */
    struct vm_area_struct * mmap_avl;        /* 指向虚拟内存段 AVL 树指针 */
    pgd_t * pgd;                             /* 进程页目录起始地址 */
    int map_count;                           /* 此进程所用虚拟内存的块数 */
    unsigned long start_code,end_code;       /* 进程代码段起始地址和结束地址 */
    unsigned long start_data,end_data;       /* 进程数据段起始地址和结束地址 */
    unsigned long start_stack;               /* 进程堆栈段起始地址 */
    unsigned long rss;                       /* 进程驻留在物理内存的页面总数 */
    ……
}
```

创建进程fork()、程序载入execve()等进程相关操作都需要分配内存给进程。不过这时进程申请和获得的还不是实际内存，而是虚拟内存。可分配的虚拟地址空间由常量VMALLOC_START和VMALLOC_END限定范围，在3GB＋high_memory＋HOLE_8M以上的部分，由vmlist链表管理。其中3GB＋high_memory是虚拟地址的上限，HOLE_8M是隔离带，起到越界保护的作用。vmlist链表是由多个vm_struct节点组成的。

```
struct vm_struct
{
    unsigned long flags;
    void * addr;                     /* 虚拟内存块的起始地址 */
    unsigned long size;              /* 虚拟内存块的长度 */
    struct vm_struct * next;         /* 下一个虚拟内存块 */
}
```

Linux提供了以下两类函数。

(1) 分配和释放物理内存的函数：

void * kmalloc(size_t size,int priority)和 void kfree(void * __ptr)

size 是申请分配的内存大小，priority 是申请优先级。

(2) 分配和释放虚拟内存的函数：

void * vmalloc(unsigned long size)和 void vfree(void * addr)

* ptr 释放内存空间的首地址。

当申请的内存大于 128KB 时，必须使用 vmalloc()。vmalloc()申请的空间在虚拟空间中是连续的，但在物理内存中可以不连续，并且使用的物理空间也很少(请求调页)。vmalloc()的执行过程大致为：进程申请使用虚拟内存，并给出申请的长度；内核调用 set_vm_area 函数向 vmlist 申请空间；若申请成功，则在 vmlist 中插入一个 vm_struct 结构，并返回首地址，同时更改页目录和页表。vfree()的执行过程大致为：进程给出要释放的虚拟内存的首地址，沿着 vmlist 搜索要释放的区域，找到对应的 vm_struct 结构，将其从 vmlist 链表中删除，同时清除相关的目录项和页表项。

进程对内存区域的分配最终多会归结到 do_mmap()函数上来，同样释放一个内存区域使用函数 do_ummap()，它会销毁对应的内存区域。

Linux 使用内核函数 do_mmap()完成可执行映像等向虚拟区域的映射，由它建立有关的虚存区域，并指定虚存区域的开始地址、虚存大小以及属性等。

下面是 do_mmap()的部分代码。

```
static inline unsigned long do_mmap (struct file * file, unsigned long addr,
                                     unsigned long len, unsigned long prot,
                                     unsigned long flag, unsigned long offset)
{
        unsigned long ret=-EINVAL;
        if  ((offset+PAGE_ALIGN(len))<offset)
            goto out;
        if  (!(offset &~PAGE_MASK))
            ret=do_mmap_pgoff (file, addr, len, prot, flag, offset>>PAGE_SHIFT);
         out:
         return ret;
}
```

函数中参数的含义如下。

(1) file：表示要映射的文件。

(2) offset：文件内的偏移量，因为我们并不是一下子全部映射一个文件，可能只是映射文件的一部分，offset 就表示那部分的起始位置。

(3) len：要映射的文件部分的长度。

(4) addr：虚拟空间的一个地址，表示从这个地址开始查找一个空闲的虚拟区。

(5) prot：指定对这个虚拟区的存取权限。

### 3.7.3 请求调页

Linux利用请求调页技术实现了虚拟内存。虚拟地址空间由许多个连续的虚存段构成。下面先看一下虚拟内存块的结构：

```
struct vm_area_struct
{
      struct mm_struct * vm_mm;                /* 指向该虚存段所属进程的 mm_struct */
      unsigned long vm_start;                  /* 虚拟内存开始地址 */
      unsigned long vm_end;                    /* 虚拟内存结束地址 */
      struct vm_area_struct vm_next;
      unsigned short vm_flags;                 /* 本 vma 块的属性标志位 */
      short vm_avl_height;
      struct vm_area_struct * vm_avl_left;
      struct vm_area_struct * vm_avl_right;    /* 上述三项用于对 AVL 树操作 */
      struct vm_operations_struct * vm_ops;    /* 指向对 vma 块操作的结构体指针 */
      unsigned long vm_offset;
      struct file * vm_file;                   /* 指向文件的 inode 结构体或 NULL */
      unsigned long vm_pte;
};
```

vm_operations_struct 包含了 void ( * open) (struct vm_area_struct * area)和 void ( * close) (struct vm_area_struct * area)等函数对虚拟内存块进行操作。

物理内存分配与回收都是以页为单位进行的，页的结构如下：

```
typedef  struct  page
{
    struct list_head list;          /* 该页根据不同用途挂到不同链表中 */
    struct page * next, * prev;     /* 前一个和下一个页 */
    unsigned long index;            /* 页存放代码或数据所属文件的位移 */
    struct inode * inode;           /* 该页所属文件的位移 */
    atomic count;                   /* 使用该页的进程数，0 表示空闲 */
    unsigned long age;              /* 页年龄 */
    ⋮
}
```

下面介绍请求调页的实现过程。

当一个进程访问了一个还没有有效页表项的虚拟地址时，处理器将产生缺页中断，并把缺页的虚拟地址（保存在CR2寄存器中）和缺页时访问虚存的模式一起传递给缺页中断处理程序 do_page_fault()。do_page_fault()根据控制寄存器CR2的缺页地址，调用 error_code 函数进行分类，通过 find_vma 找到发生页面失效的虚拟内存地址所在的 vm_area_struct 结构指针。经过一些合法性验证后，确定所缺页面是在交换空间还是在磁盘上，或者是访问出错。最后，进行页面调入操作。

### 3.7.4　页面交换

当内存紧张时，Linux利用LRU算法进行页面替换。在Linux每页都设置了一个8位的age变量。每当该页被访问时，age变量增1。age的值越大，该页最近被使用的频率越高。Linux系统的内存管理程序通过内核中的交换守护进程kswapd来释放物理内存页，以解决物理内存变少的问题。在后台，守护进程kswapd定时循环扫描所有页面，选择age最小的页换到外存上。下面是守护进程kswapd的部分代码：

```
int kswapd(void* unused)
{
    for(;;)                                                    /*死循环*/
    {
        ⋮
        if  (inactive_shortage() || free_shortage())      /*计算空闲页面需求量*/
        {
            ⋮
            do_try_free_pages();    /*进行实际的页面换出工作*/
        }
        wake_up_all(&kswapd);       /*唤醒所有在kswapd _done等待队列上的进程*/
        run _task_queue( &tq_disk) ;
    }
}
```

交换守护进程是一个内核线程。内核线程是不使用虚拟内存的进程，其在物理内存中运行于内核方式下。交换守护进程的另一个重要的功能是保证系统中有足够的空闲内存。交换守护进程是由内核的初始化进程启动的，并一直等待直到内核交换计时器周期性截止。每当计时器截止时，交换守护进程就要检查系统中的空闲页面数是否太少。如果太少，它就释放一些内存，否则它就不做任何事，再一次进入睡眠状态直到计时器再一次截止。

Linux提供了很多对内存进行管理的命令和系统调用，如在命令行使用free命令可以监控内存使用情况。

```
#free
                total       used       free      shared    buffers       cached
Mem:            256024      192284     63740     0         10676         101004
-/+buffers/cache:  80604  75420
Swap:        522072   0  522072
```

上述数据是一个256MB的RAM和512MB交换空间的系统情况。第三行输出(Mem:)显示物理内存，total列不显示核心使用的物理内存(通常1MB)，used列显示被使用的内存总额，free列显示全部没有使用的内存，shared列显示多个进程共享的内存总额，buffers列显示磁盘缓存的当前大小。第五行(Swap:)对换空间，显示的信息类似上面。如果这行为全0，那么就没有使用对换空间。在默认的状态下，free命令以KB为单位来显示内存使用情况。使用-h 参数，以字节为单位显示内存使用情况；或者使用-m 参数，以兆字节为单位显示内存使用情况。还可以通过-s 参数，使用命令来不间断地监视内存使用情况：

```
#free-b-s5
```

这个命令将会在终端窗口中连续不断地报告内存的使用情况，每 5 秒钟更新一次。

vmstat()命令是一个通用监控程序，是 Virtual Memory Statistics(虚拟内存统计)的缩写。如果使用 vmstat 命令的时候没有使用任何命令行参数，将会得到一个一次性的报告。vmstat 命令报告主要的活动类型有进程(procs)、内存(以千字节为单位)、交换分区(以千字节为单位)、来自块设备(硬盘驱动器)的输入/输出量、系统中断(每秒钟发生的次数)，以及中央处理单元(CPU)分配给用户、系统和空闲进程分别占用的比例。

内存是计算机中十分重要的资源，为了对其进行有效管理，提高内存利用率，加快内存读写速度，逻辑上扩大内存，Linux 采取了很多策略和技术来完成存储管理，如虚拟内存、写时复制、页面交换、内存缓冲、Slab 机制等。

## 3.8 本章小结

存储管理的研究对象主要是中央处理器能直接访问的内存储器，其目的一方面是在多道程序环境下，提高内存资源的利用率；另一方面也方便用户对内存储器这一关键性资源的使用。

本章首先介绍了存储管理四大功能：内存分配与回收、逻辑地址重定位、存储保护、虚拟存储器。

接着介绍了连续存储管理和离散存储管理。其中连续存储管理包括固定分区存储管理和可变分区存储管理两种实现方法，离散存储管理包括分页式存储管理和分段式存储管理。

虚拟存储技术是实现内存扩充的有效方法，实现这一技术理论的依据是程序的局部性原理。本章重点以请求页式存储管理为例介绍了虚拟存储技术的实现方法。

最后介绍了 Linux 的存储管理所采取的方式。

## 习题 3

3.1 存储管理的功能及目的是什么？

3.2 什么是物理地址？什么是逻辑地址？

3.3 什么是地址重定位？为什么要进行地址重定位？

3.4 什么是动态地址重定位？举例说明实现动态地址重定位的过程。

3.5 什么是存储保护？举例说明常用的硬件存储保护措施是如何实现的。

3.6 实存管理和虚拟存储器管理方案的区别在哪里？常用的实存管理方案有哪些？

3.7 可变式分区存储管理常用的分配算法有哪几种？比较它们的优缺点。

3.8　假设某系统内存共256KB,其中操作系统占用低址20KB，有这样一个作业序列：作业1(80KB)、作业2(16KB)、作业3(140KB)连续进入系统,经过一段时间运行,作业1、3先后完成。此时,作业4(120KB)、作业5(80KB)要求进入系统,分别采用首次适应算法和最佳适应算法,处理上述作业序列,完成下列要求：

(1) 画出作业1、2、3进入内存后,内存的分配情况。

(2) 画出作业1、3完成后,内存的分配情况。

(3) 画出两种算法中空白区的链接情况。

(4) 哪种算法对该作业序列而言是合适的?

3.9　什么是内部碎片？什么是外部碎片？如何克服外部碎片问题?

假设某作业为3.5KB大小,在逻辑地址1000号单元处有指令MOV R1,[3000],3000号单元有数据5678。采用分页式存储管理,页面大小为1KB,该作业进入内存后,其页面0、1、2、3被分配到内存的2、4、6、7块中,完成下列要求：

(1) 画出该作业的页表。

(2) 画出当执行指令MOV R1,[3000]时,如何进行地址重定位,将逻辑地址3000号单元处数据5678送入R1寄存器。

3.10　什么是联想存储器？为什么用联想存储器可有效提高动态地址转换速度?

3.11　什么是虚拟存储器？使用虚拟存储器有什么好处?

3.12　画图说明请求页式存储管理系统中动态地址重定位及缺页中断的处理过程。

3.13　请求页式存储管理系统中有哪几种常见的页面置换算法?

3.14　在一个请求页式存储管理系统中,一个程序的页面走向是：

6,5,4,3,2,1,5,4,3,6,5,4,3,2,1,6,5

请分别采用FIFO算法和LRU算法,求出在作业分得的内存块数分别为$M=4$和$M=5$时,缺页中断次数和缺页率各为多少。

3.15　请求页式存储管理的地址变换过程是什么样的?

3.16　什么是抖动现象？它有什么危害?

3.17　什么是程序的局部性原理?

3.18　什么是工作集?

# 第4章 文件管理

CHAPTER

**教学要点**

本章主要介绍文件系统、文件的组织结构及存取方法、文件存储空间的管理、文件的目录管理、文件的安全与保护以及Linux中的文件系统。

应重点掌握文件的概念、文件的逻辑结构与物理结构以及存取方法、文件目录的概念及目录管理策略，了解文件保护的各种方法及Linux中文件系统的实现策略。

操作系统的功能之一是对计算机系统的软件和硬件资源进行管理，而软件资源不能一直占用内存，需要存储在磁盘等外部存储介质上，而存储的形式就是文件。系统中对文件的使用相当频繁，因此文件系统在操作系统中占有举足轻重的地位。

文件系统是操作系统用于明确磁盘或分区上的文件的方法和数据结构，即在磁盘上组织文件的方法。也指用于存储文件的磁盘或分区，或文件系统种类。操作系统中负责管理和存储文件信息的软件机构称为文件管理系统，简称文件系统。

文件系统应具备的功能有：实现文件的按名存取，分配和管理文件的存储空间，建立并维护文件目录，提供合适的文件存取方法，实现文件的共享与保护，提供用户使用文件的接口。

本章首先介绍文件和文件系统的有关概念，然后分析文件系统组织结构、存取方法、文件存储空间的管理策略、文件目录管理以及文件系统的安全与保护，最后以Linux文件系统为例来讨论具体文件系统的实现。

## 4.1 文件及文件系统

### 4.1.1 文件及其分类

在计算机系统中，文件定义为：存储在外部存储介质上的、具有符号名的一组相关信息的集合。

**1. 文件命名**

文件保存在外部存储介质上，每个文件都有一个名称，即文件名。文件名是文件的标识，操作系统根据文件名来对其进行控制和管理，用户通过文件名来使用文件而不必关心文件存储方法、物理位置以及访问方式等。文件系统的基本功能就是实现文件的按名存取。

不同的操作系统对文件命名的规则略有不同，即文件名的格式和长度也因系统而异。例如：UNIX/Linux 系统区分文件名的大小写，而 Windows 系统则不区分；又如：Windows 下文件名最大长度为 255，而 UNIX/Linux 则没有限制。

文件扩展名是用来区分文件的类型，但要注意在有的系统中并不为系统所感知。如：UNIX/Linux 系统中，文件 hello.c 与文件 helloc 对于系统来说没有什么区别，加上了扩展名.c 与不加都一样，系统不知道那是个什么文件。只是加上.c 后，方便用户明白那是 C 语言源码文件。但是在 Windows 系统中，文件扩展名是为系统感知的。在 Windows 中，对于不同的文件扩展名由其相关联的程序进行打开，这些扩展名除了如.txt 等是原来就有的以外，其余一般是安装软件时被注册到系统中的。若将文件扩展名改为系统不认知的扩展名，则在打开时提示选择其打开程序。

**2. 文件属性**

文件属性是对文件进行说明的信息。文件包括两部分内容：一是文件内容，二是文件属性。文件属性主要有文件创建日期、文件长度、文件权限、文件存放位置等，这些信息主要被文件系统用来管理文件。不同的文件系统通常有不同种类和数量的文件属性。下面简要讨论一些常用的文件属性。

(1) 文件名称：文件名称是供用户使用的外部标识。这是文件最基本的属性。文件名称通常由一串 ASCII 码或者汉字构成，现在常常由 Unicode 字符串组成。

(2) 文件内部标识：有的文件系统不但为每个文件规定了一个外部标识，而且规定了一个内部标识。文件内部标识只是一个编号，可以方便管理和查找文件。在 UNIX 文件系统中，inode 就是内部标识。

(3) 文件物理位置：具体标明文件在存储介质上所存放的物理位置。

(4) 文件拥有者：操作系统通常是多用户的，不同的用户拥有各自不同的文件，对这些文件的操作权限也不同。通常文件创建者对自己所建的文件拥有一切权限，而对其他用户所建的文件则拥有有限的权限。

(5) 文件权限：通过文件权限，文件拥有者可以为自己的文件赋予各种权限，如可允许自己读写和执行，允许同组的用户读写，而只允许其他用户读。

(6) 文件类型：可以从不同的角度来对文件进行分类，例如普通文件或是设备文件，可执行文件或是文本文件，等等。

(7) 文件长度：文件长度通常是其数据的长度。长度单位通常是字节。

(8) 文件时间：文件时间有很多，如最初创建时间、最后一次的修改时间、最后一次的执行时间、最后一次的读时间等。

**3. 文件分类**

为了有效、方便地组织和管理文件，常按照不同的观点对文件进行分类。文件分类方法有很多，这里介绍几种常用的分类方法。

(1) 按用途将文件分为以下几类。

① 系统文件：由系统软件构成的文件。包括操作系统内核、编译程序文件等。这些通常都是可执行的二进制文件，只允许用户使用，不允许用户修改。

② 库文件：由标准的和非标准的子程序库构成的文件。标准的子程序库通常称为系统库，提供对系统内核的直接访问，而非标准的子程序库则是提供满足特定应用的库。库文件又分为两大类：一类是动态链接库，另一类是静态链接库。

③ 用户文件：用户自己定义的文件，如用户的源程序、可执行程序和文档等。

(2) 按性质将文件分为以下几类。

① 普通文件：系统所规定的普通格式的文件，例如字符流组成的文件，它包括用户文件、库函数文件、应用程序文件等。

② 目录文件：包含普通文件与目录的属性信息的特殊文件。主要是为了更好地管理普通文件与目录。

③ 特殊文件：在 UNIX/Linux 系统中，所有的输入/输出设备都被看做特殊的文件，甚至在使用形式上也和普通文件相同。通过对特殊文件的操作可完成相应设备的操作。

(3) 按保护级别将文件分为以下几类。

① 只读文件：允许授权用户读，但不能写。

② 读写文件：允许授权用户读写。

③ 可执行文件：允许授权用户执行，但不能读写。

④ 不保护文件：用户具有一切权限。

(4) 按文件数据的形式将文件分为以下几类。

① 源文件：源代码和数据构成的文件。

② 目标文件：源程序经过编译，但尚未链接成可执行代码的目标代码文件。

③ 可执行文件：编译后的目标代码由链接程序连接后形成的可以运行的文件。

除了以上的分类方法外，还可以按照文件的其他属性进行分类。由于各种系统对文件的管理方式不同，因而对文件的分类方法也有很大的差异，但是其根本目的都是提高文件的处理速度以及更好地实现文件的保护和共享。

**4. 文件的操作**

为了方便用户使用文件系统，文件系统通常向用户提供各种调用接口。用户通过这些接口来对文件进行各种操作。对文件的操作可以分为两大类：一类是对文件自身的操作，例如建立文件、打开文件、关闭文件、读写文件等；另一类是对记录的操作(最简单的记录可以是一个字符)，例如，查找文件中的字符串，插入和删除，等等。以下是一些常用的文件操作。

(1) 文件创建：创建文件时，系统首先为新文件分配所需的外存空间，并且在文件系统的相应目录中，建立一个目录项，该目录项记录了新文件的文件名及其在外存中的地址等属性。

(2)文件删除：系统先从目录中找到要删除的文件项，使之成为空项，紧接着回收该文件的存储空间，用于下次分配。

(3) 文件截断：如果文件名及其属性并没有发生变化时，可截断文件。即将原有文件的长度设为0，也可以说是放弃文件的内容。

(4) 文件读：通过读指针，将位于外部存储介质上的数据读入到内存缓冲区。

(5) 文件写：通过写指针，将内存缓冲区中的数据写入到位于外部存储介质上的文件中。

(6) 文件的读写定位：文件的读写进行定位操作，也即改变读写指针的位置，则可以从文件的任意位置开始读写，为文件提供随机存取的能力。

(7) 文件打开：在开始使用文件时，首先必须打开文件。这可以将文件属性信息装入内存，以便以后快速查用。

(8) 文件关闭：在完成文件使用后，应该关闭文件。这不但是为了释放内存空间，而且也因为许多系统常常限制可以同时打开的文件数。

## 4.1.2 文件系统及其功能

**1. 概念**

操作系统中负责管理和存储文件信息的软件机构称为文件管理系统，简称文件系统。文件系统由三部分组成：与文件管理有关的软件、被管理的文件以及实施文件管理所需的数据结构。从系统角度来看，文件系统是对文件存储器空间进行组织和分配，负责文件的存储并对存入的文件进行保护和检索的系统。具体地说，它负责为用户建立文件，存入、读出文件，控制文件的存取，当用户不再使用时撤销文件等。

**2. 常用的文件系统**

随着操作系统的不断发展，越来越多的功能强大的文件系统不断涌现。这里，列出一些具有代表性的文件系统。

(1) FAT：早期 DOS 和 Windows 所采用的文件系统，常见的有 FAT16 和 FAT32，支持的磁盘最大分区由 4GB 增至 32GB，FAT32 支持的磁盘总容量则为 2TB(2047GB)。FAT16 的分区的簇大小为 32KB，而 FAT32 分区的簇只有 4KB。这样 FAT32 就比 FAT16 的存储效率要高很多，通常情况下可以提高 15%。

(2) NTFS：NTFS 是微软为了配合 Windows NT 的推出而设计的文件系统，它是建立在保护文件和目录数据基础上，同时照顾节省存储资源、减少磁盘占用量的一种先进的文件系统，它为系统提供了极大的安全性和可靠性。是为现在 Windows 系统标准配置的文件系统。它有如下特点。

① NTFS 可以支持的分区大小可以达到 2TB。

② NTFS 是一个可恢复的文件系统。

③ NTFS 支持对分区、文件夹和文件的压缩。

④ NTFS 采用了更小的簇，可以更有效率地管理磁盘空间。当分区的大小在 2GB 以下时，簇的大小都比相应的 FAT32 簇小；当分区的大小在 2GB 以上时(2GB～2TB)，簇

的大小都为 4KB。

⑤ 在 NTFS 分区上，可以为共享资源、文件夹以及文件设置访问许可权限。

⑥ NTFS 文件系统下可以进行磁盘配额管理。管理员可以方便合理地为用户分配存储资源，避免由于磁盘空间使用的失控可能造成的系统崩溃，提高了系统的安全性。

⑦ NTFS 使用一个“变更”日志来跟踪记录文件所发生的变更。

(3) Ext2：Linux 系统中标准的文件系统，其特点为存取文件的性能极好，对于中小型的文件更显示出优势。

(4) Ext3：是一种日志式文件系统，是对 Ext2 系统的扩展。

(5) Ext4：Linux 系统内核自 2.6.28 版本后开始正式支持的新文件系统，它是 Ext3 的改进版，可以提供更佳的性能和可靠性以及更丰富的功能。

(6) NFS：网络文件系统，允许多台计算机之间共享文件系统，易于从网络中的计算机上存取文件。是由 SUN 公司设计发表的，现已成为各 UNIX 系统的标准配置之一。

(7) HFS：分层文件系统(Hierarchical File System)是一种由苹果电脑公司开发，并使用在 Mac OS 上的文件系统。

(8) HPFS：IBM OS/2 平台的文件系统。

## 4.2　文件的结构及其存储方式

文件结构分为文件的逻辑结构(file logical structure)和文件的物理结构(file physical structure)。前者是从用户的观点出发，所看到的是独立于文件物理特性的文件组织形式，是用户可以直接处理的数据及其结构，而后者则是文件在外存上具体的存储结构。

### 4.2.1　文件的逻辑结构

#### 1. 记录式文件

记录式文件在逻辑上总是被看成一组顺序的记录集合，是一种有结构的文件组织，它又分成定长记录文件和变长记录文件。

#### 2. 流式文件

流式文件又称无结构文件，是指文件内部不再划分记录，它是由一组相关信息组合成的有序字符流。这种文件的长度直接按字节计算。

### 4.2.2　文件的物理结构

文件的物理结构是指文件在外部存储介质上的存放形式，也叫文件的存储结构。它对文件的存取方法有较大的影响。文件在逻辑上看都是连续的，但在物理介质上存放时却不一定连续。下面是几种基本的文件物理存储组织形式。

#### 1. 顺序文件

顺序文件是基于磁带设备的最简单的物理文件结构，它是把一个逻辑上连续的文件信息存放在连续编号的物理块中。例如文件 file1 长度为 2500 字节，存放在连续分块的磁带上，每块大小设为 512 字节，这样它要占用 5 块。设首块编号是 11，file1 在带上的存放形式如图 4.1 所示。

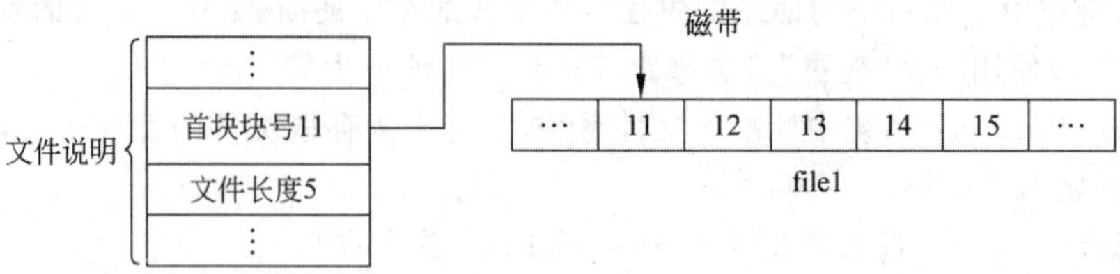


图 4.1　顺序文件

顺序文件的优点是在顺序存取时速度较快，常用于存放系统文件，如操作系统文件、编译程序文件和其他由系统提供的实用程序文件。因为这类文件往往被从头至尾依次存取。

顺序文件存在如下缺点。①要求建立文件时就确定它的长度，依此来分配相应的存储空间，这往往很难实现。②它不便于文件的动态扩充。在实际计算时，作为输出结果的文件往往随执行过程不断增加新内容。当该文件需要扩大空间而其后的存储单元已被别的文件占用时，就必须另外寻找一个足够大的空间，把原空间中的内容和新加入的内容复制进去。这种文件的“大搬家”是很费时的。③可能出现外部碎片，就是在存储介质上存在很多空闲块，但它们都不连续，无法被顺序文件使用，造成浪费。

**2. 链接文件**

为克服顺序文件的缺点，可把一个逻辑上连续的文件分散地存放在不同的物理块中，这些物理块既不要求连续，也不必规则排列。为了使系统能找到下一个逻辑块所在的物理块，可在各物理块中设立一个指针(称为连接字)，它指示该文件的下一个物理块，如图 4.2 所示。文件 A 在逻辑上有 3 块：0～2 块；而对应的物理块号却是 90、65 和 71，最后一块的连接字为 NULL，表示该块是文件结尾，即没有后继块。

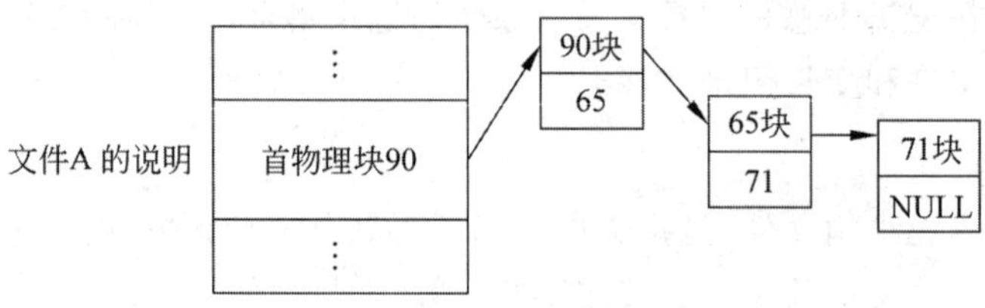


图 4.2　链接文件

链接文件克服了顺序文件的缺点，但又带来了新的问题。

① 一般仅适于对信息的顺序访问，而不利于对文件的随机存取。例如，为了存取逻辑块号 2 中的信息，必须从头向后顺次检索，通过 65＃块的连接字才能知道所需的物理块号。

② 每个物理块上增加了一个连接字，为信息管理添加了一些麻烦。

**3. 索引文件**

索引文件是实现非连续分配的另一种方案：系统为每个文件建立一个索引表，其中的表项指出存放该文件的各个物理块号，而整个索引表由文件说明项指出，如图 4.3 所示。

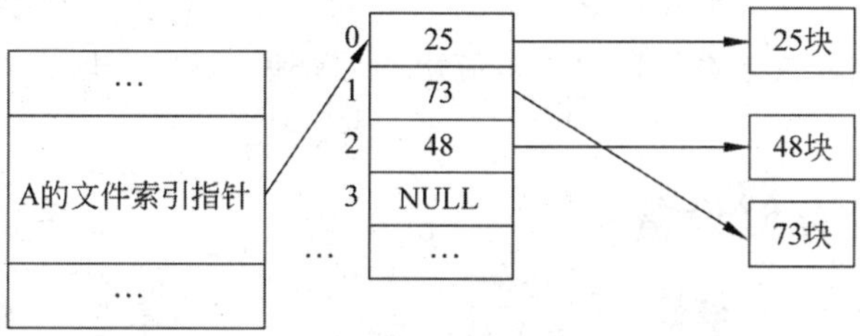


图 4.3　索引文件

这种结构除了具备链接文件的优点之外，还克服了它的缺点，它可以方便地进行随机存取。但是这种组织形式需要增加索引表，增加了空间开销。如果索引表仅放在磁盘上，那么在存取文件时首先得取出索引表，然后才能查表、得到物理块号，这样就至少增加了一次访盘操作，从而降低了存取文件的速度，加重了 I/O 负担。一种改进办法是把索引表部分或全部放入内存，这是以内存空间为代价来换取存取速度的改善。

**4. 多级索引文件**

当文件很大时，不仅存放文件信息需要大量盘块，而且相应的索引表也必然很大。例如，若盘块大小为 1KB，那么长度为 100KB 的文件就需要 100 个盘块，索引表至少包含 100 项；若文件大小为 1000KB，则相应索引表项要有 1000 项。设盘块号用 4B 表示，上述第二种情况下，索引表就至少占用 4000B(约 4KB)。很显然，在这种情况下把索引表整个放在内存是不合适的，而且不同文件的大小不同，文件在使用过程中很可能需要扩充空间。单一索引表结构已无法满足灵活性和节省内存的需要，为此人们提出多重索引结构(又称多级索引结构)。在这种结构中采用了间接索引方式，即：由最初索引项中得到某一盘块号，该块中存放的信息是另一组盘块号；而后者每一块中又可存放下一组盘块号(或者是文件本身信息)。这样间接几级(通常为 1～3 级)，最末尾的盘块中存放的信息一定是文件内容。

这种方法具有一般索引文件的优点，但也存在着间接索引需要多次访问磁盘而影响速度的缺点。

## 4.2.3　文件的存取方式

**1. 顺序存取方式**

顺序存取方式是指从文件开始处顺序读取文件中所有字节或者记录，不能够跳过某些内容，也不能够非顺序读取，即按照逻辑顺序依次存取文件中的内容。这种存取方式最为简单，在早期主要以纸带、磁带为存储介质的计算机系统中，用这种顺序存取方法是非常方便的。但这种方法缺点也很明显，不能随意造访任意地方。

**2. 随机存取方式**

随机存取也称为直接存取，它是基于当前最常用的存储介质——磁盘的存取模式。随机存取是根据需要任意存取文件中的任何块或记录，先对文件进行选点(seek)，到达指定位置再开始读写。这种方式是把文件视为带有编号的块或记录，每块的大小通常是一样的，它们被操作系统作为最小的定位单位。每块大小可以是 1 个字节、512 字节、1024 字节或其他数值，这取决于系统。对许多应用程序来说，随机存取文件是必不可少的，如数据库系统。

## 4.2.4 文件的存储设备

**1. 顺序存取设备——磁带**

磁带是一种典型的顺序存储设备，数据以块的形式存放，只有在前面物理块被存取访问之后，才能存取后续的物理块，块与块之间用间隙分开，这个间隙用于控制磁带机以正常速度读取数据，在读完一块数据后自动停滞。显然，间隙间的数据块越大，读/写速度越快。所以，每块一般要包含一条以上的记录。磁带中的每个物理记录都有一个唯一的标识号，即物理记录号。

磁带设备的数据传送率主要取决于信息密度(字符数/in)、磁带带速(in/s)和块间间隙。如果从磁带上随机存取一条记录或一个物理块，若该块离磁头当前位置太远，则系统将花费很长的时间移动磁头，即花大量时间在寻找记录上，一旦找到记录块后，真正读取数据的时间却很短。一般读取块记录时间是整个存取时间的一半，因此，磁带设备不适合随机存取，最适合顺序存取文件。

**2. 随机存取设备——磁盘**

磁盘是一种可直接存取(按地址存取)的存储设备，它把信息记录在盘片上，每个盘片有正反两面。硬盘是将若干张盘片固定在一根轴上组成一个盘组，沿一个方向高速旋转。磁盘每个盘面有一个读/写磁头，所有的读/写磁头都被固定在唯一的移动臂上同时移动，如图 4.4 所示。

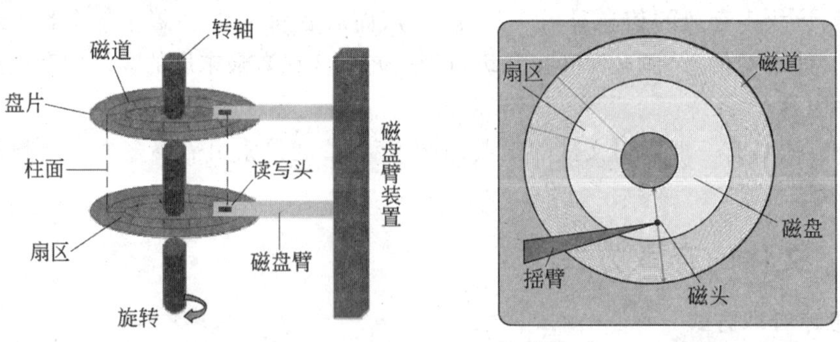


图 4.4 磁盘的结构

把所有的读/写磁头按从上到下顺序编号，此号称为磁头号。每个盘面上有多个磁道，各个盘面对应磁头位置的磁道在同一个圆柱面上，这些磁道组成了一个柱面。每个盘面上的许多磁道，形成不同的柱面。由外向里把盘面上磁道的编号作为柱面号。移动臂通过移动读/写磁头，当磁头移动到某一位置时，所有的读/写磁头都在同一柱面上访问所有磁道。另外，每个盘面又被划分成相等的扇区，每个扇区将各个磁道分成相等的小段，叫磁盘块，每个块上存放相等字节数的信息（如每个盘块放 512B 或 1024B）。

决定磁盘性能的因素很多，包括容量、转速、缓存、磁头数（磁密度）、平均访问时间和传输速率。而磁盘访问速度主要受寻道时间、旋转延迟时间和读写时间的影响，其中寻道时间影响最大。因此提高磁盘读写效率关键在于如何缩短寻道时间。

### 4.2.5　文件结构、存取设备与存取方式的关系

文件的物理结构，必须适应文件的存储设备，而不同的存储设备的特性，又决定了其上文件的存储方式。

随机存取是任意存取文件中的某一部分。对于存储在顺序存取介质上的文件，只能采用顺序存取，如磁带文件；而存储在直接存取介质上的文件既可顺序存取也可随机存取，根据文件的组织形式及用户需求而定，如磁盘文件。

## 4.3　文件目录管理

### 4.3.1　文件目录的概念

为实现"按名存取"，必须建立文件名与外存空间中的物理地址的对应关系，体现这种对应关系的数据结构称为文件目录。把若干文件目录组织在一起，以文件的形式保存在外存上，以备后用，这就形成了目录文件。

**1. 文件控制块**

每一个文件在文件目录中登记一项，作为文件系统建立和维护文件的清单。每个文件的文件目录项又称文件控制块（File Control Block，FCB）。FCB 一般应该包括以下内容。

(1) 有关文件存取控制的信息：如文件名、用户名、文件主存取权限、授权者存取权限、文件类型和文件属性，即读写文件、执行文件、只读文件等。

(2) 有关文件结构的信息：文件的逻辑结构，如记录类型、记录个数、记录长度、成组因子数等；文件的物理结构，如文件所在设备名，文件物理结构类型，记录存放在外存的相对位置或文件第一块的物理块号，也可指出文件索引的所在位置等。

(3) 有关文件使用的信息：已打开该文件的进程数、文件被修改的情况、文件最大和当前大小等。

(4) 有关文件管理的信息：如文件建立日期、文件最近修改日期、文件访问日期、文件保留期限、记账信息等。

每当建立一个新文件时，系统就要为它设立一个 FCB，其中记录了这个文件的所有属性信息。多个文件的 FCB 便组成了文件目录，文件目录也用文件形式保存起来，这个文件就是目录文件。当用户要求存取某个文件时，系统查找目录文件，先找到相对应的文

件目录，然后，比较文件名就可找到所寻文件的文件控制块(FCB)(文件目录项)，再通过FCB指出的文件的文件信息相对位置或文件信息首块物理位置等就能依次存取文件信息。

但这样组织的文件控制块，在每个盘块上所能存放的FCB个数太少，当查找文件时，主要用的是文件名，文件的其他属性要到对文件实施具体操作时才能用到，所以，为了找到一个文件，往往要读几个盘块。如每个FCB占32个字节，一个512字节的盘块，只能放16个FCB，若系统中有7个盘块存放FCB，则查找一个文件平均要读3.5个盘块。

**2. 索引节点**

为了减少检索文件访问的物理块数，UNIX文件系统把文件目录项中的文件名和其他管理信息分开，后者单独组成定长的一个数据结构，称为**索引节点**(i-node或inode，也称i节点)，该索引节点的编号称索引号。在文件目录项中仅留14个字节的文件名和两个字节的i节点指针。这样，一个物理块可存放32个文件目录项，系统把由文件目录项组成的目录文件与普通文件一样对待，存储在文件存储器中。

文件存储器上的每一个文件，都有一个外存文件控制块(又称外存索引节点)i节点与之对应，这些i节点被集中放在文件存储器上的i节点区。文件控制块i节点对于文件的作用，犹如进程控制块(PCB)对于每个进程的作用，集中了这个文件的属性及有关信息，找到了i节点，就获得了它所对应的文件的一切必要信息。

外存i节点记录了一个文件的属性和有关信息。在对某一文件的访问过程中，会频繁地涉及它，不断在内、外存之间引用它，系统消耗很大。因此，在系统占用的内存区中开辟一张表——内存i节点表(又称活动文件控制块表或活动i节点表)，该表共有100个表目，每个表目称为一个内存i节点。当需要使用某文件的信息，而在内存i节点表中找不到其相应的i节点时，就申请一个内存i节点，把外存i节点的内容复制到这个内存i节点中，随之就使用这个内存i节点来控制文件的读写。通常，在最后一个用户关闭此文件后，内存i节点的内容被写到外存i节点中，然后，释放内存i节点以供它用。

把文件控制块的内容与索引节点分开，不仅加快了目录检索速度，而且，便于实现文件共享，有利于系统的控制和管理。

## 4.3.2 文件目录的结构

这里主要从逻辑角度即用户角度来讨论目录结构。根据目录的结构，可以将目录分为单级目录、二级目录、树形目录、无环结构目录、图状结构目录等。

**1. 单级目录**

单级目录最为简单(图4.5)，在整个文件系统中仅建立和维护一张总的目录表，系统上的所有文件都在该表中占有一项。当存取文件时，用户只要给出文件名，系统通过查找这个目录表，找到文件名相对应的项就可获得该文件的属性信息。在通过访问权限验证后，就可以根据目录项中提供的文件物理地址对文件实施存取操作。在建

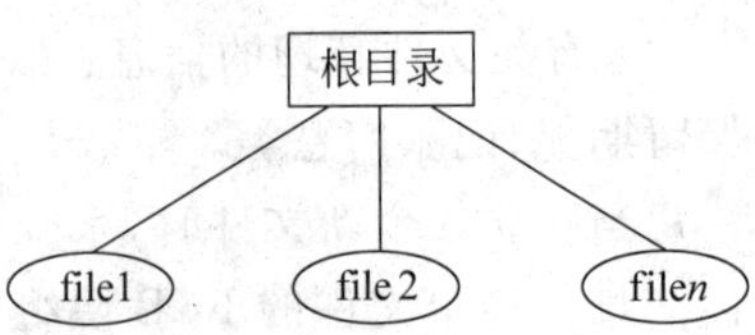

图4.5 单级目录

立文件时，只要在目录表中申请一个空闲项，并填入文件名及其相关属性信息即可。同样，在删除文件时，只要把相应的目录项标记为空闲项，并回收空间即可。

这种单级目录的主要优点是实现简单，但是存在明显的缺点。

(1) 不允许文件重名。单级目录下的文件，不允许和另一个文件有相同的名字。但是对于多用户系统来说，这又是很难避免的。即使是单用户环境，当文件数量很大时，也很难弄清到底有哪些文件，这就导致文件系统极难管理。

(2) 文件查找速度慢。当系统中文件数目较多时，由于拥有大量的目录项，致使查找一个指定的目录项可能花费较长的时间。

**2. 二级目录**

二级目录可以解决文件重名，即把系统中的目录分为一个主目录表(Master File Directory，MFD)和多个次目录表(User File Directory，UFD)(图 4.6)。在多用户系统中，一般每个用户都拥有一个属于自己的次目录表(UFD)，而主目录表(MFD)则存储着各个 UFD 的信息，标明各个 UFD 的名称、物理位置等。

当使用文件时，用户必须给出用户名和文件名。系统根据用户名在主目录中找到该用户目录，再根据文件名在用户目录中找到文件的物理地址。因此，即使不同的用户给文件取了相同的名字，也不会造成混乱。当增加新用户时，系统为其建立一个用户目录。当删除用户时，则可撤销其目录。

这种目录结构基本上克服了单级目录的缺点，并具有以下优点。

(1) 提高了文件检索速度。这是因为指明了用户名，大大缩小了需要检索的文件数量。

(2) 部分地允许文件名重名。在不同的目录中，可以使用同一个文件名。

二级目录也有其缺点，如对同一用户，也不能有两个同名的文件存在。

**3. 树形目录**

树形目录(也叫多级目录)是二级目录的推广(图 4.7)。为了更好地反映系统中众多文件的不同用途，也为了方便查找文件，可以把二级目录加以推广，而形成多级层次目录。在树形目录中，有一个根目录和许多分目录。分目录不但可以包含文件，而且还可以包含下一级的分目录。这样依次推广下去就形成了多级层次目录。

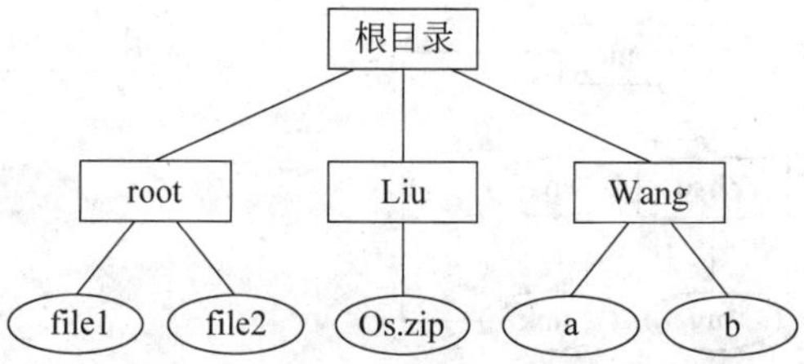


图 4.6　二级目录

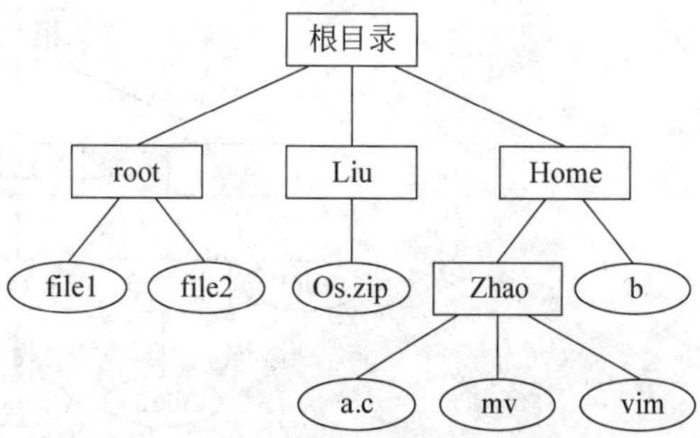


图 4.7　树形目录

多级目录具有以下优点。

(1) 既可方便用户查找文件,又可以把不同类型和不同用途的文件分类。

(2) 允许文件重名。不但不同用户可以使用相同名称的文件,同一用户也可使用相同名称的文件。

(3) 利用树形结构关系,可以更方便地制定保护文件的存取权限,有利于文件的保护。

树形目录也有其缺点,如不能直接支持文件或目录的共享。

**4. 无环结构目录**

无环结构目录是多级目录的推广。多级层次目录不直接支持文件或目录的共享。为了使文件或目录可以被不同的目录所共享,可以把多级目录的层次关系加以推广,形成无环结构目录。在无环结构目录中,不同的目录可以共享一个文件或目录,而不是各自拥有文件或目录的副本。

无环结构目录比树形目录更灵活,如图 4.8 所示,可以实现不同用户共享同一个文件,但实现比较复杂。在无环结构目录中,有些问题需要仔细考虑。例如,一个文件可以有多个绝对路径名,也就是不同的文件名可以指向同一个文件。只有当指向同一文件的所有链接都被删除时文件才会被真正从磁盘上清除。当需要遍历整个文件系统而不希望多次访问共享文件时,问题也比较复杂。

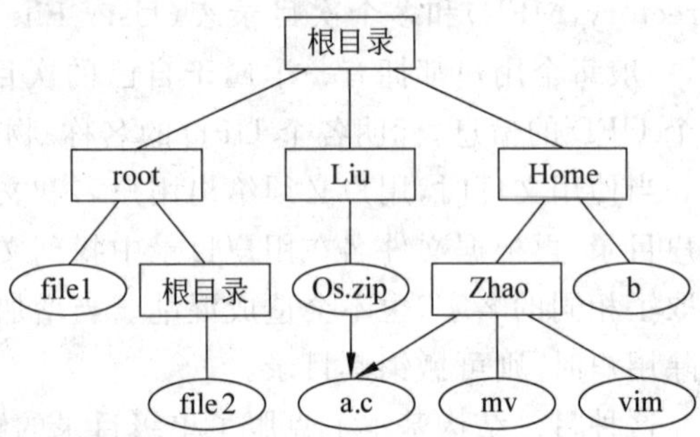


图 4.8 无环结构目录

**5. 图状结构目录**

图状结构目录是在无环结构目录的基础上形成的一种目录(见图 4.9)。无环结构目录存在的一个问题是要保证目录结构中没有环。如果有环,就会形成图状结构。在图状结构目录中通过 link 文件实现文件共享。当 Zhao 目录要共享 Home 目录时,只需在 Zhao 目录下创建一个 link 文件,该文件包含指向 Home 目录的指针即可。

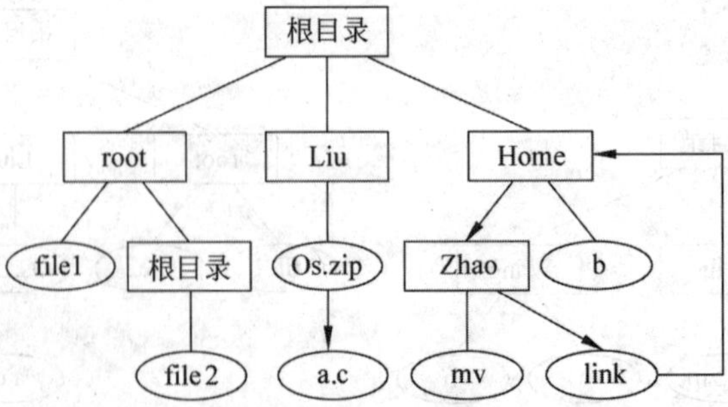


图 4.9 图状结构目录

### 4.3.3 相对路径和绝对路径

在图 4.7 中,文件名"/home/zhao/a.c"包括从根目录开始的一个完全路径,因此称为绝对路径。绝对路径是从根目录的视角看,一个文件的访问路径。与此相对的是相对路径,即从某个工作目录,如用户当前所处的目录的角度看某一文件的访问路径。例如,如果我们已经在目录"/home/zhao"下,则只需要给出文件名 a.c 即可访问该文件。

使用相对路径的优点是没有必要遍历整个目录,可以节省磁盘的访问次数,从而提高文件访问效率。如前面的例子,从根目录开始要 3 次磁盘访问才能得到文件 a.c 的内容;但如果在工作目录"/home/zhao"下直接给出文件名 a.c,则只需要进行一次磁盘访问即可。因为当前目录的内容是已经打开的,即已经加载到内存,无须磁盘访问即可查看当前目录内容,发现 a.c 的文件及其对应的磁盘地址,只需要按照该地址对磁盘进行一次访问即可获得 a.c 的内容。

值得注意的是,相对路径不一定总是比绝对路径节省磁盘访问次数。如果要访问的文件是当前这个目录的"直系后代",则将节省磁盘访问次数;否则,就有可能多费时间。例如还在图 4.7 的树形结构目录中,如果当前路径是"/home/zhao",则使用相对路径访问 a.c 将节省磁盘访问次数,而如果访问 file1 则要比绝对路径更费时间。这一点从文件 file1 的相对和绝对路径名就可以看出。

(1) 文件 file1 的相对路径名:"../../root/file1"。

(2) 文件 file1 的绝对路径名:"/root/file1"。

## 4.4 文件存储空间管理

文件管理的主要功能之一是如何在外部存储介质上为创建文件而分配空间、为删除文件而回收空间以及对空闲空间的管理。磁盘可以随机存取的特性非常适合文件系统的实现,因此磁盘是最常用的文件外部存储介质。这里主要讨论两个问题:一是磁盘空闲空间的分配,二是磁盘空闲空间的有效管理。

### 4.4.1 磁盘空闲空间分配策略

在大多数情况下,许多文件是存放在同一个磁盘上的。此时,如何为这些文件合理分配空间,使得在有效利用磁盘空间的同时,可以快速地存取文件呢?常用的磁盘空间分配策略主要包括连续空间分配、链接空间分配、索引空间分配等。每种策略都有各自的优缺点。一般情况下,一个文件系统只采用一种策略。

**1. 连续空间分配**

连续空间分配是最简单的磁盘空间分配策略,如图 4.10 所示。每一个文件都占据了一个完整且连续的磁盘区域。对于这样的文件,由于空间的连续性,当访问下一个磁盘块时,通常无须移动磁头,而只有当磁头从一个磁道的最后一个块移向下一个磁道的第一个块时,才需要移动磁头。因此这种分配策略的磁头移动次数最少。对于这类文件,目录通常只需包括文件名、文件块的起始地址和文件长度。

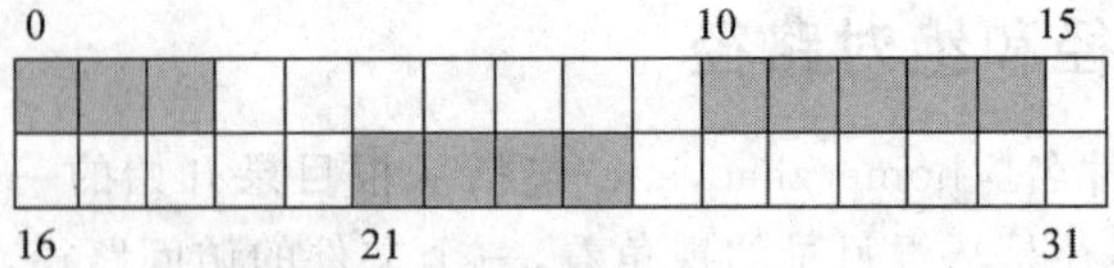

| 目录 | | |
|---|---|---|
| 文件名 | 起始地址 | 长度 |
| a.txr | 0 | 3 |
| b.c | 10 | 5 |
| d.doc | 21 | 4 |

图 4.10 连续空间分配

这种分配策略的优点是实现简单,存取速度快。只要该文件是连续存放的,根据第一个块号和块数就可以确定该文件在外部存储介质上的位置。缺点是文件长度不易动态增加,因为一个文件的末尾处之后的空闲块可能已经分配给别的文件,一旦需要增加,就需要大量地改动。另外,反复增删以后,存储设备中便会产生类似于内存分配中出现的碎片问题,因而只适用于长度固定的文件。

**2. 链接空间分配**

链接空间分配如图 4.11 所示。每一个文件都有一张相应的磁盘块的链表。这些磁盘块可以分散在磁盘的任何地方,除了最后一个磁盘块外,每一个磁盘块都有一个指针指向下一个磁盘块。这些指针对用户是透明的。对于采用链接空间分配的文件,目录项通常只需包括文件名、文件的开始块和结束块。

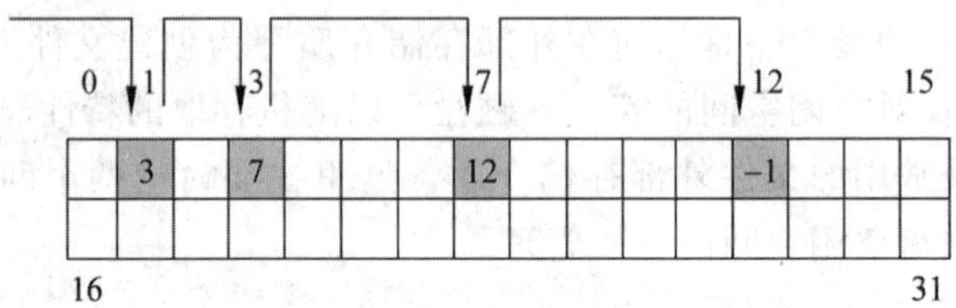

| 目录 | | |
|---|---|---|
| 文件名 | 起始地址 | 结束地址 |
| try.cpp | 1 | 12 |

图 4.11 链接空间分配

这种分配策略的优点是没有外部碎片,每一个空闲块都可以用来分配。并且只要有空闲块的存在,一个文件就可以任意地增长而没有其他的限制;缺点是只有在顺序访问时,链接空间分配策略才是高效的。否则,为了访问文件的第 $i$ 块,必须从第一块开始访问,然后根据指针访问下一块,直到找到第 $i$ 块。每一次都需要读写磁盘,有时还需要移动磁头来寻道,这大大影响了磁盘读写速度。另一个缺点是必须给指针分配空间。

**3. 索引空间分配**

索引空间分配策略如图 4.12 所示。每一个文件都有一个索引块。这个索引块就是一个表,每一个表项存放文件所占有的单个磁盘块的地址。表的第 $i$ 项就是指向文件的第 $i$ 个磁盘块。对于这类文件,目录的每一项可包括文件名和文件索引块的地址。

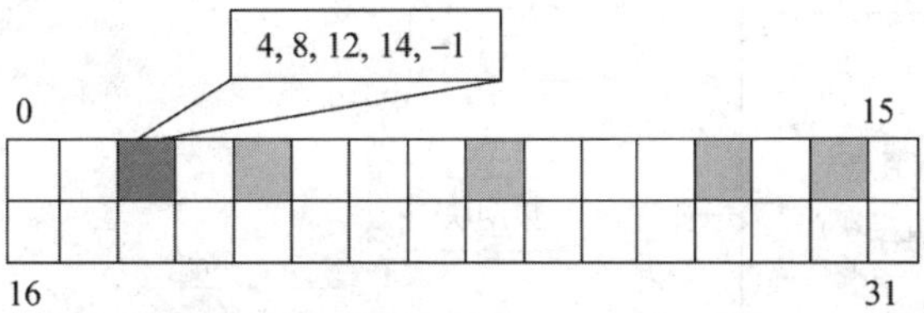


| 目录 | |
|---|---|
| 文件名 | 索引地址 |
| sum.asm | 2 |

图 4.12　索引空间分配

这种分配策略不但避免了连续空间分配存在的外部碎片问题和文件长度受限制的问题,而且还支持对任何一个文件块的直接访问。其缺点是由于索引块的分配增加了系统存储空间的开销。

对于索引空间分配策略,索引块的大小选择是一个很重要的问题。为了节约磁盘空间,希望索引块越小越好。但索引块太小无法支持大文件。所以要采用一些技术来解决这个问题,例如可以采用多级索引技术。

另外,存取文件需要两次访问外存——首先要读取索引块的内容,然后再访问具体的磁盘块,因而降低了文件的存取速度。为了克服这个缺点,通常在读取文件之前,先将磁盘上的索引块读入并保存在内存缓冲区中,以便加快文件访问速度。

**4. 组合空间分配**

组合空间分配是多种分配策略的组合,应用于 UNIX/Linux 中,如图 4.13 所示。每个文件都有一个对应的 i 节点(inode),其中可以有 13 个指针用于空间分配。前 10 个指针指向可以直接访问的磁盘块。这样对一般的小文件来说,一个索引块就足够用了。剩下的 3 个指针指向间接块,即不包含文件数据的块。第一个指针指向一级间接块。一级间接块也是索引块,包含的不是数据,而是指向数据块的指针。类似地,第二个指针指向二级间接块,其中包含指向一级间接块的指针。第三个指针指向的是三级间接块。对于这类文件,目录项只需包括文件名和 i 节点号。

图的左部是文件控制块(又称 i 节点),其中含有文件的各种属性信息。一个打开文件的 i 节点放在系统内存区。与文件物理位置有关的索引信息是 i 节点的一个组成部分,它是由 13 项整数构成的数组,其中放有盘块号,前 10 项为直接索引,以下依次为一次间接、二次间接和三次间接索引。直接索引项所对应的盘块中放有该文件的数据,这种盘块称为直接块。而一次间接项所对应的盘块(间接块)中放有直接索引块的块号表。为了通过间接块存取文件数据,核心必须先读出间接块,找到相应的直接索引块项,然后从直接

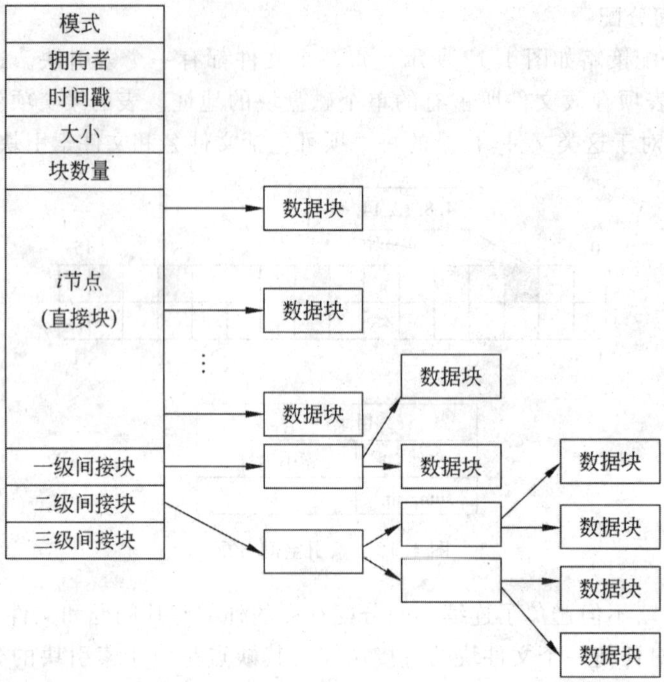


图 4.13 组合空间分配

块中读取数据。二次间接项所对应盘块中放有一次间接块号表，三次间接项所对应的盘块中放有二次间接块号表。

对于一般文件来说，其大小多数在 10 块之内，可以利用直接项立即得到存放数据的盘块号，因而存取文件的速度较快。对于大于 10 块的较大型的文件来说，可以对 10 块以上的部分采用一次间接(它至多可以放 256 个盘块号)；如仍旧放不下，则接着采用二次间接(它至多可以放 $256^2$ 个盘块号)；对巨型文件来说，可能用到三次间接(它至多可以放 $256^3$ 个盘块号)。

这种分配策略的优点是不但具有以上多种分配策略的所有优点，而且非常灵活。但也存在着间接索引需要多次访问磁盘而影响速度的缺点。

## 4.4.2 空闲空间管理

要合理组织磁盘空间的分配和回收，就要求文件系统随时掌握磁盘空间的分配情况，以便随时分配给新的文件或目录。为了记录空闲磁盘空间，系统通常维持一个空闲空间表。这个表记录了所有的空闲块，也就是那些尚未分配给文件或目录的块。空闲空间表的实现方法有很多种，下面讨论几种常用的实现方法。

### 1. 空闲表法

1) 空闲表

空闲表法属于连续分配方式，它与内存的动态分配方式相似，它为每个文件分配一块连续的存储空间。系统为外存上的所有空闲区建立一张空闲表，每个空闲区对应于一个空闲表项，其中包括表项序号、该空闲区的第一个盘块号、该区的空闲盘块数等信息，再将所有的空闲区按其起始盘块号递增的次序排列。

2）存储空间的分配与回收

空闲盘区的分配与内存的动态分配类似，同样可采用首次适应算法、循环首次适应算法等。例如，在系统为某新创建的文件分配空闲盘块时，先顺序地检索空闲表的各表项，直至找到第一个大小能满足要求的空闲区，将该盘区分配给用户（进程），同时修改空闲表。系统在对用户所释放的存储空间进行回收时，也采取类似于内存回收的方法，即要考虑回收区是否与空闲表中插入点的前区和后区相邻接，对相邻接者应予以合并。

应该说明，在内存分配上，虽然很少采用连续分配方式，然而在外存的管理中，由于它具有较高的分配速度，可减少访问磁盘的 I/O 频率，因此它在诸多分配方式中仍然占有一席之地。例如，在对换方式中，对于对换空间，一般都采用连续分配方式。对于文件系统，当文件较小（1～4 个盘块）时，仍采用连续分配方式，为文件分配几个相邻接的盘块；当文件较大时，便采用离散分配方式。

**2. 空闲链表法**

空闲链表法是将所有空闲盘区拉成一条空闲链表。根据构成链所用基本元素的不同，可把链表分成两种形式：空闲盘块链和空闲盘区链。

（1）空闲盘块链：这是将磁盘上的所有空闲空间，以盘块为单位拉成一条链。当用户因创建文件而请求分配存储空间时，系统从链首开始，依次摘下适当数目的空闲盘块分配给用户。当用户因删除文件而释放存储空间时，系统将回收的盘块依次插入空闲盘块链的末尾。这种方法的优点是分配和回收一个盘块的过程非常简单，但在为一个文件分配盘块时，可能要多次重复操作。

（2）空闲盘区链：这是将磁盘上的所有空闲盘区（每个盘区可包含若干个盘块）拉成一条链。在每个盘区上除含有用于指示下一个空闲盘区的指针外，还应有能指明本盘区大小（盘块数）的信息。分配盘区的方法与内存的动态分区分配类似，通常采用首次适应算法。在回收盘区时，同样也要将回收区与相邻接的空闲盘区相合并。在采用首次适应算法时，为了提高对空闲盘区的检索速度，可以采用显式链接方法，亦即，在内存中为空闲盘区建立一张链表。

空闲块链表是通过链表来实现的，它把磁盘上的所有的空闲块链接在一起。当系统需要给文件分配存储空间时，分配程序从空闲块链表的链首摘取所需的若干块，链首指针相应后移。与此相反，当删除文件回收空闲块时，则把释放的空闲块添加到空闲块链的链尾上。空闲块链表的实现方法因系统而异。图 4.14 表示了磁盘空闲空间用块链表形式表示的情况。这个方法的优点是内存消耗少，缺点是空闲空间表遍历的效率低。

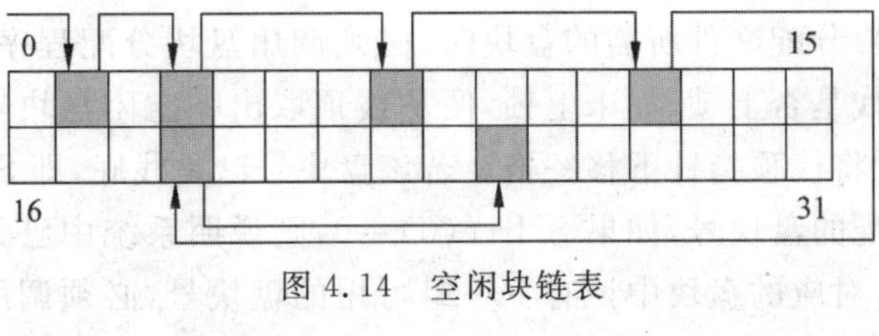


图 4.14　空闲块链表

### 3. 位示图法

空闲空间表可由位图或位矢量的方法来实现。每一个磁盘块由1位(bit)来表示。如果该磁盘块是空闲的,这个位就置0;否则,就置1。图4.15显示了一个磁盘的位图,其中第2、4、5、10、11、12、13、14、15、22、23、24、25、26、27、28等块为已分配的,其他的块为空闲的。

| 00101100 00111111 00000011 11111000 |
|---|

图4.15 位图

这个方法的主要优点是:简单,寻找空闲块或寻找$n$个连续的空闲块很有效;很多处理器支持一些位操作指令,可实现高速物理块的分配与回收。缺点是要把整个位图都装入内存,对大磁盘来说,这是很耗费内存的。

### 4. 成组链接法

空闲表法和空闲链表法都不适用于大型文件系统,因为这会使空闲表或空闲链表太长。成组链接法是将上述两种方法相结合而形成的一种空闲盘块管理方法,它兼备了上述两种方法的优点而克服了它们表太长的缺点。

1) 空闲盘块的组织

空闲盘块的组织过程如下。

(1) 设置空闲盘块号栈。用来存放当前可用的一组空闲盘块的盘块号(最多含100个号),以及栈中尚有的空闲盘块号数$N$。顺便指出,$N$还兼作栈顶指针用。例如,当$N=100$时,它指向S.free(99)。由于栈是临界资源,每次只允许一个进程去访问,因此系统为栈设置了一把锁。图4.16左部示出了空闲盘块号栈的结构。其中,S.free(0)是栈底,栈满时的栈顶为S.free(99)。

(2) 文件区中的所有空闲盘块,被分成若干个组,将每100个盘块作为一组。假定盘上共有10 000个盘块,每块大小为1KB,其中第201~9999号盘块用于存放文件,即倒数第二组的盘块号为301~400,最后一组为201~300,如图4.16右部所示。

(3) 将每一组含有的盘块总数$N$和该组所有的盘块号记入其前一组的第一个盘块中,这样,由各组的第一个盘块可链成一条链。

(4) 将最后一组的盘块总数和所有的盘块号,记入空闲盘块号栈中,作为当前可供分配的空闲盘块号。

(5) 第一组只有99个盘块,其盘块号分别记入其前一组的S.free(1)~S.free(99)中,而在S.free(0)中则存放"0",作为空闲盘块链的结束标志。

2) 空闲盘块的分配与回收

当系统要为用户分配文件所需的盘块时,必须调用盘块分配程序来完成。该程序首先检查空闲盘块号栈是否上锁,如未上锁,便从栈顶取出一空闲盘块号,将与之对应的盘块分配给用户,然后将栈顶指针下移一格。若该盘块号已是栈底,即S.free(0),这是当前栈中最后一个可分配的盘块号,如果S.free(0)=0,则说明系统中已无可供分配的盘块;否则,在该盘块号所对应的盘块中记有下一组可用的盘块号,必须调用磁盘读过程,将栈

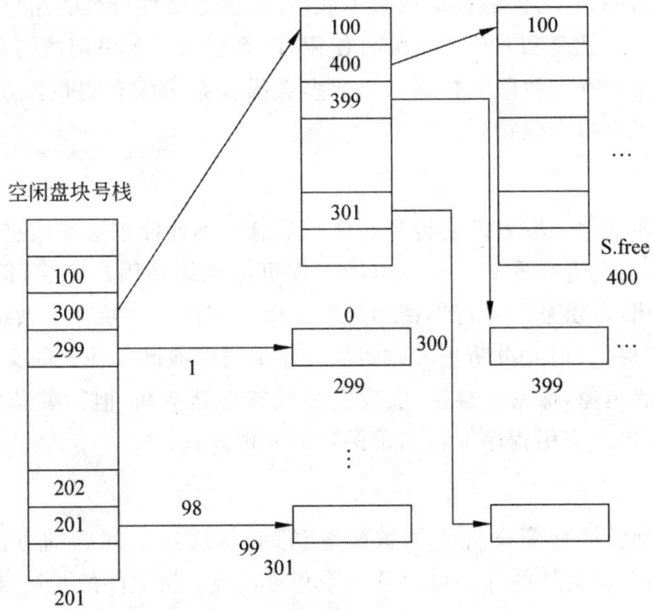


图 4.16　成组链接法示意

底盘块号所对应盘块的内容读入栈中,作为新的盘块号栈的内容,并把原栈底对应的盘块分配出去(其中的有用数据已读入栈中)。然后,再分配一相应的缓冲区(作为该盘块的缓冲区)。最后,把栈中的空闲盘块数减 1 并返回。在系统回收空闲盘块时,必须调用盘块回收过程进行回收。它是将回收盘块的盘块号记入空闲盘块号栈的顶部,并执行空闲盘块数加 1 的操作。当栈中空闲盘块号数已达 100 时,表示栈已满,便将现有栈中的 100 个盘块号,记入新回收的盘块中,再将其盘块号作为新栈底。

## 4.5 文件保护

系统中的软件资源最终都是以文件的形式存放在外存,因此,很多恶意程序和非法入侵的目标都集中在文件上,因此文件系统的安全性显得至关重要。为了保证文件系统安全可靠,应根据用户对文件的不同要求,采取相应的保护措施。

### 4.5.1 文件访问保护

要防止系统中的文件被他人窃取、破坏,以及在共享过程中对文件进行未授权的操作,就必须对文件采取有效的保护。

**1. 口令**

实施文件保护的一种方法是采用"口令"。用户建立一个文件时即提供一个口令,系统为其建立文件控制块时附上相应口令,同时将口令告诉其允许共享该文件的其他用户。用户请求访问文件时必须提供相应口令,仅当口令正确才能打开文件进行访问。这种方法简单易行,且"时空"开销不多。缺点是口令直接存在系统内,不诚实的系统程序员可能得到全部口令。另外，对文件的存取权限不能控制，得知文件口令的用户均具有与文件主相同的存取权限。因此要和其他方法配合使用，即系统用口令识别访问文件的用户，而用其他方法实现对文件存取权限的控制。当前多数操作系统没有提供此功能，而改由访问文件的应用程序提供口令保护。

**2. 加密**

对文件加密使文件窃取者即使得到文件的信息也不能使用这些信息。在文件写入时进行保密编码，读出时进行译码。这一编译工作可由系统替用户完成，但用户请求读/写文件时需提供密钥，以供系统进行加密和解密。由于密钥不直接存入系统，只在用户请求读/写文件时动态提供，因此可防止不诚实的程序员窃取或破坏他人的文件。

密码技术发展迅速，保密性很强，实现也很节省存储空间，但需要花费较长的编译时间。目前，也有直接由应用程序提供加密保护的实现方式。

**3. 访问控制**

文件系统必须保证任意文件不能被随意访问，解决这个问题的方法就是访问控制(Access Control)。对文件的保护可以从两个角度出发：从文件的角度和从用户的角度。从文件的角度实施将访问控制附在每个个体文件上；从用户角度出发则将访问控制附在用户身上。

1) 访问控制表

在访问控制表这种存储技术中，从文件的角度出发，每个文件上被赋予一张排序的列表，其中列出了可以访问该对象的所有域，以及如何进行访问。在 Linux 操作系统中，这张表称为访问控制表(Access Control List，ACL)。可以把每个文件的 ACL 放在一个单独的磁盘块中，并在文件的 i 节点中包含这个磁盘块的块号。因为只存储了非空项，全部 ACL 所需的存储空间相对较少。

假设有四个用户(即 uid)——Jan、Els、Jelle 和 Maaike，它们分别属于用户组(即 gid) system、staff、student 和 stuation。文件的访问控制表如下。

File0：(Jan，*，rwx)

File1：(Jan，system，rwx)

File2：(Jan，*，rw-)，(Els，staff，rw-)，(Maaike，*，rw-)

File3：(*，student，r--)

File4：(Jelle，*，---)，(*，stuation，r--)

括号中的每个 ACL 项均指定了 uid、gid 以及对文件允许的访问(读、写、执行)。星号代表所有的 uid 或 gid。这个例子中，File0 可以被 uid 为 Jan 的人操作、gid 为任意值的进程读写和执行；File1 只能被 uid 为 Jan、gid 为 system 的进程访问。uid 为 Jan 而 gid 为 staff 的进程可以存取文件 File0，但无权访问 File1。File2 允许 uid 为 Jan、gid 为任意值的进程读写，此外，uid 为 Els 而 gid 为 staff 的进程，以及 uid 为 Maaike 而 gid 为任意值的进程都可以读取该文件。任意进程都能够读取 File3。File4 比较有趣，只要 uid 是 Jelle 的进程都无权访问 File4，但是，所有其他进程均可以读取它。利用 ACL，可以禁止特定的用户或用户组访问某个对象。

访问控制表的优点是容易理解和实现，对个体用户的权限赋予与取消也容易。缺点是每次访问一个文件都需要检索访问控制表，效率不高。

2) 访问权限表

当今大部分高级文件系统都对文件和目录设置权限，对用户进行权限审核，以阻止非法用户的访问。在这样的文件系统中，文件拥有者在创建文件的时候就可以设定本人及其他用户对该文件的访问权限。这些权限信息可存放在文件目录中，拥有者可以通过操作系统提供的命令随时进行修改。下面以 Linux 为例来具体说明文件与目录的权限设置。

在 Linux 中，所有的文件及目录都拥有自己的访问权限，来限制用户的访问，提高系统的安全性。每个文件及目录都有三个级别的权限：所有者级别(u)，组访问级别(g)，其他用户访问级别(o)。每个级别都有三个权限：读(r)，写(w)，执行(x)。例如：

```
#ls-la
-rwxrwxrwx    1    root root 6789    Nov 1 09:01 abc.c
drwxr-xr-x    2    root root 51      Nov 1 10:20 tool
```

abc.c 为一个文件，第一个 rwx 表示文件所有者(即文件属主)的权限为读写执行，第二个 rwx 表示同组用户的权限为读写执行，第三个 rwx 表示其他组用户的权限为读写执行。tool 为一个目录，第一个 rwx 表示目录所有者(即目录属主)的权限为读写执行，第二个 r-x 表示同组用户的权限为读执行；第三个 r-x 表示其他组用户的权限为读执行。可以用 1、0 来表示权限的设置与否：没有设置权限，用 0 表示；设置了权限(不管是 r、w 或 x)，用 1 表示。Linux 中习惯将其转换为八进制数，表示如下：

| | | | |
|---|---|---|---|
| 没有权限 | --- | 000 | 0 |
| 执行权限 | --x | 001 | 1 |
| 写权限 | -w- | 010 | 2 |
| 写执行权限 | -wx | 011 | 3 |
| 读权限 | r-- | 100 | 4 |
| 读执行权限 | r-x | 101 | 5 |
| 读写权限 | rw- | 110 | 6 |
| 读写执行 | rwx | 111 | 7 |

下面举例说明权限的设置。

```
#chmod u+rwx abc.c
```

设置 abc.c 文件属主的权限为 rwx。

```
#chmod g+rwx abc.c
```

设置 abc.c 文件同组用户的权限为 rwx。

```
#chmod o+rwx abc.c
```

设置其他组的用户对 abc.c 文件有读、写、执行权限。

这种设置等效于：

```
#chmod 777 abc.c
```

也等效于：

```
#chmod a+rwx abc.c (a表示所有用户)
```

再看一个例子：

```
#chmod 755 lpsed
```

等效于：

```
#chmod u+ rwx lpsed
```

或

```
#chmod g+r-x lpsed
```

或

```
#chmod o+r-x lpsed
```

表示所有的用户对文件 lpsed 都有读及执行权限，只有文件属主可以改变文件。即写权限。

通过对文件和目录的权限进行设置，用户可以共享相应权限的文件数据，不仅为不同用户完成共同任务提供了基础，而且还节省了大量的磁盘空间。

## 4.5.2 文件备份

为了增强系统存储文件的可靠性，保证文件数据可用，一般的方法是给重要文件准备多个副本。有两种形成文件副本的方法：一种是批量复制，即定时地进行文件备份；另一种是同步备份，即在生成或写文件的同时备份该文件。

**1. 批量备份**

批量备份又叫做批量转储，是将一批文件复制到后备存储器中。后备存储器可以是磁带，也可以是磁盘或光盘。目前常采用如下两种转储方法。

(1) 全量转储：把文件存储器中的全部文件定期(如每天一次)复制到后备存储器中。当系统出现故障或文件遭到破坏时，便可把最后一次转储内容从后备存储器复制回系统以恢复正常运行。这种方法浪费时间，在转储过程中要求停止使用任何文件。

(2) 增量转储：每隔一段时间便把上次转储以来改变过的文件和新文件用后备存储器转储。关键性的文件也可以再次转储。这能克服全量转储开销大的缺点，如果文件都是独立的，这种方法很实用，但如果文件之间有关联，用增量转储的方法对确保文件系统中各相关文件一致性有一定难度，使用转储文件恢复到系统某一点的文件系统状态有一定困难。如何较快地保证快速转储并且实现转储的原子性都是值得研究的课题。

文件转储方法不但可以保护文件，而且当系统出现病毒或人为数据破坏时，可用该办法恢复系统。全量和增量转储都可以由专门的实用程序来实现，不一定要操作系统内核程序支持。

**2. 同步备份**

上述两种文件转储方法在上一备份时刻后生成或写过的文件不可能被恢复,而且操作上很麻烦。为了防止因磁盘介质的损坏而引起文件破坏,可以采用同步备份的方法,主要的解决办法如下。

(1) 镜像盘支持:系统拥有一份完全相同的镜像盘,在对磁盘写操作的同时,对称地写其镜像盘,确保一个存储介质损坏时,另一个介质数据能用。

(2) 双机动态文件备份:上述镜像盘只能解决存储介质损坏问题,对计算机死机引起的文件系统破坏,它无能为力。双机动态文件备份是指有两台计算机进行文件写操作时完全对称地工作,保证一台机器出错时,另一台机器还可以接着往下工作。有了双机动态备份,加上双份盘就可以防止来自处理机和存储介质两方面损坏对文件系统引起的破坏。

无论是对于个人用户还是企业级用户,都需要文件系统提供良好的安全性支持,对其中存储的文件进行有效的保护,以防止非法用户通过不正当途径取得机密数据。在国防、科研、银行、医院等敏感部门,对数据的安全性要求尤为突出。因此,在文件系统特别是大型文件系统的设计过程中,严格的安全保密措施是必不可少的。当今的大型文件系统,例如 NTFS,主要采用两个措施来进行安全性保护:一是对文件和目录的权限进行设置,二是对文件和目录进行加密。

## 4.6 文件系统性能改善

访问磁盘要比访问内存慢得多,在内存中读取一个字往往只需要几十纳秒,而从硬盘上读取一个块则需要五十多毫秒,此外还需要加上 10～20ms 的寻道时间,然后再等待要读取的扇区移到读写头下面。如果只读一个字,内存访问要比磁盘快 100 000 倍。而磁盘由于自身结构的限制,其访问速度的提升是有限的。因此,许多文件系统在设计时都尽量减少磁盘的访问次数,采用合适的缓存、调度和提前读取的方法。

### 4.6.1 文件缓存

减少磁盘访问次数最常用的技术是块高速缓存(block cache 或者 buffer cache)。在这里,文件缓存是一些盘块,它们逻辑上属于磁盘,但基于性能的考虑而保存在内存中。

在管理文件缓存时,用到了不同的算法。一个常用算法是:检查所有的读请求,看看所需的块是否在文件缓存中。如果在,无须访问磁盘便可进行读操作。如果块不在文件缓存中,首先要把它读到文件缓存,再复制到所需的地方。之后,对该块的读写请求都通过文件缓存完成。

如果文件缓存已满,此时要调入新的块,需要把原来的某一块调出文件缓存。如果要调出的块自上次调入以后作过修改,则需要把它写回磁盘。这种情况与分页非常相似,因此,所有的分页算法,例如 FIFO 算法、LRU 算法等都适用于文件缓存。分页和文件缓存的不同之处在于,文件缓存引用相对要少,因此可以把所有块按精确的 LRU 顺序用链表链接起来。

这种方式需要由文件系统自己负责管理，即文件系统需要决定什么数据需要缓存，什么数据需要更换等。这样自然导致文件系统将变得复杂，但可以确保需要的数据总是存放在缓存中。

### 4.6.2 提前读取

提前读取就是在每次访问磁盘时，多读出一些数据来。因为按照局部性原理，用户刚刚访问过不久的数据可能会再次访问。因此可以提前读取后面的数据，待用户需要用到时直接从内存读取，提高文件访问效率。

由于磁盘访问的瓶颈是寻道和旋转延迟，而数据传输对其来说所占消耗量很小，这样读出一个数据块跟读出 10 个数据块所耗费的时间几乎没有区别，因此，提前读取的代价几乎为零。

当然，提前读只在用户对数据是顺序访问或者准顺序访问时效果才好，对于完全随机的访问效果不太显著。

### 4.6.3 减少磁臂移动

在使用 i 节点或者与 i 节点等价结构的系统中，另一个性能瓶颈在于，即使读取一个很短的文件也要访问两次磁盘：一次是读取 i 节点，另外一次是读取文件块。通常情况下，i 节点的放置如图 4.17(a)所示。图中，所有 i 节点都靠近磁盘开始位置，因此 i 节点和相应块之间的平均距离是柱面总数的一半，这需要很长的寻道延迟。一个简单的改进方法是把 i 节点放在磁盘中部。这时，在 i 节点和第一块之间的平均寻道时间减为原来的一半。

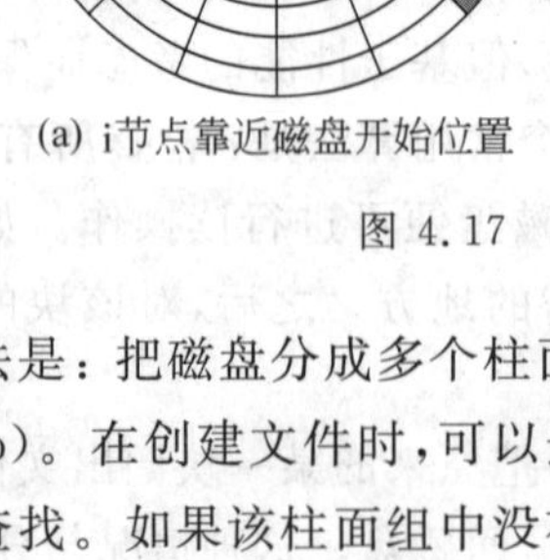

(a) i节点靠近磁盘开始位置

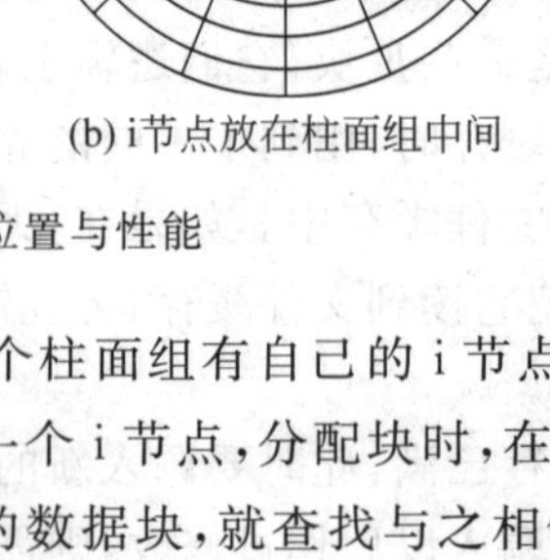

(b) i节点放在柱面组中间

图 4.17 i 节点的位置与性能

另一种想法是：把磁盘分成多个柱面组，每个柱面组有自己的 i 节点、数据块和空闲表，如图 4.17(b)。在创建文件时，可以选取任一个 i 节点，分配块时，在该 i 节点所在的柱面组上进行查找。如果该柱面组中没有空闲的数据块，就查找与之相邻的柱面组。这样 i 节点和数据块就放在一起，读取数据时不需要寻道，大大提高读取数据的速度。

### 4.6.4 日志结构的文件系统

技术的改进使得当前的文件系统面临着很大压力。特别地，CPU速度越来越快，磁盘容量不断增大，成本不断降低(但是访问速度没有很大的提高)，内存容量呈指数增长，然而有一个参数没有得到迅速改进，这就是磁盘寻道时间，所有这些因素结合在一起，表明在许多文件系统中正出现着一个瓶颈。Berkeley学院设计了一种全新的文件系统，即日志结构的文件系统(Log-structured File System，LFS)，试图减轻这个问题。

LFS设计的想法是：CPU越来越快，RAM越来越大，磁盘高速缓存的容量迅速增加。因此，无须访问磁盘，从文件系统的高速缓存中就可能满足所有读请求。将来大多数磁盘访问是写操作。在大多数文件系统中，写操作都是以小块为单位进行的，效率很差。因为在50μs的写磁盘之前，需要有10ms的寻道延迟和6ms的旋转延迟。由于后者的存在，使得磁盘效率还不足1%。

为了写文件，必须对目录的i节点、目录块、文件的i节点和文件本身执行写操作。尽管这些写操作可以延迟进行，但是延迟写在系统崩溃时，很容易使文件系统产生严重的一致性问题。因此，i节点一般都是立即写入的。

基于上述推理，LFS的设计人员希望即使在有大量小块随机写的情况下，也能获得磁盘的全部带宽。基本思想是把整个磁盘作为日志，所有写操作都存放在内存的缓冲区中，并定期地收集到一个单独的段中，作为日志尾部的相邻段写回磁盘。因此，每个段都含有i节点、目录块、数据块等，并且是它们的混合体。在每段起始位置还有一个摘要，给出了该段中的内容。如果段的平均长度为1MB，那么几乎所有的磁盘带宽都能利用。

在这一设计中，i节点依然存在，但是这些i节点并不放在磁盘的固定位置，而是分散在日志之中。一旦找到i节点，可以用通常的方法找到相应块。

LFS的工作方式是：所有写的数据开始时都存放在缓冲区中，并且定期地把这些缓冲区中的数据以一个段的形式写到磁盘中，放在日志的尾部。打开一个文件首先要在i节点映射表中查找该文件的i节点，一旦找到了i节点，也就知道了相应块的地址，所有的块也存放在段中，即日志的某个地方。

当日志占满整个磁盘，新段不能被写到日志中时，LFS中的一个清理工(cleaner)线程循环地浏览和压缩磁盘。它首先读取日志中的第一个段的摘要，找出其中的i节点和文件。接着查找当前的i节点映射表，检查i节点是否还在使用以及文件块是否还在使用。若没有使用，这些信息将被丢弃。还在使用的i节点和块读入内存中，以便写到下一个段中。原来的段标记为空闲，以便日志用于存放新数据。这样，清理工线程沿日志向前移动，删除旧段，把有效数据读入内存，写入下一新段。这样，磁盘是一个循环的缓冲区，写线程不断地在前面添加新段，而清理工线程不断地从后面删除旧段。

## 4.7 Linux中的文件系统

### 4.7.1 虚拟文件系统

传统的UNIX类操作系统只支持一种类型的文件系统。随着需求的不断增长和扩大，越来越多的 UNIX 用户要求 UNIX 内核支持非 UNIX 类的文件系统，以便在运行 UNIX 的机器上也可以访问同一台机器上的 DOS 分区或用 Windows 写入的软盘。同时随着计算机网络的发展，越来越迫切地要求计算机之间共享文件系统。

总而言之，对现代操作系统的要求是必须能够支持多种文件系统。为了支持多种文件系统，不同的操作系统采用的技术方案各不相同。Linux 内核使用的是虚拟文件系统(VFS)体系结构。虚拟文件系统是一个接口。该接口能够使本地的多种文件系统甚至远程的文件系统共存于同一台计算机上。

虚拟文件系统的英文全称是 Virtual File system Switch，直译为虚拟文件系统开关，通常都习惯使用它的英文缩略词 VFS 来表示虚拟文件系统。这里"开关"的实际意义非常明确，它是指虚拟文件系统相当于一个选择某个文件系统的"多路选择开关"。因此，虚拟文件系统应该达到的设计要求是能够同时支持几种文件系统，不同的磁盘分区可以包含不同的文件系统，并且一个文件系统安装在其他文件系统上以后，对它的使用和传统的单一文件系统应该没有区别。同时开发商自己为客户开发的文件系统可以模块的方式加入到内核中去，作为操作系统内核的一个组成部分来运行。

Linux 内核使用虚拟文件系统提供了一个对多种文件系统进行访问和操作的经过严格定义的基本接口。

**1. 虚拟文件系统的设计思路**

传统的 UNIX 版本虽然只支持一种文件系统类型，但这种文件系统却支持许多不同类型的文件。在这些文件类型中，除了普通文件外还有代表字符设备或块设备的特殊文件。显然对于字符设备和块设备进行操作的设备驱动程序在底层的 I/O 实现一定是不相同的，但是 UNIX 却向用户提供了一个统一的文件接口，使得客户感觉不到访问普通文件和设备文件有什么不同。这种在同一种文件系统中用统一的接口实现对不同类型的文件进行访问的设计思路，使人们认识到使用类似的方法来实现支持多种文件系统的可能性和必要性。

实际上用户发出一个写系统调用时，内核的文件系统要做以下工作。

(1) 打开文件对象，得到该文件的文件描述符。

(2) 在进行规定的检查之后从文件表项中得到指向内存 inode 的指针。

(3) 给索引节点 inode 上锁，然后检测 i 节点的 i_mode 域，确定文件的类型是普通文件还是字符设备文件或者是块设备文件，以便确定下一步要进行的操作。

(4) 假定用户访问的是特殊设备(如块设备)，此时系统用保存在该 i 节点中的主设备号为索引，找到存放在块设备开关表中的对该块设备进行操作的函数指针向量。

(5) 由指针向量得到对该块设备进行标准操作的底层设备驱动程序，对用户的写请求进行处理。

(6) 任务结束后，解锁 i 节点并返回到用户进程。

从内核对用户写文件的操作可以看出，内核文件系统对不同种类的文件进行操作的大部分步骤与文件类型无关。从上述第(1)步到第(3)步以及最后一步的操作适用于任何类型的文件。所以说这几步是与设备无关的。而第(4)步则是文件子系统与设备管理子系统的接口，与给定设备有关的操作都在第(5)步中得到执行。

事实证明，这种设计和实现技术是行之有效的。由此使人们想到用同样的方法来实现支持多种文件系统。同理，管理多种文件系统的虚拟文件系统代码分为与文件系统相关代码和与文件系统无关代码两部分。由一组函数定义这两部分的接口。这组函数是由与文件系统相关的代码来定义，提供给与文件系统无关的代码来对文件进行各种操作。实际上这是面向对象设计的雏形。

虚拟文件系统接口的设计利用了面向对象的编程思想。Linux 内核没有使用面向对象的编程语言，而仍然使用 C 语言，这主要是为了整个内核代码的一致性以及编译后能够可靠、准确、协调地运行。

**2. 虚拟文件系统框架**

在文件系统中定义的 VFS 属于面向对象理论中的抽象基类，从这个基类中可以派生出不同的子类，以支持多种文件系统。VFS 只代表内核中的一个文件系统，而 VFS 的 inode 节点代表内核中的一个文件。它们只存在于内存中。在系统启动初始化时建立，关机则消亡。真正的文件系统，如 Minix、EXT2、System V 等，必须在 VFS 所提供的统一接口的支持下才能正常工作。因此说 VFS 不是一个物理的文件系统，称它为虚拟文件系统是比较确切的。目前 Linux 内核支持的文件系统已多达十种以上，以后还会支持更多类型的文件系统。因为在 VFS 的支持下，开发商以及中小用户可以不断地加入新的文件系统。

VFS 提供了各种文件系统的公共接口，如图 4.18 所示，而对于接口的操作对系统以及用户都是透明的，当用户向某个文件系统请求服务时，文件子系统将通过 VFS 调用相应的函数，该函数首先处理一些与设备无关的操作，然后根据 VFS 结构以及它的 inode 数据结构提供的信息，调用真正文件系统中相对应的函数，用这些函数来处理与特定设备相关的操作。

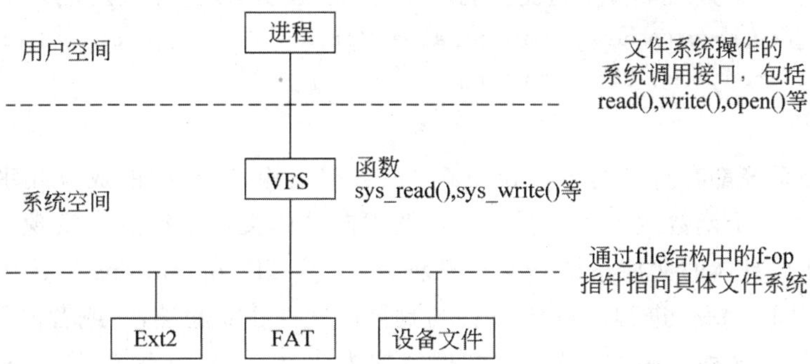


图 4.18　VFS 与具体文件系统的关系

## 4.7.2　Linux 虚拟文件系统的数据结构

如前所述，虚拟文件系统是由面向对象的思想发展而来，而面向对象理论中的抽象基类实际上就是在文件系统中引入了一个通用的文件模型，由这个文件模型派生出来的子类为具体的文件系统。由于 Linux 的编码一开始就没有采用面向对象的程序设计语言

C++,而是用C语言编程实现面向对象技术,所以其基类是由一个中心数据结构和一组全局实函数和虚函数以及宏组成。因此在中心数据结构中有指向另外一个结构的指针,在这个结构中定义了一组指向虚函数的指针。从而把基类与子类连接起来,以便访问相应文件系统的函数和数据。

在Linux虚拟文件系统中,定义通用文件模型的文件操作为file_operations数据结构,其定义在include/linux/fs.h中:

```
================include/linux/fs.h 756-775====================
struct file_operations {
    struct module * owner;
    loff_t (* llseek) (struct file * , loff_t, int);
    ssize_t (* read) (struct file * , char * , size_t, loff_t * );
    ssize_t (* write) (struct file * , const char * , size_t, loff_t * );
    int (* readdir) (struct file * , void * , filldir_t);
    unsigned int (* poll) (struct file * , struct poll_table_struct * );
    int (* ioctl) (struct inode * , struct file * , unsigned int, unsigned long);
    int (* mmap) (struct file * , struct vm_area_struct * );
    int (* open) (struct inode * , struct file * );
    int (* flush) (struct file * );
    int (* release) (struct inode * , struct file * );
    int (* fsync) (struct file * , struct dentry * , int datasync);
    int (* fasync) (int, struct file * , int);
    int (* lock) (struct file * , int, struct file_lock * );
    ssize_t (* readv) (struct file * , const struct iovec * , unsigned long, loff_t * );
    ssize_t (* writev) (struct file * , const struct iovec * , unsigned long, loff_t * );
    ssize_t (* sendpage) (struct file * , struct page * , int, size_t, loff_t * , int);
    unsigned long (* get_unmapped_area) (struct file * , unsigned long, unsigned
long, unsigned long, unsigned long);
};
```

每种文件系统都有自己的file_operations数据结构,结构中的成分几乎全是函数指针,所以实际上是个函数跳转表,例如read就指向具体文件系统用来实现读文件操作的入口函数。如果具体的文件系统不支持某种操作,其file_operations结构中的相应函数指针就是NULL。每个进程通过open()与具体的文件建立起连接,或者说是建立起一个读写的context。这种连接以一个file数据结构为代表,结构中有个file_operations结构指针f_op。将file结构中的指针f_op设置成指向某个具体的file_operations结构,就指定了这个文件所属的文件系统。虚拟文件系统(VFS)与具体的文件系统之间的主要的数据结构是file_operations数据结构,是因为除此之外还有一些其他的数据结构。其中主要的还有与目录项相联系的dentry_operations数据结构和与索引节点相联系的inode_operations数据结构。这两个数据结构中的内容也都是一些函数指针,但是这些函数大多只是在打开文件的过程中使用,或者仅在文件操作的"底层"使用(如分配空间),所以不像dentry_operations结构中那些函数那么常用。以dentry_operations为例,其定义在

include/linux/dcache. h 中：

```
================include/linux/ dcache.h 86-93===================
struct dentry_operations {
    int (*d_revalidate)(struct dentry*, int);
    int (*d_hash) (struct dentry*, struct qstr*);
    int (*d_compare) (struct dentry*, struct qstr*, struct qstr*);
    int (*d_delete)(struct dentry*);
    void (*d_release)(struct dentry*);
    void (*d_iput)(struct dentry*, struct inode*);
};
```

这里 d_delete 是指向具体文件系统的“删除文件”操作的入口函数，d_release 则用于“关闭文件”操作。还有个函数指针 d_compare，它用于文件名的比对。文件名的比对就是字符串的比对。总之，具体文件系统与虚拟文件系统(VFS)之间的接口是一组数据结构，定义在 include/linux/ fs. h，包括 file_operations、dentry_operations、inode_operations 分别操作 file、inode、dentry 等结构。原则上每种文件系统都必须在内核中提供这些数据结构。inode 用于存放一个具体文件的所有信息。如果是基于磁盘的文件系统，该结构通常对应于存放在磁盘上的文件控制块。每个索引节点对象分配一个索引节点号，用它来指示文件系统中的指定文件。file 用于存放打开文件与进程之间进行交互的有关信息。这类信息是进程访问文件时所使用的。dentry 用于保存目录项与对应文件进行链接的所有信息。内核把最近最常使用的目录项对象放在目录项高速缓存中，加快文件路径名的转化过程，以提高系统性能。Linux 支持哪些数据结构参看源码 include/linux / fs. h。

```
==============include/linux/ fs.h 437-465==================
union {
    struct minix_inode_info      minix_i;
    struct ext2_inode_info       ext2_i;
    struct hpfs_inode_info       hpfs_i;
    struct ntfs_inode_info       ntfs_i;
    struct msdos_inode_info      msdos_i;
    struct umsdos_inode_info     umsdos_i;
    struct iso_inode_info        isofs_i;
    struct nfs_inode_info        nfs_i;
    struct sysv_inode_info       sysv_i;
    struct affs_inode_info       affs_i;
    struct ufs_inode_info        ufs_i;
    struct efs_inode_info        efs_i;
    struct romfs_inode_info      romfs_i;
    struct shmem_inode_info      shmem_i;
    struct coda_inode_info       coda_i;
    struct smb_inode_info        smbfs_i;
    struct hfs_inode_info        hfs_i;
    struct adfs_inode_info       adfs_i;
```

```
    struct qnx4_inode_info         qnx4_i;
    struct reiserfs_inode_info     reiserfs_i;
    struct bfs_inode_info          bfs_i;
    struct udf_inode_info          udf_i;
    struct ncp_inode_info          ncpfs_i;
    struct proc_inode_info         proc_i;
    struct socket                  socket_i;
    struct usbdev_inode_info       usbdev_i;
    void                  * generic_ip;
} u;
```

### 4.7.3 对虚拟文件系统的管理

内核通过 VFS 使用一个具体的文件系统之前，必须首先对这个文件系统进行注册和安装。注册发生在：①系统启动时；②把某个文件系统作为一个内核模块进行安装时。在这两种情况下都需要进行注册。只有当完成对某个文件系统的注册，内核才能使用这个具体文件系统的各种操作函数，将这个文件系统安装在系统的目录树上。

**1. 文件系统注册链表**

为了准确地把对 VFS 的超级块和 inode 节点的操作定向到对应的文件系统上，也就是实现从虚拟文件系统到实际文件系统的转换，内核必须正确地对系统中所有文件系统进行跟踪和配置。内核通过执行文件系统注册链表来搜索每个文件系统的接口函数，以便装入该文件系统的超级块，实现虚实文件系统的转换。

内核把每个已注册的文件系统都存放在一个文件系统类型注册链表中，它的每个元素都是用 struct file_system_type 数据结构来描述的。用该结构可识别已注册的文件系统类型。数据结构 struct file_system_type 的源代码见 include/linux/fs. h 文件。

Linux 内核在编译时就已确定所支持的文件系统类型。这些文件系统在系统引导并初始化时，由内核调用函数 filesystem_setup()（见 fs/filesystems. c）来注册。这个函数根据所指定的文件系统类型 file_system_type 来调用注册函数 register_filesystem()，将该文件系统插入到文件系统类型注册链表中。

如果文件系统是一个内核可装载的模块，可通过命令 kernel 或 insmod 向注册类型表登记它的文件类型。这时也要调用 register_filesystem()函数向文件系统类型注册链表进行注册。要注册的文件系统可能是 MS-DOS 文件系统，或者是 Minix 文件系统等。

一种新的文件系统可以被注册，当然也可以被卸载，即从注册链表中删除该文件系统的结构体。一旦被删除，系统将不再支持该种文件系统。

**2. 文件系统安装注册链表**

为了对 VFS 超级块和 inode 节点进行跟踪管理，Linux 内核为 VFS 设计了文件系统安装注册链表。文件系统安装注册链表的节点是 struct vfsmount 数据结构。每个已安装注册的文件系统在该链表中都有一个相对应的 struct vfsmount 结构。

**3. 根文件系统的安装**

在 UNIX 操作系统中，每个文件系统都要有一个根目录，如果某个文件系统是系统目录树的根，那么该文件系统称为这个文件系统的根文件系统。其他文件系统可以安装到系统目录树的任意节点上。那些插入了其他文件系统的目录称为安装点。

通常，作为根文件系统的源代码都包含在内核映像中，因此根文件系统是在系统初始化时由核心来自动完成的。系统初始化期间，调用 filesystem_setup()函数进行文件系统类型注册之后，接着调用 mount_root()函数，安装根文件系统。根文件系统的 VFS 超级块是由 ROOT_DEV 全局变量指示的，mount_root()函数扫描文件系统类型注册链表，对于链表上的每个文件系统类型对象调用 read_super()函数，试图读取根文件系统的超级块。

由于每个文件系统的方法都有一个唯一的魔数(Magic Number)，因此除了根文件系统对 read_super()的调用会成功，其他文件系统的调用都将失败。同时 read_super()函数还为根目录创建一个索引节点对象和一个目录项对象。在 read_super()函数返回后，由 mount_root()将 init 进程存放根目录和工作目录的 fs_struct 结构的 pwd 置为根目录的目录项对象。最后，调用 add_vfsmnt()函数把第一个描述根文件系统的 vfsmount 结构插入到已安装文件系统注册链表中。

**4. 文件系统的访问**

文件系统被进程操作，进程的数据结构 task_struct 定义在 include/linux/sched. h 中，结构中定义有两个指针 fs 和 files，一个指向 fs_struct 数据结构，是关于文件系统的信息；另一个指向 files_struct 数据结构，是关于已打开文件的信息。结构中有 6 个指针。前 3 个是 dentry 结构指针，就是 root、pwd 以及 altroot。这些指针各自指向代表着一个“目录项”的 dentry 数据结构，里面记录着文件的各项属性，如文件名、访问权限等。其中 pwd 指向进程当前所在的目录，root 所指向的 dentry 结构代表着本进程的根目录，altroot 为用户设置的替换根目录。实际运行时这三个目录不一定都在同一个文件系统中，例如进程的根目录通常是安装于节点上的 EXT2 文件系统中，而当前工作目录则可能安装于/dosc 的一个 DOS 文件系统中，如图 4. 19 所示。

在文件系统的操作中这些安装点起着重要的作用而常常要用到，后面还有 3 个指针就各自指向代表着这些安装的 vfsmount 数据结构。fs_struct 结构中的信息都是与文件系统和进程有关的，而与具体的已打开文件没有什么关系。例如进程的根目录在 ext2 文件系统中，当前工作目录在 dos 文件系统中，而一个具体的已打开文件却可能是设备文件。与具体已打开文件有关的信息在 file 结构中，而 files_struct 结构的主体就是一个 file 结构数组。每打开一个文件以后，进程就通过一个打开文件号 fid 来访问这个文件，而 fid 实际上就是相应 file 结构在数组中的下标。如前所述，每个 file 结构中有个指针 f_op，指向该文件所属文件系统的 file_operations 数据结构。同时 file 结构中还有个指针 f_dentry，指向该文件的 dentry 数据结构。那么，为什么不干脆把文件的 dentry 结构放在 file 结构中，而只是让 file 结构通过指针来指向它呢？这是因为一个文件只有一个 dentry 数据结构，而可能有多个进程打开它，甚至同一个进程也可能多次打开它而建立起多个读写上下文。同理，每种文件系统只有一个 file_operations 数据结构，它既不专属于某个特定的文件，更不专属于某个特定的上下文。每个文件除有一个目录项即 dentry 数据结构以外，还有一个索引节点即 inode 数据结构，里面记录着文件在存储介质上的位

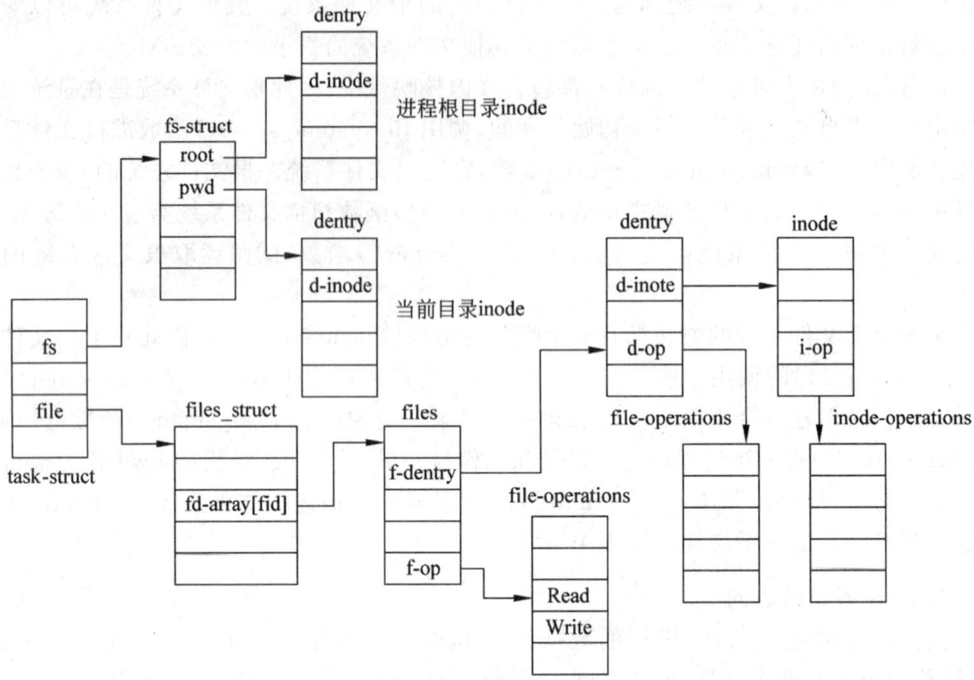


图 4.19　Linux 文件系统逻辑结构

置与分布等信息。同时，dentry 结构中有个 inode 结构指针的 inode 指向相应的 inode 结构。既然一个文件的 dentry 结构和 inode 结构都在从不同的角度描述这个文件各方面的属性，dentry 结构与 inode 结构所描述的目标是不同的，因为一个文件可能有好几个文件名，而通过不同的文件名访问同一个文件时的权限也可能不同。所以，dentry 结构所代表的是逻辑意义上的文件，记录的是其逻辑上的属性，而 inode 结构所代表的是物理意义上的文件，记录的是其物理上的属性，它们之间的关系是多对一的关系。

### 4.7.4　EXT2 文件系统

Linux 内核使用 EXT2 文件系统作为它的根文件系统。EXT2 是一个可扩展的、功能较强大的文件系统，它的英文全称是 Second Extended File System，是 Remy Card 于 1993 年在 EXT 文件系统的基础上改进完成的。EXT2 文件系统的源代码在/usr/src/linux/fs/EXT2 目录下，其重要数据结构都在/usr/src/linux/include/linux 目录下的 EXT2_fs. h、EXT2_fs_i. h 和 EXT2_fs_sb. h 中定义。

EXT2 文件系统是在 Linux 内核启动时作为根文件系统自动安装的。该文件系统在磁盘安排、磁盘结构以及空闲块分配方法上吸取了快速文件系统(Fast File System，FFS)的许多重要优点。FFS 是伯克利(Berkely)在 20 世纪 80 年代为 UNIX 开发的一种高性能的文件系统，最早是在伯克利 UNIX 的 4.2 版本中使用。FFS 和虚拟文件系统(VFS)集成之后就是现在的 Linux 根文件系统 EXT2。首先看一下 EXT2 文件系统所描述的“文件”在物理磁盘上的组织方式以及该组织方式在内存中的逻辑映像。逻辑映像即为物理磁盘所对应的逻辑磁盘布局。

**1. EXT2 对物理磁盘的组织**

一个文件系统驻留在某一个磁盘分区上。一个磁盘分区由磁盘上一组连续的柱面组成。在传统的 UNIX 文件系统中，即便是访问一个很短的文件，也必须两次访问磁盘，一次读 i 节点，然后再读文件数据块。由于传统的 UNIX 文件系统把所有的 i 节点都集中放在文件系统开始的位置(也就是磁盘开始的位置)，而用其余的磁道存放文件数据块，因此在两次磁盘操作间需要花费较长的寻道时间，这样就形成了文件系统性能的瓶颈。导致这种性能不佳的部分原因是由于对磁盘组织的设计不周，因此完全可以对物理磁盘的组织进行改造。比较高效的做法是将该磁盘分区再分成多个柱面组，每个柱面组由一个或几个连续的柱面组成。每个柱面组都有描述本组磁盘块使用情况的综合信息，即超级块；同时还有各自的 i 节点表和空闲块表。这样文件系统就可把与 i 节点相关的文件数据与该 i 节点存放在同一柱面组内，从而使磁盘访问时的磁头移动距离最小，以减少寻道延迟时间。在文件被创建时，先任选一节点，并优先在该节点所在的柱面组中分配数据块。如果该柱面组不存在空闲的数据块，就在与其相邻的柱面组中分配一块。

EXT2 文件系统采用的就是这种磁盘分区再分组的方法。在传统的 UNIX 文件系统中超级块只存放在分区开始的位置，也就是在引导扇区的后面。由于超级块中的信息是至关重要的，考虑到文件系统的可靠性，即在磁盘发生错误时能够恢复系统，应该在每个柱面组中都有一个超级块的备份。同时每个柱面组的超级块不应该放在其他柱面组的同一磁道、柱面或盘片中。显然，增加系统的可靠性是以浪费磁盘空间为代价的。

**2. EXT2 减少碎片的方案**

通常情况下，系统在执行一次磁盘 I/O 操作时，把能够一次串行传输的数据字节总数定义为一个磁盘块。或者说，一个磁盘块就是执行一次磁盘 I/O 操作所能访问的磁盘上数据的存取单位。在 EXT2 文件系统中，磁盘块的尺寸是 2 的整数次幂，一般是 4KB，最大不超过 8KB。显然为了提高文件系统性能，磁盘块应该尽量地大，使得每执行一次磁盘 I/O 操作能够传输更多的数据。但是磁盘块也不能过大，否则将会造成很大的浪费。在现有的硬件条件下，系统必须以磁盘块为单位来为文件分配磁盘空间。如果磁盘块太大，对于一个大文件是有益的，但对于一个字节数很小的文件或当文件大小不是磁盘块大小的整数倍时，则总会有一个磁盘块的大部分空间因为不能存储其他文件而浪费，这部分剩余空间叫做碎片。为了避免产生磁盘碎片，同时又要达到较高的传输速率，EXT2 又将磁盘块划分成若干个片(fragment)。每个片的最小尺寸是 512B，等于一个扇区的尺寸。同时每个片能够单独分配和寻址。每个片的大小是在文件系统被创建时确定的。片的大小一旦确定，在文件系统运行过程中将不能改变。

因此，当文件大小不是 2 的整数次幂(物理块)的倍数时，存放它需要一些完整的磁盘块，而且在最后一个磁盘块中只占用了一个片，此磁盘块中的其他片就可以分配给别的文件使用。但这种方法也存在缺点，当一个文件大小在不断增长时，就需要寻找另外的有若干个连续片的磁盘块来存放增加的文件数据。同时还要把原来片中的内容写到新的片中来。为了减少磁盘 I/O 操作时间，EXT2 规定只允许使用直接块容纳片。

在同一台机器上的不同文件系统允许有不同的磁盘块尺寸。用户可以使用系统调用 stat 获得文件系统的属性，它返回的属性之一就是适合磁盘 I/O 操作的最优尺寸，一般情况下就是磁盘块的尺寸。

**3. EXT2 对磁盘块的分配原则**

为了使系统性能达到最佳水平，除了上面描述的磁盘组织外，EXT2 文件系统还要合理使用每个柱面组，并根据以下原则为文件分配磁盘块。

(1) 将一个目录下的所有 i 节点存放在同一个柱面组内。这样可以连续访问一个目录中的所有 i 节点。

(2) 为了使磁盘上的数据均匀分布，将子目录放在父目录不同的柱面组内。

(3) 尽量将文件数据与该文件的 i 节点放在相同的柱面组中。

(4) 在为物理磁盘块排序时，应该考虑到连续两次访问磁盘时，磁盘旋转的最佳位置。由于磁盘是在运动中读写数据的，因此在连续两次访问的间隙，已经有至少一个扇区或者磁盘块从磁头下走过。最佳旋转位置就是下一次访问磁盘时，所需要读写的磁盘块正好在磁头下方，这样就可以节省寻道和定位的时间，提高系统性能。一般将要跳过的磁盘块数目叫做旋转延迟因子。

EXT2 文件系统有很多增强功能，但也存在许多不足之处。如果当磁盘的空闲块接近用完时，便很难在最佳位置找到可供使用的磁盘块。所以文件系统都要预留 10% 的磁盘块，在超级用户启动时使用。

## 4.7.5 EXT2 磁盘重要数据结构

对于上面所述的物理磁盘组织，可以得到它在内核中逻辑磁盘空间的映像。图 4.20 显示了该逻辑磁盘的排列情况。EXT2 将一个逻辑分区分成若干个块组(block group)。一个分区在逻辑上可以看成块组的线性数组。其实 EXT2 文件系统和传统的文件系统的不同之处是磁盘块的尺寸加大了，同时在每个磁盘块(块组)上添加了一些必要的重复信息。在分区的开始位置是操作系统自举代码的启动区，紧跟着是块组 0、块组 1、块组 2 等。每个块组的内容也在图 4.20 中给出。

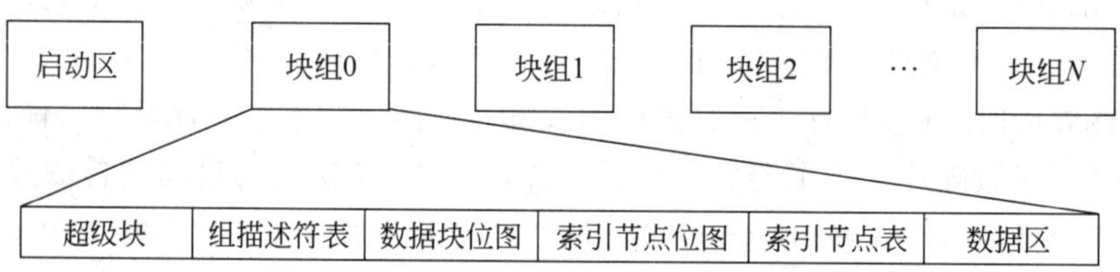


图 4.20 EXT2 逻辑磁盘的布局

考虑到文件系统的安全性和可靠性，内核在每个块组中都保存着该文件系统的综合信息，即超级块和组描述符表。除此之外，还含有该块组的数据块位图、索引节点位图、索引节点表以及数据区。数据块位图只记录本组内各个数据块的使用和空闲情况，如果其中的一位是 0，则说明对应的数据块空闲，否则即说明此块已分配。

i 节点位图的功能与数据块位图相同，但它记录的是 i 节点表的使用情况。数据区则是块组中用来存放文件的真正数据区。下面对位于磁盘上的 EXT2 文件系统所使用的重要数据结构进行分析。

实际上只有 0 号块组所包含的超级块和组描述符才被内核引用，其他块组中保存的超级块和组描述符只用做备份。如果磁盘上出现数据损坏，并且 0 号块组上的超级块和描述符也出现故障，就可以起用备份在其他块组中的超级块和组描述符，以恢复被损坏的数据。这是通过使用命令/sbin/e2f-sck 实现的。

另外根据一个分区的大小和块的尺寸可以计算出一个分区有多少个块组。计算公式如下：

$$N = S/(8 \times b \times b)$$

式中，$N$ 为一个分区的块组总数；$S$ 为该分区的总存储容量；$b$ 为以字节为单位的块大小。这个计算公式说明一个分区共有多少块主要是受限于数据块位图，因为块位图必须存放在一个单独的块中。一个数据块共有 $8\times b$ 位，它能覆盖的一个块组的存储空间就是 $8\times b\times b$ 个字节。

**1. EXT2 的目录项数据结构**

现代操作系统通过目录将文件名和该文件在磁盘上的存储位置联系起来。因此目录在文件系统中的重要性非同寻常。

在打开文件时，内核先查找目录项，寻找要打开文件的文件名。然后从目录项所指向的磁盘 inode 数据结构中取得文件属性和磁盘块地址，放到内存的系统打开文件表中。以后对该文件的访问将利用从内存中获得的信息。

目录是包含有文件和子目录项列表的特殊文件。因此一个目录包含有若干项，每一项称为一个目录项。每个目录项包含有文件名和相应的节点号等。EXT2 文件系统中的目录项是用 struct EXT2_dir_entry 结构来描述的。该结构定义在 include/linux/EXT2_fs. h 文件中。

```
#define EXT2_NAME_LEN 255
struct EXT2_dir_entry
{
    __u32    inode;                    /* Inode number */
    __u16    rec_len;                  /* Directory entry length */
    __u16    name_len;                 /* Name length */
    char     name[EXT2_NAME_LEN];      /* File name */
};
/*
 * The new version of the directory entry. Since EXT2 structures are
 * stored in intel byte order, and the name_len field could never be
 * bigger than 255 chars, it's safe to reclaim the extra byte for the
 * file_type field.
 */
struct EXT2_dir_entry_2
{
```

```
    __u32     inode;                        /* inode number */
    __u16     rec_len;                      /* Directory entry length */
    __u8      name_len;                     /* Name length */
    __u8      file_type;
    char      name[EXT2_NAME_LEN];          /* File name */
};
```

这个目录项的长度是可变的，因为它的最后一个名字成员是可变长数组。而且文件名是以 4 字节的整数倍存放。为了满足这个要求，在需要时用 NULL('\0')字符填充文件名的末尾，文件名的实际长度存放在该结构成员 name_len 中。当前 EXT2 所支持文件名最长达 255 个字符。当删除一个文件时，系统将释放的空间与前项合并。所以目录项的 rec_len 成员记录了该目录项所占的总长度。

目录中的第 1 个目录项是"."，它代表该目录本身，第 2 个目录项是".."，它代表该目录的父目录。如果一个目录项的 inode 号为 0，则表示其对应的文件不存在，而代表根目录的目录项中的"."和它的".."inode 号都是 2。文件系统以此来识别根目录。

**2. EXT2 的磁盘 i 节点结构**

与其他 UNIX 文件系统一样，EXT2 文件系统中的每一个文件也对应一个描述它的磁盘数据结构，这个结构被称为磁盘索引节点，即 inode 节点。磁盘索引节点中含有文件长度、文件位置、文件的所有者、创建时间、上次存取时间以及许可权等诸多有关该文件的信息。代表磁盘上 i 节点的数据结构是 struct EXT2_inode，它被定义在 include/linux/EXT2_fs.h 文件中。

```
/*
 * structure of an inode on the disk
 */
struct EXT2_inode {
    __u16     i_mode;                   /* File mode */
    __u16     i_uid;                    /* Low 16 bits of Owner Uid */
    __u32     i_size;                   /* Size in bytes */
    __u32     i_atime;                  /* Access time */
    __u32     i_ctime;                  /* Creation time */
    __u32     i_mtime;                  /* Modification time */
    __u32     i_dtime;                  /* Deletion Time */
    __u16     i_gid;                    /* Low 16 bits of Group Id */
    __u16     i_links_count;            /* Links count */
    __u32     i_blocks;                 /* Blocks count */
    __u32     i_flags;                  /* File flags */
    union {
        struct {
            __u32 l_i_reserved1;
        } linux1;
        struct {
```

```
            __u32 h_i_translator;
        } hurd1;
        struct {
            __u32 m_i_reserved1;
        } masix1;
    } osd1;                                        /* OS dependent 1 */
    __u32    i_block[EXT2_N_BLOCKS];               /* Pointers to blocks */
    __u32    i_generation;                         /* File version (for NFS) */
    __u32    i_file_acl;                           /* File ACL */
    __u32    i_dir_acl;                            /* Directory ACL */
    __u32    i_faddr;                              /* Fragment address */
    union {
        struct {
            __u8 l_i_frag;                         /* Fragment number */
            __u8 l_i_fsize;                        /* Fragment size */
            __u16    i_pad1;
            __u16    l_i_uid_high;                 /* these 2 fields */
            __u16    l_i_gid_high;                 /* were reserved2[0] */
            __u32    l_i_reserved2;
        } linux2;
        struct {
            __u8 h_i_frag;                         /* Fragment number */
            __u8 h_i_fsize;                        /* Fragment size */
            __u16    h_i_mode_high;
            __u16    h_i_uid_high;
            __u16    h_i_gid_high;
            __u32    h_i_author;
        } hurd2;
        struct {
            __u8 m_i_frag;                         /* Fragment number */
            __u8 m_i_fsize;                        /* Fragment size */
            __u16    m_pad1;
            __u32    m_i_reserved2[2];
        } masix2;
    } osd2;                                        /* OS dependent 2 */
};
```

其中第一个数据成员 i_mode 是对文件类型以及权限的说明。该域共占两个字节，其中用 4 位指定了文件类型，这些文件类型包括普通文件、目录文件、字符设备、块设备或 FIFO 文件等。其他位分别指定了文件所有者、用户组以及对该文件所具有的读、写和执行权限。

因为文件在磁盘上并不一定是连续存放的，当一个文件的长度增加时，内核将根据磁盘的使用情况和分配策略在磁盘上任何合适的地方分配一个新块。同时，对于大小文件所使用磁盘空间的差距，EXT2 的解决方案和其他 UNIX 文件系统一样。在磁盘 i 节点中使用一个指针数组来存储该文件所使用的数据块。这个指针数组就是 i_block 成员所描述的。它有 EXT2_N_BLOCKS 个指针元素，值被定义为 15。其中每个指针指向分配给文件的数据块。这种方法具有一定的灵活性，主要表现在对小文件来说系统的执行效率较高，同时也能够处理较大的文件。如果一个文件所占的磁盘数据块少于 12 个，这些数据块的磁盘地址存放在该数组的 0 到 11 号数组元素中。这样，内核只需要访问磁盘两次就可以找到所需要的数据。一次读数据块指针(i_block 数组的一个元素)，第二次读所需要的数据块。如果文件超过 12 个数据块，数组的第 12 号元素存放的是一次间接指针，即一个指向指针块的指针，而指针块中的指针指向附加的文件数据块。如果文件还要大，可使用二次间接指针。二次间接指针指向一个间接指针块的指针，间接指针块指向直接指针块，直接指针块指向文件数据块。数组最后一个元素是三次间接指针，它比二次间接又多了一级，可以存放更大的文件。

索引节点表通常占连续的 $n$ 个块，该表的第一个块的块号存放在组描述符结构的 bg_inode_table 成员中。每个索引节点的长度是 128 个字节。所以知道了数据块的尺寸就可以计算出一个块可以包含几个索引节点。每个块组中的索引节点总数存放在磁盘超级块成员 s_inodes_per_group 中。因此，在 EXT2 中相对索引节点号在磁盘上的地址，可以根据块组号和它在索引节点表中的相对位置计算出来。如果用 $I$ 表示索引节点号，用 $C$ 表示块组索引节点总数，用 $N$ 表示 $I$ 索引节点号所在块组号，用 $A$ 表示块组内的相对偏移量，则有如下计算公式：

$$I/C = Q + R \tag{4-1}$$

$$N = Q \tag{4-2}$$

$$A = I - N \times C \tag{4-3}$$

在式(4-1)中的商($Q+R$)是把商的整数部分与小数部分分开表示的，$Q$ 表示整数部分，而 $R$ 表示小数部分。商的整数部分就是该索引节点号所在的块组号，如式(4-2)所示。而余数乘以块组索引节点的总数所得的积，就是该索引节点号在这个块组中的相对地址。

**3. EXT2 磁盘上的超级块**

在 EXT2 文件系统中，每个块组中都含有一个数据结构相同的超级块，内核只将第 0 号块组的超级块读入内存缓冲区。其他块组的超级块只作为备份。描述磁盘上 EXT2 超级块的数据结构是 struct EXT2_super_block。源代码见 include/linux/EXT2_fs.h 文件。其中数据类型__u8、__u16 和__u32 分别表示长度为 8、16 及 32 位的无符号数，而数据类型__s8、__s16 和__s32 则分别表示长度为 8、16 及 32 位的有符号数。

```
/*
 * Structure of the super block
 */
struct EXT2_super_block {
    __u32    s_inodes_count;            /* Inodes count */
    __u32    s_blocks_count;            /* Blocks count */
    __u32    s_r_blocks_count;          /* Reserved blocks count */
```

```
__u32    s_free_blocks_count;       /* Free blocks count */
__u32    s_free_inodes_count;       /* Free inodes count */
__u32    s_first_data_block;        /* First Data Block */
__u32    s_log_block_size;          /* Block size */
__s32    s_log_frag_size;           /* Fragment size */
__u32    s_blocks_per_group;        /* #Blocks per group */
__u32    s_frags_per_group;         /* #Fragments per group */
__u32    s_inodes_per_group;        /* #Inodes per group */
__u32    s_mtime;                   /* Mount time */
__u32    s_wtime;                   /* Write time */
__u16    s_mnt_count;               /* Mount count */
__s16    s_max_mnt_count;           /* Maximal mount count */
__u16    s_magic;                   /* Magic signature */
__u16    s_state;                   /* File system state */
__u16    s_errors;                  /* Behaviour when detecting errors */
__u16    s_minor_rev_level;         /* minor revision level */
__u32    s_lastcheck;               /* time of last check */
__u32    s_checkinterval;           /* max. time between checks */
__u32    s_creator_os;              /* OS */
__u32    s_rev_level;               /* Revision level */
__u16    s_def_resuid;              /* Default uid for reserved blocks */
__u16    s_def_resgid;              /* Default gid for reserved blocks */
/*
 * These fields are for EXT2_DYNAMIC_REV superblocks only.
 *
 * Note: the difference between the compatible feature set and
 * the incompatible feature set is that if there is a bit set
 * in the incompatible feature set that the kernel doesn't
 * know about, it should refuse to mount the filesystem.
 *
 * e2fsck's requirements are more strict; if it doesn't know
 * about a feature in either the compatible or incompatible
 * feature set, it must abort and not try to meddle with
 * things it doesn't understand...
 */
__u32    s_first_ino;               /* First non-reserved inode */
__u16    s_inode_size;              /* size of inode structure */
__u16    s_block_group_nr;          /* block group#of this superblock */
__u32    s_feature_compat;          /* compatible feature set */
__u32    s_feature_incompat;        /* incompatible feature set */
__u32    s_feature_ro_compat;       /* readonly-compatible feature set */
__u8     s_uuid[16];                /* 128-bit uuid for volume */
char     s_volume_name[16];         /* volume name */
char     s_last_mounted[64];        /* directory where last mounted */
```

```
    __u32    s_algorithm_usage_bitmap;    /* For compression */
    /*
     * Performance hints. Directory preallocation should only
     * happen if the EXT2_COMPAT_PREALLOC flag is on.
     */
    __u8 s_prealloc_blocks;               /* Nr of blocks to try to preallocate */
    __u8 s_prealloc_dir_blocks;           /* Nr to preallocate for dirs */
    __u16    s_padding1;
    /*
     * Journaling support valid if EXT3_FEATURE_COMPAT_HAS_JOURNAL set.
     */
    __u8 s_journal_uuid[16];              /* uuid of journal superblock */
    __u32    s_journal_inum;              /* inode number of journal file */
    __u32    s_journal_dev;               /* device number of journal file */
    __u32    s_last_orphan;               /* start of list of inodes to delete */
    __u32    s_hash_seed[4];              /* HTREE hash seed */
    __u8 s_def_hash_version;              /* Default hash version to use */
    __u8 s_reserved_char_pad;
    __u16    s_reserved_word_pad;
    __u32    s_default_mount_opts;
    __u32    s_first_meta_bg;             /* First metablock block group */
    __u32    s_reserved[190];             /* Padding to the end of the block */
};
```

该结构中的 s_r_blocks_count 成员为超级块保留了一定数量的数据块，当磁盘上空闲块总数等于该成员所定义的保留块数时，系统就不再为普通用户分配磁盘块了。因为系统启动时，要使用一些空闲块用于系统引导。成员 s_log_block_size 是以 2 的幂次方表示块的大小，以 1024 字节为一个基本单位。所以，0 表示一个 1024 字节($2^{10}$)的块，1 表示一个 2048 字节($2^{11}$)的块，依次类推。

**4. EXT2 的组描述符**

EXT2 文件系统用 struct EXT2_group_desc 数据结构来描述每个块组的使用情况。这个数据结构叫做组描述符，见 include/linux/EXT2_fs. h 文件。

```
/*
 * Structure of a blocks group descriptor
 */
struct EXT2_group_desc
{
    __u32    bg_block_bitmap;          /* Blocks bitmap block */
    __u32    bg_inode_bitmap;          /* Inodes bitmap block */
    __u32    bg_inode_table;           /* Inodes table block */
    __u16    bg_free_blocks_count;     /* Free blocks count */
    __u16    bg_free_inodes_count;     /* Free inodes count */
```

```
    __u16    bg_used_dirs_count;        /* Directories count */
    __u16    bg_pad;
    __u32    bg_reserved[3];
};
```

这个组描述符表和超级块一样在每个块组中都有备份。当文件系统因某种原因崩溃时，可以从任意还未损坏的其他块组中获得超级块和块组的描述符信息，迅速恢复文件系统。

在内存的 struct EXT2_sb_info 数据结构中，成员 s_group_desc 就是指向在磁盘缓冲区中存放的块组描述符的指针。

**5. EXT2 的块位图和索引节点位图**

在每个块组中使用了两个块来分别记录本组内各个数据块的使用情况和 i 节点的使用情况，这两个块分别称为数据块位图和 inode 位图。其中数据块位图中的每一位代表一个数据块，该位为 1，表示所代表的数据块正在使用；为 0，则表示该数据块空闲。inode 块位图用来记录本组内索引节点的使用情况，其中每一位为 1，则相应的节点块被占用，否则表示空闲。显然在对 EXT2 文件系统进行操作时离不开这两个块位图。

为了方便管理这两个块位图，在 struct EXT2_sp_info 数据结构中分别定义了四个数组成员用来跟踪这两个块位图。一旦 EXT2 文件系统被安装，则当前活动的块组中的块位图和 inode 位图分别被读入两个高速缓存，每次最多只能同时读入 8 个数据块位图和 8 个 inode 块位图。当需要读入其他块组的块位图时，EXT2 文件系统采用 LRU 算法来置换高速缓存中的块位图或 inode 块位图。每个高速缓存是用如下所示的两个数组实现的。一个数组是当前在高速缓存中的块组位图的索引，而另一个数组是引用这些位图的缓冲区头部的指针。

```
unsigned long s_inode_bitmap_number[EXT2_MAX_GROUP_LOADED];
struct buffer_head * s_inode_bitmap[EXT2_MAX_GROUP_LOADED];
unsigned long s_block_bitmap_number[EXT2_MAX_GROUP_LOADED];
struct buffer_head * s_block_bitmap[EXT2_MAX_GROUP_LOADED];
```

EXT2 把块位图和 inode 位图分别读入各自的高速缓存后，通过上面 EXT2_sp_info 结构的四个成员对其进行管理和必要的操作。

函数 load_inode_bitmap()将一个指定块组的索引节点位图装入高速缓存，并返回这个位图在高速缓存中的位置。必要时该函数调用 read_inode_bitmap()从块组描述符的 bg_inode_bitmap 成员获得包含这个位图的块号，然后调用 bread()再分配一个新缓冲区，如果该块已不在高速缓存区，就从磁盘上读入。

函数 load_block_bitmap()和 read_block_bitmap()将一个指定块组的块位图装入高速缓存。其操作过程与上面两个函数基本上一样。

对数据块位图实施操作和加载的函数源代码在文件 linux/fs/EXT2/balloc. c 中，而对 inode 位图实施加载操作的函数源代码在 linux/fs/EXT2/ialloc. c 文件中。

**6. EXT2 的内核组织**

EXT2 文件系统的磁盘组织和内核组织并不完全相同。这主要是因为使用磁盘和内存的考虑角度不同。对于磁盘上存储的数据结构来说，主要是考虑如何节省磁盘空间；而对于内存中存储的数据结构来说，主要是考虑系统运行的效率和性能。因此，内存 i 节点和磁盘 i 节点的数据结构不完全相同。EXT2 文件系统将位于磁盘上的超级块数据结构、i 节点数据结构等读入内存后，填写新的内存中相对应的数据结构。然后，内核通过对位于内存中的超级块和 i 节点的操作来实现文件系统的各种功能。

当内核安装 EXT2 文件系统时，首先从磁盘上读取超级块 EXT2_super_block 结构体的内容填充类型为 EXT2_sb_info 的内存超级块，并将后者装入 VFS 超级块的 u 域，完成从虚拟文件系统到 EXT2 文件系统的转变。磁盘超级块内容一旦被读入内存，将一直保留，直到该文件系统被卸载。EXT2_sb_info 的源代码见 include/linux/EXT2_fs_sb.h 文件。

```
/*
 * second extended-fs super-block data in memory
 */
struct EXT2_sb_info {
    unsigned long s_frag_size;          /* Size of a fragment in bytes */
    unsigned long s_frags_per_block;    /* Number of fragments per block */
    unsigned long s_inodes_per_block;   /* Number of inodes per block */
    unsigned long s_frags_per_group;    /* Number of fragments in a group */
    unsigned long s_blocks_per_group;   /* Number of blocks in a group */
    unsigned long s_inodes_per_group;   /* Number of inodes in a group */
    /* Number of inode table blocks per group */
    unsigned long s_itb_per_group;
    unsigned long s_gdb_count;          /* Number of group descriptor blocks */
    /* Number of group descriptors per block */
    unsigned long s_desc_per_block;
    unsigned long s_groups_count;       /* Number of groups in the fs */
    struct buffer_head * s_sbh;         /* Buffer containing the super block */
    /* Pointer to the super block in the buffer */
    struct EXT2_super_block * s_es;
    struct buffer_head * * s_group_desc;
    unsigned short s_loaded_inode_bitmaps;
    unsigned short s_loaded_block_bitmaps;
    unsigned long s_inode_bitmap_number[EXT2_MAX_GROUP_LOADED];
    struct buffer_head * s_inode_bitmap[EXT2_MAX_GROUP_LOADED];
    unsigned long s_block_bitmap_number[EXT2_MAX_GROUP_LOADED];
    struct buffer_head * s_block_bitmap[EXT2_MAX_GROUP_LOADED];
    unsigned long s_mount_opt;
    uid_t s_resuid;
    gid_t s_resgid;
    unsigned short s_mount_state;
    unsigned short s_pad;
    int s_addr_per_block_bits;
```

```
    int s_desc_per_block_bits;
    int s_inode_size;
    int s_first_ino;
};
```

在这个数据结构中包含了磁盘超级块的大部分内容。同时为了便于核心管理,又增加了许多新成员。例如:存放索引节点位图的高速缓存数组索引和指向这个位图缓冲区头部的指针,以及存放块位图的高速缓存数组索引和指向块位图缓冲区头部的指针。除此之外,还增加了几个指向超级块缓冲区的指针。另外,还增加了其他与安装状态和安装选项等有关的数据。

### 4.7.6 EXT3 文件系统

Linux 2.4 内核版本的发布带来了使用更多种新文件系统的可能性,这种新文件系统是指日志式文件系统。它包括 Register FS 文件系统、SGI 的 xfs 文件系统、IBM 的 jfs 文件系统以及其他文件系统。以 EXT2 文件系统为基础加上日志支持的新版本就是 EXT3 文件系统,它和 EXT2 文件系统在硬盘布局上是完全一样的,其差别仅仅是 EXT3 文件系统在硬盘上多出了一个特殊的 journal inode(可以理解为一个特殊文件),用来记录文件系统的日志,这种文件系统叫做日志文件系统(journaling file system)。

日志文件系统比传统的文件系统安全,因为它用独立的日志文件跟踪磁盘内容的变化。就像关系型数据库,日志文件系统可以用事务处理的方式,提交或撤销文件系统的变化。

**1. 日志式文件系统**

日志式文件系统在强调数据完整性的企业级服务器中有着重要的需求,是文件系统发展的方向。日志式文件系统的思想来自如 Oracle 等大型数据库。数据库操作往往是由多个相关的、相互依赖的子操作组成,任何一个子操作的失败都意味着整个操作的无效,对数据库数据的任何修改都要恢复到操作以前的状态。日志式文件系统就是仿照类似技术而开发的。

在分区中保存有一个日志记录文件,文件系统写操作首先是对记录文件进行操作,若整个写操作由于某种原因(如系统掉电)而中断,则在下次系统启动时就会读日志记录文件的内容来恢复没有完成的写操作。这个过程一般只需要几秒钟到几分钟,而不是像 EXT2 文件系统的 fsck 那样在大型服务器情况下可能需要几个小时来完成扫描。

**2. EXT2 文件系统的不足**

EXT2 文件系统的设计者主要是从提高文件系统的效率和性能角度去考虑问题。因此,为了避免磁盘访问瓶颈效应,一般文件系统大都以异步方式工作。所谓异步方式是指 EXT2 在写入文件内容的同时,并没有同时写入文件的元数据。换句话说,Linux 先写入文件的内容,然后等到空闲的时候才写入文件的元数据。如果在写入文件内容之后、写入文件元数据之前突然断电,文件系统就会处于不一致的状态。在一个需要大量文件操作的系统中,这种情况会导致很严重的后果。EXT2 文件系统会运行一个叫做“fsck”(file system check)的程序，扫描整个文件系统，试图恢复损坏的元数据信息。如果文件系统很大，fsck 扫描要费很长时间，而且元数据信息已经损毁的文件是没有办法恢复的。但是，日志文件系统可以轻松地解决这个问题。

**3. 日志文件系统的工作原理**

日志文件系统的设计思想是跟踪文件系统的变化而不是文件系统的内容。下面分析一下向文件“MY. f”写进新内容时可能出现的情况。先假定“MY. f”的 inode 指向 5 个数据块。这 5 个数据块用来保存“MY. f”文件的数据，块号分别是 2210、2211、2212、2608 和 2609。2212 和 2608 已经有一部分分配给其他文件，所以这两个块号不连续。硬盘要先找到 2210，读三块，然后跳到 2608，读两块，才能读取整个文件。假定你改变了第四块，文件系统会读取第四块，改后重新写入第四块，这一块还在 2608 这个位置。如果向文件中添加了一些内容，EXT2 就会从其他地方另外分配一些空余的磁盘块。

同样的事情发生在日志文件系统中，处理方法就有所不同。日志文件系统不会改变第 2608 块的内容，它会把“MY. f”的 inode 的一个副本和新的第四块保存到磁盘上。把内存中的 inode 列表更新，让“MY. f”使用新的 inode。日志式文件系统将发生的所有这些变化，都添加或记录到这个文件系统中被称为“日志”的那部分中。每隔一段时间，文件系统在“检查点”(check point)会更新磁盘上的 inode，并且释放文件中用不到的那些旧块，例如释放 MY. f 文件最初的第四块。这样，一旦系统因为断电等原因而崩溃，日志文件系统就能很快被恢复，因为它只需要恢复日志中记录下来的很少的几块。当断电之后需要恢复时，“fsck”只要花几秒钟或者是几分钟的时间来扫描就可以了。

**4. EXT3 日志文件系统的具体实现**

EXT3 是在 Stephen Tweedie 博士的领导下设计开发的。EXT3 被设计成 EXT2 的升级版本，尽可能为用户从 EXT2 文件系统向 EXT3 文件系统迁移提供方便。EXT3 在 EXT2 的基础上加入了记录元数据的日志功能，努力保持向前和向后的兼容性。因此人们把这个文件系统称为 EXT2 的下一个版本。因为 EXT3 最大的优点是向下兼容 EXT2，而且 EXT3 还支持异步日志。

磁盘上的 EXT3 文件系统的 superblock 数据结构存放在 include/linux/ext3_fs. h 文件中。这个结构与 struct EXT2_super_block 结构基本上是相同的，仅有的差别是在该结构的最后，增加了几个新成员：日志文件的 inode 号、设备号和用于记录日志的数组。

这个结构的尺寸是 1KB。在磁盘超级块中，第一个必须明确的字段是 magic 签名，对于 EXT2 和 EXT3 文件系统来说，这个字段的值都是 0xEF53。如果不相等，就说明这个硬盘分区上不是一个正常的 EXT2 或 EXT3 文件系统。由此可以得出这两个文件系统的兼容性是很强的，否则两个文件系统不会只用一个 magic 签名。

**5. EXT3 文件系统的额外开销**

EXT3 文件系统为保障文件安全要增加额外的系统开销。每一次更新磁盘节点，大多数的“日志”操作的写同步，这样就需要更多的磁盘 I/O 操作。系统管理员必须回答一个新的问题：为了有一个更安全的文件系统值不值得牺牲一部分系统性能？

这个问题无法做出简单的回答，应该根据实际情况来决定。没有必要把“/usr”目录放在日志文件系统上，因为“/usr”目录大部分是只读操作。但是，可以考虑把“/var”或包含 E-mail spool 文件的目录放在日志文件系统上。在 Linux 系统中可以根据需要混合使用这些文件系统。

日志文件系统还有一个问题就是更容易产生碎片。因为它的文件分配方式与众不同，很容易使文件系统到处充斥着碎片。当然 EXT2 文件系统也会有碎片产生，但是不会那么严重。目前有多种日志文件系统可根据实际情况选用。

## 4.8　本章小结

文件系统的基本功能是实现文件的按名存取，用户不必关心文件的物理位置和存储细节。要实现这个功能，文件系统应具备分配和管理文件的存储空间，建立并维护文件目录，提供合适的文件存取方法，实现文件的共享与保护，提供用户使用文件的接口等功能。

文件的组织结构有两种：逻辑结构和物理结构。逻辑结构是站在用户角度看到的文件结构，有流式和记录式两种；物理结构是文件在存储器上的存储结构，有顺序文件、链接文件和索引文件。

文件的存储空间可以采用空闲表、空闲链、位示图及成组链接方式进行管理，空闲区可以采用连续式、链接式和索引式进行分配。

文件的存取方法与文件的组织结构及文件的存储介质密切相关，有顺序存取和随机存取两大类。顺序存取是按文件的逻辑顺序依次存取文件内容；随机存取是任意存取文件中的某一部分。对于存储在顺序存取介质上的文件，只能采用顺序存取，如磁带文件；而存储在直接存取介质上的文件既可顺序存取也可随机存取，根据文件的组织形式及用户需求而定，如磁盘文件。

为实现“按名存取”，建立文件名与外存空间中的物理地址的对应关系，体现这种对应关系的数据结构称为文件目录。把若干文件目录组织在一起，以文件的形式保存在外存上，以备后用，这就形成了目录文件。目录实现的方法对整个文件系统的效率、性能和可靠性有很大的影响，目前对文件目录通常采用树形结构管理。

为保证系统中文件的安全需采取必要的措施。本章介绍了用户认证、存取控制、存取权限、加密等安全保护措施。

为改善文件系统性能，可以采取文件缓存、提前读取、减少磁臂移动以及日志结构等方法。

本章最后介绍了 Linux 系统的文件系统，重点讲解了虚拟文件系统(VFS)的设计思想和实现方法。

## 习题 4

4.1　文件管理的主要功能是什么？

4.2　简述文件系统的层次结构。

4.3　常见的文件操作有哪些？

4.4 比较不同文件物理组织方式的优缺点。

4.5 随机存取方法的特点是什么？它对存储设备有哪些要求？

4.6 以 Linux 文件系统为例说明组合空间分配策略。

4.7 文件的目录结构常用的有哪些？对目录有哪些操作？试用 Linux 的相应命令说明这些操作。

4.8 如果一个文件的权限是 755，这代表什么？

4.9 如何提高文件的性能？文件的性能与可靠性如何平衡？

4.10 简要说明 Linux 中虚拟文件系统(VFS)的原理及其重要地位。

# 第5章 设备管理

CHAPTER

**教学要点**

本章主要内容包括设备管理的任务和功能、设备管理的硬件组织与软件组织、设备管理中的缓冲技术、设备驱动程序、Linux 的设备管理和 Linux 下设备驱动程序的设计。

应重点掌握设备管理中的缓冲技术、设备无关性的概念以及设备驱动，了解设备分配与回收算法。

在计算机系统中，除了对处理机、存储器以及文件系统的管理之外，还要对输入/输出(I/O)设备(简称外设)进行有效管理，才能完成操作系统的主要功能。通常把各种外设及其接口线路、控制部件与管理软件统称为 I/O 系统。

随着计算机软、硬件技术的飞速发展，各种各样的计算机外设，如扫描仪、数码相机等不断出现在我们的生活中，同时在多道程序运行环境中要并行处理多个作业的 I/O 请求，对网络设备的使用，等等，这些都对设备管理提出了更高要求。因此为了方便用户，提高外设的并行程度和利用率，由操作系统对种类繁多、特性和方式各异的外设进行统一管理显得极为重要。

本章从设备管理的基本知识开始讲解：首先介绍设备管理的主要任务及其具备的功能，然后详细讲解设备管理的硬件组织和软件组织，接下来介绍设备管理中所用到的缓冲技术和设备分配与回收算法，最后介绍磁盘存储器的相关知识。本章结尾从应用角度阐述在 Linux 中如何进行设备管理和设备驱动程序开发。

## 5.1 设备管理概述

本节详细介绍设备管理所实现的目标及功能。

### 5.1.1 设备管理的目标

设备管理是为了实现如下目标。

(1) 实现数据传输与交换。根据一定的算法选择和分配输入/输出设备，以便进行数据传输，并且能够控制I/O设备和CPU(或内存)之间进行数据交换。

(2) 提高效率。尽管现代计算机外设的工作速度有了一定程度的提高，但与CPU相比仍太慢。为了提高外设的使用效率，除合理地分配和使用外设外，还要尽量提高CPU和外设之间以及外设与外设之间的并行度，均衡系统中各设备的负载，最大限度地发挥所有设备的潜力，以使操作系统获得最佳效率。为此多采用通道与缓冲技术。

(3) 提供接口。为了给用户提供一个友好透明的接口，把用户程序和设备的硬件特性分开，使得用户在编写应用程序时不必涉及具体使用的物理设备，系统就可按用户要求控制设备工作。另外为方便用户开发新的设备管理程序，这个接口还应该为新增加的用户设备提供一个和系统核心相连接的入口。

在已经实现设备独立性的系统中，用户编写程序时，一般使用逻辑设备名，而不再使用物理设备名，具体的转换由操作系统通过相应的逻辑设备表实现虚、实对应，而且用户应用程序的运行也不依赖于特定的物理设备，由系统进行合理的分配。

(4) 统一管理。种类繁多的外设其特征各不相同。例如在速度上，键盘输入和光盘输入相差甚远；在传送单位上，有的设备以字符为单位传递信息，如打印机、键盘等，而有的设备则以块为单位传递信息，如磁盘、磁带等。不同设备有着不同的特性和操作方法，如硬盘能随机读写、卡片机不能倒退等。为了方便用户，避免出错，使设备管理系统简单可靠、易于维护，必须将设备的具体特性和处理它们的程序分开，这样就可以使某一类或几类设备共用一个设备处理程序，实现对复杂外设的统一管理。

### 5.1.2 I/O 管理功能

I/O管理功能如下。

(1) 实现设备并行性和缓冲区的有效管理。这除了需要控制状态寄存器、数据缓冲寄存器等寄存器之外，对应不同的I/O控制方式，还需要有存储器、直接存储器存取(Directed Memory Access，DMA)控制器、通道等硬件设备。当进程得到由设备分配程序分配的设备、控制器和通道(或DMA)等硬件之后，通道(或DMA)将自动完成设备和内存之间的数据传送工作，从而完成并行操作的任务。若没有通道(或DMA)，则由中断技术来完成并行操作。

此外还可以通过虚拟技术将一台独占设备变换为若干台逻辑设备，供若干用户(进程)同时使用。

对于缓冲区的管理是为了解决低速的外设和高速的CPU或内存之间的速度不匹配问题，另一方面它也提高了并行性。系统中一般设有缓冲区(器)来暂存数据，由设备管理程序负责进行缓冲区的分配、释放等有关工作。

(2) 提供与进程管理系统的接口。当进程申请设备时，该接口将进程的请求转送给设备管理程序。

(3) 进行设备分配。按照设备的类型(独占、共享还是虚拟)和系统中所采用的分配算法，把设备和其他有关控制器、通道等硬件分配给请求该设备的进程。如果一个进程没有分配到它所需要的有关设备，那么它就进入相应设备的等待队列。在多用户进程中，系统必须决定进程何时取得，使用多长时间，使用完后如何回收这些资源等问题。

(4) 监视设备状态。现代计算机系统中存在着更多的外设、控制器以及通道等，在运行期间它们完成各自的工作，并处于不同状态。例如，系统内有两个键盘，其中一个正在进行输入工作，另一个空闲。系统必须知道这两个键盘的使用情况，才能在进程请求输入时，将空闲的键盘分配给它。设备状态信息保留在设备控制表(Device Control Table，DCT)中，DCT 能动态地记录设备状态的变化及有关信息。这样在进行设备统一管理时，可根据 DCT 等其他数据结构有效合理地调度和使用众多设备。

(5) 实现设备独立性。维护逻辑设备和物理设备之间的转换，用户基于逻辑设备编写的应用程序独立于具体使用的物理设备，以此实现设备独立性，即当使用的物理设备更换时，应用程序不必改变，从而提高系统的扩展性。

### 5.1.3 I/O 应用接口

所谓 I/O 应用接口，是指操作系统提供的一种接口与技术，使用户程序能够以标准的、一致的方式对待各种不同类型的 I/O 设备。例如，应用程序可以打开磁盘上的一个文件，而无须知道磁盘的类型。

可以将各种 I/O 设备抽象成一些通用的类型，每种类型的 I/O 设备通过一组通用的接口进行访问。同一类型的不同 I/O 设备间的差异被封装在设备驱动程序中，设备驱动程序负责隐藏设备间的差异，从而向上提供通用接口。

使 I/O 子系统独立于硬件的方式可以简化操作系统的设计，同时也给硬件生产厂商带来便利。但是不同操作系统的驱动程序接口标准并不相同，所以，同一硬件产品在不同平台上的发布，往往需要提供相应的驱动程序。

I/O 设备的特性可以被抽象为以下方面：

(1) 字符设备或块设备；

(2) 顺序存取或随机存取；

(3) 同步或异步；

(4) 共享或独占；

(5) 可读写、只读或只写。

## 5.2 I/O 系统硬件组成

随着计算机技术的飞速发展，外设种类越来越多，如果还让 CPU 来管理众多的 I/O 操作，必然会严重影响系统效率。因此，广泛使用 DMA 和通道技术来减轻 CPU 的负担，提高 I/O 效率。本节主要介绍 I/O 硬件组织和设备控制器、通道等内容。

下面先介绍一下 I/O 设备的分类。

### 5.2.1 I/O 设备

为了对日益繁多的外设有效地统一管理，可以按以下原则对 I/O 设备进行分类。

**1. 按传输速率分类**

按传输速率可分为低速设备、中速设备、高速设备三种。例如键盘、鼠标等属低速设备,针式打印机、激光打印机等属中速设备,磁盘、磁带等属高速设备。

**2. 按设备的共享属性分类**

按设备的共享属性分为独占设备、共享设备和虚拟设备三种。

(1) 独占设备,指不能共享的设备,即在一段时间内只允许一个用户(进程)访问的设备。这样对并发进程而言,就应该互斥地访问这类设备。系统一旦把这类设备分配给某个进程后,便由该进程独占,直至用完释放。如打印机、纸带、读入机就属于独占设备。

(2) 共享设备,指在一段时间内允许若干个进程同时使用的设备。当然这种同时使用是宏观上的,对于每一时刻而言,该类设备仍然是只允许一个进程访问。由此可知,共享设备必须是可寻址和可随机访问的设备,磁盘就是典型的共享设备。设备共享可获得较高的设备利用率。

(3) 虚拟设备,指通过虚拟技术把一台独占设备变换为可由多个用户(进程)共享的若干台逻辑设备。这种通过虚拟技术改造后的设备就是虚拟设备。这种设备并非物理地变成了共享设备,而是用户使用它们时"感觉"是共享设备,不再像独占设备了。因此虚拟设备属于可共享设备。

当然对设备分类不只上述两种,还可以从其他角度出发对设备进行分类。例如,按设备的所属关系可分为系统设备和用户设备等。在 Linux 中将 I/O 设备分为块设备、字符设备和网络设备三种,主要是为了控制不同的 I/O 设备的驱动程序和其他软件成分,便于将抽象的控制部分留给文件系统处理,而设备直接相关的部分由设备驱动程序解决。

## 5.2.2 设备控制器

通常,设备并不是直接与 CPU 进行通信,而是与设备控制器通信。设备控制器是 I/O 设备中的电子部件,在个人计算机中它常常是一块可以插入主板扩展槽的印刷电路板,也称接口卡,而设备本身则是 I/O 设备的另一组成部分——机械部分。操作系统一般不直接与设备打交道,而是把指令直接发到设备控制器中。

为了实现设备的通用性和互换性,控制器和设备之间应采用标准接口,如 SCSI (Small Computer System Interface,小型计算机系统接口)或 IDE(Integrated Drive Electronics,集成设备电子器件)接口。设备控制器上一般都有一个接线器,可以通过电缆和标准接口相联接,它可以控制 2、4 或 8 个同类设备。对于个人计算机和小型计算机系统来说,由于它们的 I/O 系统比较简单,因此 CPU 与控制器之间的通信采用单总线模型(如图 5.1 所示),而大型主机则采用通道模型(如图 5.2 所示)。

设备控制器是 CPU 与 I/O 设备之间的接口,它接收从 CPU 发来的命令,并去控制 I/O 设备工作,使处理机从繁杂的设备控制事务中解脱出来。设备控制器是一个可编址设备,当它仅控制一个设备时,只有一个唯一的设备地址;若连接多个设备时,则就具有多个设备地址,使每一个地址对应一个设备。

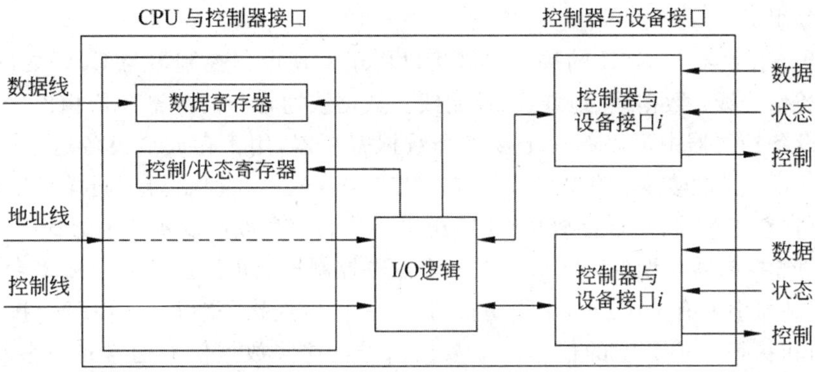


图 5.1 设备控制器的组成

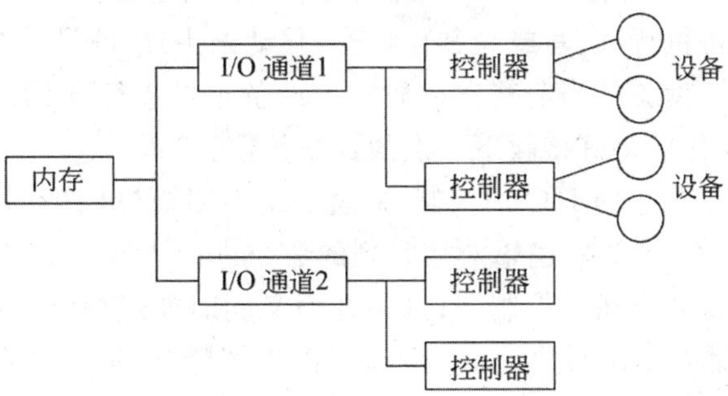


图 5.2 具有通道的 I/O 系统结构

**1. 控制器的功能**

控制器具有如下功能。

(1) 接收和识别命令。CPU 会向控制器发送多种命令，这时它应该能够接收并识别这些命令。为此，在控制器中应设置相应的控制寄存器，用来存放接收的命令和参数，并对所接收的命令进行译码。例如磁盘控制器可以接收 CPU 发来的 Read、Write、Format 等命令。

(2) 实现 CPU 与控制器、控制器与设备间的数据交换。为此，在控制器中需要设置数据寄存器。

(3) 随时让 CPU 了解设备的状态。例如，仅当设备处于发送就绪状态时，CPU 才能启动控制器，从设备中读出数据。为此，在控制器中应设置一个状态寄存器，用其中的每一位来反映设备的某一种状态。

(4) 识别设备地址。就像内存中的每一单元都有一个地址一样，系统中的每一个设备也都有一个地址，而设备控制器又必须能够识别它所控制的每个设备的地址。另外，为使 CPU 能向(或从)寄存器中写入(或读出)数据，这些寄存器应具有唯一地址。这样控制器为能正确识别这些地址应配置地址译码器。

**2. 控制器的组成**

由于设备控制器处于 CPU 和设备之间，它既要与 CPU 通信，又要与设备通信，所以还应具有按照 CPU 所发来的命令去控制设备操作的功能。因此大多数的设备控制器由以下三部分组成。

(1) 设备控制器与 CPU 的接口。该接口用于实现设备控制器与 CPU 之间的通信，其中有三类信号线：数据线、地址线、控制线。数据线通常与两类寄存器相连接。①数据寄存器。设备控制器中可以有一个或多个数据寄存器，用于存放从设备送来的数据(输入)或从 CPU 送来的数据(输出)。②控制/状态寄存器。在控制器中同样可以有一个或多个控制/状态寄存器，用于存放从 CPU 送来的控制信息或由设备产生的状态信息。

(2) 设备控制器与设备的接口。在一个设备控制器上可以连接一台或多台设备。相应地，在控制器中就有一个或多个设备接口，一个接口连接一台设备，在每个接口中都有数据、控制和状态三种类型的信号。①数据信号。这些数据信号通常是一些比特(bit)流，控制器的任务是把 CPU 送来的字节流转换成相应的比特流传递给设备，或者把从设备来的比特流转换成字节流送给 CPU。②控制信号。它通常是输出信号，是控制器发给设备的，用于指示设备执行读、写或者其他操作(移动磁头)的信号。③状态信号。它通常是输入信号，用于指示设备的当前状态。如指示设备正在进行读、写操作，或者指示设备已经完成读、写操作，并准备好接收下一次的数据传输。

(3) I/O 逻辑。它用于对 I/O 的控制，通过一组控制线与 CPU 交互。CPU 利用该逻辑向控制器发送 I/O 命令；I/O 逻辑对接收到的命令进行译码。每当 CPU 要启动一个设备时，一方面要将启动命令送给控制器；另一方面又同时通过地址线把地址送给控制器，由控制器的 I/O 逻辑对收到的地址进行译码，再根据译出的命令对所选的设备进行控制。关于设备控制器的组成如图 5.1 所示。

### 5.2.3 I/O 通道

当主机配置的外设很多时，仅有设备控制器是远远不够的，CPU 的负担依然很重，于是在 CPU 和设备控制器之间又增设了通道，这样可使一些原来由 CPU 处理的 I/O 任务转由通道来承担，从而把 CPU 从繁杂的 I/O 任务中解脱出来，提高了计算机系统的 I/O 效率。

**1. 通道及通道与 CPU 间的通信**

通道又称 I/O 处理机，是一个独立于 CPU 的专管输入/输出控制的处理机，它控制设备与内存直接进行数据交换。通道具有执行 I/O 指令的能力，并通过执行通道(I/O)程序来控制 I/O 操作。但 I/O 通道又与一般的处理机不同：一方面是其指令类型单一，由于通道硬件较简单，执行的指令也只是与 I/O 操作有关的指令；另一方面是通道没有自己的内存，它所执行的通道程序存放在主机中的内存中，即通道与 CPU 共享内存。

有了通道之后，CPU 与通道之间的关系是主从关系，CPU 是主设备，通道是从设备，这样采用通道方式实现数据传输的过程如下：

当运行的程序要求传输数据时，CPU 向通道发 I/O 指令，命令通道开始工作，CPU 就可以进行其他数据处理；通道接收到 CPU 的 I/O 指令后，从内存中取出相应的通道程序，通过执行通道程序完成 I/O 操作；当 I/O 操作完成(或出错)时，通道以中断方式中断 CPU 正在执行的程序，请求 CPU 的处理。

由上可知，引入通道技术后，可以实现 CPU 与通道的并行操作。另外，通道之间以及通道上的外设也都能实现并行操作，从而提高系统效率。

**2. 通道类型**

通道是用于控制外围设备的，但由于外设种类繁多，各自的速率相差很大，因而使得通道也有各种类型，按信息交换方式可分为以下三种类型。

(1) 字节多路通道。它含有多个非分配型子通道，每个子通道连接一台I/O设备，这些子通道以字节为单位按时间片轮转方式共享主通道。每次子通道控制外设交换完一个字节后，便立即让出字节多路通道，以便让另一个子通道使用。当所有子通道轮转一周后，就又返回来由第一个子通道去使用字节多路通道。但由于它的传送是以字节为单位进行的，要频繁进行通道的切换，因此输入/输出效率不高。它多用来连接低速或中速设备，如打印机等。

图5.3所示为字节多路通道工作原理。它所含有的多个子通道 $A,B,C,D,E,\cdots,N$ 分别通过控制器与一台设备相连。假定这些设备的速率相近，且都同时向主机传送数据。设备 $A$ 所传送的数据流为 $A_1A_2A_3\cdots$；设备 $B$ 所传送的数据流为 $B_1B_2B_3\cdots$；把这些数据流合成后(通过主通道)送往主机的数据流为 $A_1B_1C_1D_1\cdots A_2B_2C_2D_2\cdots$。

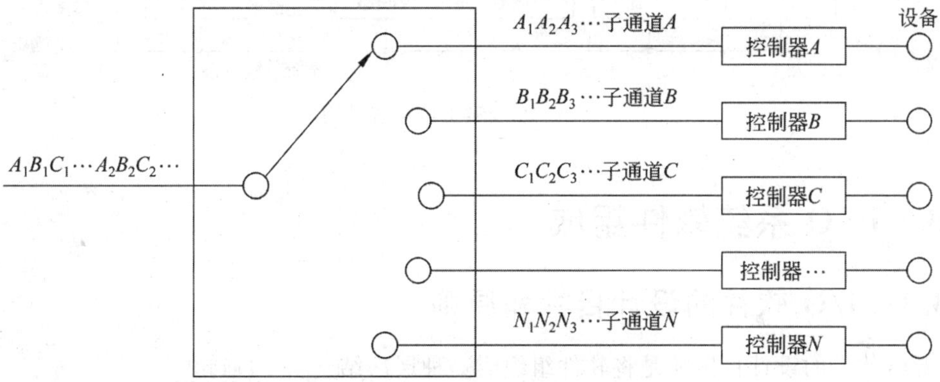


图5.3 字节多路通道的工作原理

(2) 数组选择通道。它按成组方式进行数据传送，每次以块为单位传送一批数据，所以传输速度很快，主要用于连接高速外围设备，如磁盘等。但由于它只含一个分配型子通道，在一段时间内只能执行一个通道程序，控制一台设备进行数据传送，致使当某台设备占用了该通道后，便一直独占，直至它传送完毕释放该通道，其他设备才可使用。可见，这种通道利用率低。

(3) 数组多路通道。数据选择通道虽有很高的传输速率，但它每次只允许一个设备传送数据。因此将它的优点和字节多路通道能使各子通道(设备)分时并行操作的优点相结合，引入数组多路通道。数组多路通道含有多个非分配型子通道，可连接多种高速外围设备，以成组方式进行数据传送，多个通道程序、多种高速外围设备并行操作。这种通道主要用来连接中、高速设备，如磁带等。

数组多路通道先为某一台设备执行一条通道命令，传送一批数据，然后自动地转换为另一台设备执行一条通道命令。由于它在任何一个时刻只能为一台设备服务，这类似于选择通道，但它不等整个通道程序执行结束就为另一台设备的通道程序执行指令，这又类似于字节多路通道的分时功能。在本质上，数组多路通道相当于通道程序的多道程序设计技术的硬件实现。如果所有的通道程序都只有一条命令，那么数组多路通道就相当于数组选择通道。

### 5.2.4 总线系统

计算机系统中的各部件，如CPU、存储器以及各种I/O设备之间的联系，都是通过总线来实现的，如图5.4所示。总线的性能是用总线的时钟频率、带宽和相应的总线传输速率等指标来衡量的。随着计算机中CPU和内存速率的提高、字节的增加，以及不断地引入新型设备，促使人们对总线的性能提出更高的要求。这便推动了总线技术的不断发展，使之由早期的ISA总线发展为EISA总线、VESA总线，进而演变成当前广为流行的PCI总线。

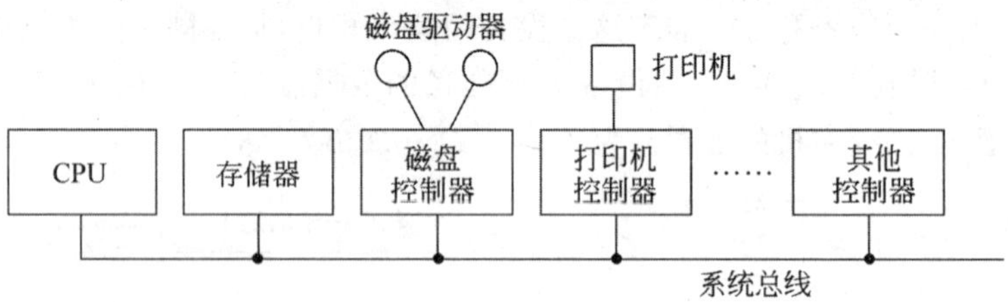


图5.4 总线型I/O系统结构

## 5.3 I/O系统软件组成

### 5.3.1 I/O软件的设计目标和原则

I/O软件的设计目标就是将软件组织成一种层次结构，底层的软件用来屏蔽I/O硬件的细节，从而实现上层的设备无关性，高层软件则主要为用户提供一个统一、规范、方便的接口。

为了实现这个目标，操作系统把I/O软件组织分成以下层次：中断处理程序、设备驱动程序、与设备无关的I/O软件、用户层的I/O软件。图5.5列出了这四个层次以及每层软件的主要功能，其中箭头表示控制流。

当用户程序从文件中读一个数据块时，需要通过操作系统来执行此操作。设备无关软件首先在数据块缓冲区中查找此数据块。若未找到，则调用设备驱动程序向硬件提出相应的请求。用户进程随即阻塞，直至数据块读出。当磁盘操作结束时，硬件发出一个中断，它将激活中断处理程序。中断处理程序则从设备获得返回状态值，并唤醒被阻塞的用户进程来结束此次I/O请求，随后用户进程将继续进行。

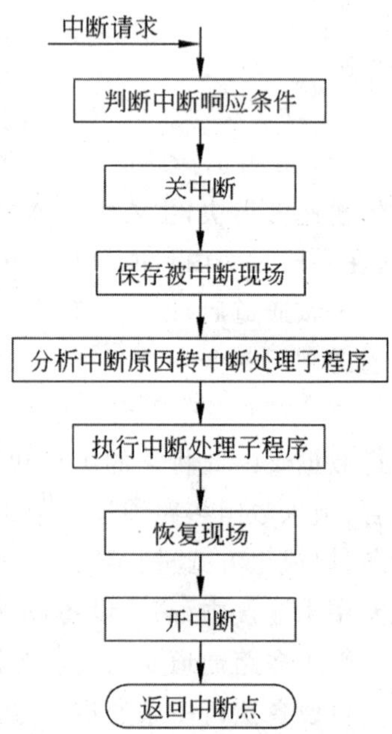


图5.5 中断处理过程

以下对这四个层次自底向上分别进行讨论。

## 5.3.2　中断处理程序

在设备控制器的控制下，I/O设备完成了I/O操作后，控制器便向CPU发出一个中断请求，CPU响应后便转向中断处理程序。无论是哪种I/O设备，其中断处理程序的处理过程大体相同，主要有以下几个阶段。

(1) 检查CPU响应中断的条件是否满足。如果有来自中断源的中断请求，并且CPU允许中断，则CPU响应中断的条件满足；否则中断处理无法进行。

(2) CPU响应中断后立即关中断。如果CPU响应中断，则它立即关中断，使其不能再次响应其他中断。

(3) 保存被中断进程的CPU环境。为了在中断处理结束后能使进程正确地返回到断点，系统必须把当前处理的程序状态字(Program Status Word，PSW)和程序计数器(Program Counter，PC)等的内容保存在中断保留区(栈)中，对被中断进程的CPU现场要进行保留(也将它们压入中断栈中)，包含所有的CPU寄存器，如段寄存器、通用寄存器等，因为在中断处理时可能会用到这些寄存器。

(4) 分析中断原因，转入相应的设备中断处理程序。由处理器对各个中断源进行测试，识别中断类型(磁盘中断，还是时钟中断)和中断的设备号(如哪个磁盘引起的中断)，处理优先级最高的中断源发出的中断请求，并发送一个应答信号给发中断请求信号的进程，使之消除该中断请求信号，然后将该中断处理程序的入口地址装入到程序计数器中，使处理机转向中断处理程序。

(5) 执行中断处理程序。对不同的设备有不同的中断处理程序。中断处理程序首先从设备控制器中读出设备状态看是否正常完成。如果正常完成，则驱动程序便可做结束处理；如果是还有数据要传送，则继续进行传送；如果是异常结束，则根据发生异常的原因进行相应的处理。

(6) 恢复被中断进程的CPU现场。当中断处理完成后，便可将保存在中断栈中的被中断进程的现场信息取出，并装入到相应的寄存器中。这样当某程序是指令在$N$位置时被中断的，退出中断后，处理机再执行本程序时，便从$N+1$开始，于是便返回了被中断的程序。

(7) 开中断，CPU继续执行。I/O操作完成后，驱动程序必须检查本次I/O操作中是否发生了错误，以便向上层软件报告，最终是向调用者报告本次执行情况。

## 5.3.3　设备驱动程序

不同类型的设备应有不同的设备驱动程序。所谓设备驱动程序是指驱动物理设备和DMA控制器或I/O控制等直接进行I/O操作的子程序集合。设备驱动程序主要负责启动指定设备，即负责设置与相关设备有关的寄存器的值，启动设备进行I/O操作，指定操作的类型和数据流向等。当然，在启动指定设备之前，还必须完成一些必要的准备工作，如检验设备是否“忙”等。在完成所有的准备工作之后，最后才向设备控制器发送一条启动命令。那么系统到底如何完成用户提出的I/O请求呢？其具体处理过程是：用户进程发出 I/O 请求→系统接受这个 I/O 请求→设备驱动程序具体完成 I/O 操作→I/O 完成后，用户进程重新开始执行。图 5.6 是 I/O 请求处理过程示意图。

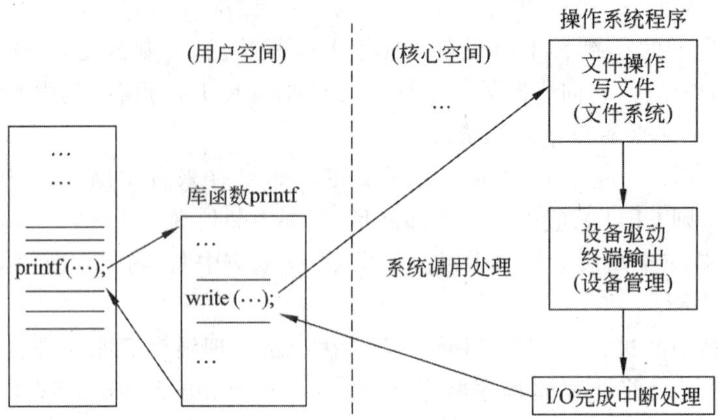


图 5.6 I/O 请求处理过程示意

下面简要说一下此过程，其中重点叙述设备驱动程序的处理过程。

(1) 用户进程发出 I/O 请求。例如，用户编写的 C 程序中可以使用标准的 I/O 库函数，如 scanf、printf 等。用户程序和相应的库函数连在一起，装入内存进行运行。与这些库函数对应的源代码中要利用系统调用(包括 I/O 系统调用)，通过系统调用进入操作系统。由操作系统接受用户 I/O 请求，提供相应的服务。

(2) 执行到与 I/O 请求相对应的系统调用后，转去执行操作系统的核心程序，此时进程的状态由用户态转到核心态。

在 Linux 系统中，是把设备作为特殊的文件来处理，这样对设备的访问变成对文件的访问，包括打开文件、关闭文件、读文件、写文件等。核心程序执行有关文件操作的代码，例如写文件(在标准输出文件——屏幕上显示文件内容)。系统分配相应的缓冲区，将输出数据送入缓冲区，同时系统根据内部预先设置的表格，将对文件的操作转为对相应设备驱动程序的调用，实现符号设备名映像到相应的驱动程序。

(3) 设备驱动程序是控制设备动作(如设备的打开、关闭、读、写等)的核心模块，用来控制设备上数据的传输。

一般来说，设备驱动程序接收来自上层与设备无关软件的抽象请求，并执行该请求。如果请求到来时驱动程序是空闲的，那么它就立即执行该请求；反过来，若它正忙于处理前面的请求，就把新请求放入未完成请求队列中，并尽快予以处理。下面介绍它的处理过程。

① 将抽象要求转换为具体要求。例如，对于磁盘来说，应将抽象要求中的盘块号转换为磁盘的盘面号、扇区号、磁道号。这一转换工作只能由相应的磁盘驱动程序来完成，因为在操作系统中只有驱动程序才能同时了解抽象要求和设备寄存器中的情况，才能知道命令、数据和参数应分别送往哪个寄存器。

② 检查 I/O 请求的合法性。对于输入/输出设备在某一时刻只能进行某一 I/O 操作，如果设备不支持这次 I/O 请求，则认为它是非法的。例如磁盘虽然是读写设备，但在

某一时刻只能进行读操作或写操作。

③ 检查设备状态，发送启动命令，同时传送必要的参数。只有当所有设备处于空闲状态时，才能启动相应的设备控制器，否则应等待。因此在启动设备之前，必须从设备控制器的状态寄存器中读出该设备的状态。然后向控制器发出启动命令，并把它写入相应的设备寄存器中。另外，还需要传送必要的参数，例如，在启动磁盘进行读/写之前，应先将本次要传送的字节数、数据应到达的内存始址送入控制器的相应寄存器中。

④ 启动I/O设备。完成了上述各项准备工作后，驱动程序便可以向控制器中的命令寄存器传送相应的控制命令，启动I/O设备。这些控制命令发出后，多数情况下，驱动程序需要等待控制器完成一些操作，如读写一个盘块中的数据，从而使驱动程序阻塞，直至中断时才可被唤醒。另一种情况是不需要等待，不必进入阻塞，操作没有延迟就完成了。例如，在终端上滚屏就是把一些字节写入控制寄存器，速度很快，整个动作用几个微秒就完成了。但不管哪种情况，都必须进行错误检查，如果一切正常，则驱动程序就把数据传给上层与设备无关的软件。最后，将向它的调用者返回一些关于错误报告的状态信息。如果在等待队列中还有其他请求，就从中选出一个，启动它执行；否则该驱动程序被封锁，等待下一请求的到来。

(4) I/O完成后，由通道(或设备)产生中断信号。CPU接到中断请求后，如果条件符合(中断优先级高于运行程序的优先级)，则响应中断，然后转去执行相应的中断处理程序，唤醒因等待I/O完成而睡眠的进程，调度用户进程继续运行。

综上所述，设备驱动程序有如下功能。

(1) 可将接收到的抽象要求转换为具体要求。

(2) 接受用户的I/O请求。设备驱动程序将用户的I/O请求排在请求队列的队尾，检查I/O请求的合法性，了解I/O设备的状态，传递有关参数等。

(3) 取出请求队列中队首请求，将相应设备分配给它。然后启动该设备工作，完成指定的I/O操作。

(4) 处理来自设备的中断，及时响应由控制器或通道发来的中断请求，并根据其中断类型调用相应的中断程序进行处理。

### 5.3.4 设备独立性软件

**1. 设备无关性的概念**

现代计算机系统中常配有各种类型的设备，并且同一类型的设备可能有多台，那么就存在如何标识各台设备的问题。各系统中对设备命名的思想基本类似，即系统按照某种原则为每台设备分配一个唯一的号码，用做控制器识别设备的代号，称做设备的绝对号(物理设备名)，就如同内存中每一个单元都有一个地址一样。

为了提高操作系统的可扩展性和适应性，人们提出了设备无关性(即设备独立性)的概念。其含义是：用户编写的应用程序独立于具体使用的物理设备，即使设备更换了，应用程序也不用改变。

在多道程序环境中，多个用户共享系统中的设备，他们并不知道哪台设备忙、哪台设备闲、哪台设备可用、哪台设备不可用，因此只能由操作系统根据当时设备的具体情况决定哪些用户使用哪些设备。这样用户在编写程序时就不必通过设备绝对号来使用设备，只需向系统说明他要使用的设备类型就可以了。

为此，操作系统为每类设备规定了一个编号，即设备的类型号（逻辑设备名）。在Linux中，设备的类型号由主设备号和次设备号组成，主设备号表示设备类型，次设备号表示同类设备中的相对序号。如LPT1、LPT2分别表示第一台和第二台打印机（LPT表示设备类型为打印机，1、2为打印机的相对序号），如果此时系统有这两台打印机，那么当用户准备使用其中一台打印机时，用户程序只须向操作系统说明此时它要用的设备是打印机类设备的第几台。这里的“第几台”是设备相对号，是用户自己规定的，应该与系统为每台设备规定的绝对号相区别。当系统接收到用户程序使用设备的申请时，由操作系统进行“地址转换”，变成系统中设备的绝对号。

为了实现设备独立性而引入了逻辑设备和物理设备的概念。所谓逻辑设备是实际物理设备属性的抽象，它并不局限于某个具体设备。例如一台名为LST的具有打印机属性的逻辑设备，它可能是0号打印机或1号打印机，在某些情况下，也可能是显示终端，甚至是一台磁盘的某部分空间（虚拟打印机）。逻辑设备究竟和哪一个具体的物理设备相对应，这要由系统根据当时的设备情况来决定或由用户指定。在应用程序中使用逻辑设备名来请求使用某类设备，而系统在实际执行时，使用物理设备名。当然系统必须具有将逻辑设备名转换成物理设备名的功能，这类似于存储器管理中所介绍的逻辑地址和物理地址的概念。在应用程序中，所使用的是逻辑地址，而系统在分配和使用内存时，必须使用物理地址。

引入设备无关性这一概念，使得用户程序可使用逻辑设备名，而不必使用物理设备名，这有以下优点。

(1) 使得设备分配更加灵活。当多用户多进程请求分配设备时，系统可根据设备当时的忙闲情况合理调整逻辑设备名与物理设备名之间的对应情况，以保证设备的独立性。

(2) 可以实现I/O重定向。所谓I/O重定向是指可以更换I/O操作的设备而不必改变应用程序。例如，在调试一个应用程序时，可将程序的所有输出送到屏幕上显示；在程序调试完后，如需正式地将程序的运行结果打印出来，即更换输出设备，则只需将I/O重定向的数据结构——逻辑设备表中的显示终端改为打印机即可，而不必修改应用程序。

**2. 与设备无关的软件**

设备驱动程序是一个与硬件（或设备）紧密相关的软件，为了实现设备独立性，就必须在驱动程序之上设置一层与设备无关的软件。它提供适用于所有设备的常用I/O功能，并向用户层软件提供一个一致的接口。其主要功能如下。

(1) 向用户层软件提供统一接口。无论哪种设备，它们向用户所提供的接口相同。例如对各种设备的读操作，在应用程序中都用read，而写操作则都用write。

(2) 设备命名。设备无关程序负责将设备名映射到相应的设备驱动程序，一个设备名对应一个i节点，其中包括主设备号和次设备号，由主设备号可以找到设备驱动程序，由次设备号提供参数给驱动程序，并指定具体的物理设备。

(3) 设备维护。操作系统应向各个用户赋予不同的设备访问权限，以实现对设备的保护。在Linux系统中，对设备提供的保护机制同文件系统一样，采用了rwx权限机制，由系统管理员为每台设备设置合理的访问权限。

(4) 提供一个独立于设备的块。设备无关软件屏蔽了不同设备使用的数据块大小可能不同的特点,向用户软件提供了统一的逻辑块大小。例如把若干个扇区作为一个逻辑块,这样用户软件就是和逻辑块大小相同的抽象设备交互,而不管磁盘物理扇区的大小。

(5) 对独占设备的分配与回收。有些设备在某一时刻只能由一个进程使用,这就需要操作系统根据对设备的使用要求和忙闲情况来决定是接受还是拒绝请求。对独占设备的分配和回收实际上属于对临界资源的管理。

(6) 缓冲管理。字符设备和块设备都用到缓冲技术。对于块设备每次读写以块为单位进行,但用户可以读写任意大小的数据块。如果用户写半个块,操作系统将在内部利用缓冲管理技术保留这些数据,直到其余数据到齐后才一次性将这些数据写到块设备上。对于字符设备,用户向系统写数据的速度可能比向设备输出的速度快,所以也需要缓冲。在 Linux 中缓冲管理也由文件系统来完成。

(7) 差错控制。由于在 I/O 操作中的绝大多数错误都与设备有关,因此主要由设备驱动程序来处理,而与设备无关软件只处理那些设备驱动程序无法处理的错误。例如一种典型的错误是磁盘块受损导致不能读写,驱动程序在尝试若干次读写操作失败后,就向设备无关软件报错。

### 5.3.5 用户层的 I/O 软件

用户层的 I/O 软件是 I/O 系统软件的最上层软件,负责与用户和设备无关的 I/O 软件通信,即它面向程序员,当接收到用户的 I/O 指令后,把具体的请求发送到设备无关的 I/O 软件,进行进一步的处理。它主要包含用于 I/O 操作的库例程和 SPOOLing (Simultaneous Peripheral Operations On-Line,在联机情况下实现的同时外围操作)系统,下面对二者分别作简要介绍。大部分的 I/O 软件属于操作系统,但也有一小部分是和用户程序链接在一起的库例程,甚至是核心外运行的完整程序。例如: write(fd, buffer,nbytes)是写文件的系统调用,由它调用的库函数 write()将和用户程序连接在一起,放在可执行程序中。例如对软盘和磁盘写操作都是 write(),这两个设备的具体参数完全不同,读写速度也有很大差异,但用户层的输入/输出软件完全屏蔽了具体的硬件细节,向用户提供统一的接口。

## 5.4 I/O 控制方式

随着计算机技术的发展,I/O 控制方式也在不断发展。早期的计算机系统采用程序 I/O 方式;当引入中断机制后,I/O 方式便发展为中断驱动方式;此后,随着 DMA 控制器的出现,又使 I/O 方式在传输单位上发生了变化,即从字节为单位的传输扩大到以数据块为单位的传输,从而大大改善了块设备的 I/O 性能;通道的引入,使得在无须 CPU 干预的情况下,能独立进行 I/O 操作的组织和传送数据。

在 I/O 控制方式的整个发展过程中,始终贯穿着这样一条宗旨,即尽量减少主机对 I/O 控制的干预,把主机从繁杂的 I/O 控制事务中解脱出来,以便更多地去完成数据处理任务。

## 5.4.1 程序 I/O 方式

早期的计算机系统采用程序 I/O(Programming I/O)方式，或称为忙-等待方式。处理机向控制器发出一条 I/O 指令启动输入设备输入数据时，需要同时把状态寄存器中的忙/闲标志 busy 置为 1，然后便不断地循环测试 busy。当 busy=1 时，表示输入机尚未输完一个字(符)，处理机仍继续对该标志进行测试，直至 busy=0，表明输入机已将输入数据送入控制器的数据寄存器中。于是处理机将数据寄存器中的数据取出，送入内存指定单元中，这样便完成了一个字(符)的 I/O。接着再启动读下一个数据，并置 busy=1。

在程序 I/O 方式中，由于 CPU 的高速性和 I/O 设备的低速性，使 CPU 的绝大部分时间都处于等待 I/O 设备完成数据 I/O 的循环测试中，造成对 CPU 的极大浪费。

程序 I/O 方式参见图 5.7。

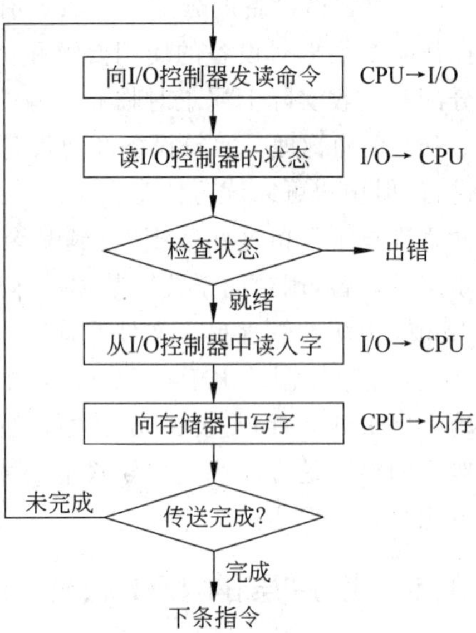

图 5.7 程序 I/O 方式

## 5.4.2 中断驱动 I/O 控制方式

现代计算机系统广泛采用中断驱动(Interrupt Driven)方式。

当某进程要启动某个 I/O 设备工作时，便由 CPU 向相应的设备控制器发出一条 I/O 命令，然后立即返回执行原来的任务。设备控制器于是按照命令要求控制指定 I/O 设备。此时，CPU 与 I/O 设备并行操作。当 I/O 操作完成后，设备控制器向 CPU 发送一中断信号，CPU 转而进入中断处理过程。

例如，在输入时，当设备控制器收到 CPU 发来的读命令后，便去控制相应的输入设备读数据。一旦数据进入数据寄存器，控制器便通过控制线向 CPU 发送一中断信号，由 CPU 检查输入过程中是否有错，若无错，便发送可以取走数据的信号，然后通过控制器和数据总线，将数据写入内存指定单元。

在 I/O 设备输入每个数据的过程中，都无须 CPU 干预，因而使 CPU 和 I/O 设备并行工作。仅当输完一个数据时，才需 CPU 花极短的时间去做些中断处理。这样可使 CPU 和 I/O 设备都处于忙碌状态，从而提高整个系统的资源利用率和吞吐量。

例如，从终端输入一个字符的时间为 100ms，而将字符送入终端缓冲区的时间小于 0.1ms。若采用程序 I/O 方式，CPU 约有 99.9ms 的时间处于忙-等待中；采用中断驱动方式后，CPU 可利用这 99.9ms 的时间去做其他事情，而仅用 0.1ms 的时间来处理由控制器发来的中断请求。

中断驱动 I/O 控制方式参见图 5.8。

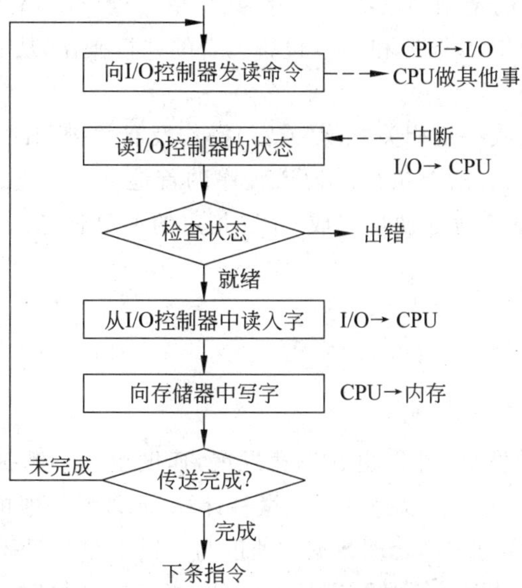


图 5.8　中断驱动 I/O 控制方式

### 5.4.3　直接存储器访问 I/O 控制方式

虽然中断驱动 I/O 比程序 I/O 方式更有效，但须注意，它仍是以字(节)为单位进行 I/O 的。每当完成一个字(节)的 I/O 时，控制器便向 CPU 请求一次中断。DMA(Direct Memory Access，直接存储器访问)方式的引入正是为了进一步减少 CPU 对 I/O 的干预。

该方式的特点如下。

(1) 数据传输的基本单位是数据块。

(2) 所传送的数据从设备直接送入内存，或者相反。

(3) 仅在传送一个或多个数据块的开始和结束时，才需 CPU 干预，整块数据的传送是在控制器的控制下完成的。

DMA 方式较之中断驱动方式，进一步提高了 CPU 与 I/O 设备的并行操作程度。

直接存储器访问 I/O 控制方式参见图 5.9。

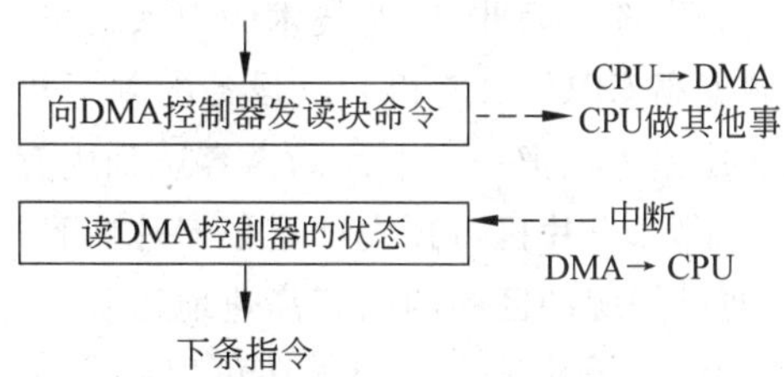


图 5.9　直接存储器访问 I/O 控制方式

### 5.4.4　I/O 通道控制方式

虽然 DMA 方式比起中断方式，已经显著减少了 CPU 的干预，即已经由字(节)为单位的干预减少到以数据块为单位的干预，但 CPU 每次发一条 I/O 指令，也只能去读(或写)一个连续的数据块。当需要一次读多个数据块且将它们分别传送至不同的内存区域，或者相反时，则须由 CPU 分别发出多条 I/O 指令及进行多次中断处理，才能完成。

I/O 通道方式是 DMA 方式的发展，它可以进一步减少 CPU 的干预，即把对一个数据块的读(或写)为单位的干预,减少为对一组数据块的读(或写)及有关的控制和管理为单位的干预,同时实现CPU、通道和I/O设备三者的并行操作,从而更有效地提高整个系统的资源利用率。

例如,当CPU要完成一组相关的读(或写)操作及有关控制时,只需向I/O通道发送一条I/O指令,以及给出其所要执行的通道程序的首地址和要访问的I/O设备,通道接到该指令后,通过执行通道程序便可完成CPU指定的I/O任务。

## 5.5 缓冲管理

### 5.5.1 缓冲的引入

随着计算机技术的发展,外设也在迅速发展,速度也在不断提高,但它与CPU的速度仍相差甚远。CPU的速度是以毫秒甚至微秒计算,而外设一般的处理速度是以毫秒甚至秒计算。这样就出现了CPU处理数据的速度与外设I/O速度不匹配现象。

例如一般程序都是时而计算时而进行I/O的,当正在计算时,没有数据输出,打印机空闲;当计算结束时产生大量的输出结果,而打印机却因为速度慢,根本来不及在极短的时间内处理这些数据而使得CPU停下来等待。由此可见,系统中各个部件的并行程度仍不能得到充分发挥。引入缓冲可以进一步改善CPU和I/O设备之间速度不匹配的情况。在上述例子中如果设置了缓冲区,则程序输出的数据先送到缓冲区,然后由打印机慢慢输出。于是,CPU不必等待,而可以继续执行程序,使CPU和打印机得以并行工作。事实上凡是数据输入速率和输出速率不相同的地方都可以设置缓冲区,以改善速度不匹配的情况。

虽然通道技术和中断技术为计算机系统的并行活动提供了强有力的支持,但往往由于通道数量不足而产生"瓶颈"现象,使得CPU、通道和I/O设备之间的并行能力并未得到充分发挥。因此,缓冲技术的引入还可以减少占用通道的时间,从而缓和"瓶颈"现象,明显提高CPU、通道和I/O设备的并行程度,提高系统的处理能力和设备的利用率。例如卡片输入机把一张卡片的内容送到内存大约占用通道60ms,若设置一个80字节的缓冲区,那么卡片机可预先把这张卡片内容送入这个缓冲区,当启动通道请求读入卡片信息时,便可把缓冲区中的内容高速地送到内存,仅需要约100$\mu$s的通道时间。

另外,缓冲技术的引入还可以减少对CPU的中断次数,放宽CPU对中断响应时间的限制。例如从远程终端发来的数据若仅用一位缓冲寄存器来接收,则必须在每收到一位数据后便中断CPU一次,而且在下次数据到来之前,必须将缓冲寄存器中的内容取走,否则会丢失数据。但如果设置一个16位的缓冲寄存器来接收信息,则仅当16位都装满时才中断CPU一次,从而把中断的频率降低为原来的1/16。

总之,引入缓冲技术的优点有:

(1) 缓和CPU与I/O设备之间速度不匹配的矛盾;

(2) 提高CPU、通道与I/O设备间的并行性;

(3) 减少对CPU的中断次数,放宽CPU对中断响应时间的要求。

缓冲技术的实现主要是设置合适的缓冲区。缓冲区可以用硬件寄存器来实现硬缓冲，如打印机等都有这样的缓冲区，它的速度虽然快，但成本很高，容量也不会很大，而且具有专用性，故不多采用。另一种较经济的办法就是设置软缓冲，即在内存中开辟一片区域充当缓冲区，缓冲区的大小一般与盘块的大小一样。缓冲区的个数可根据数据 I/O 的速率和加工处理的速率之间的差异情况来确定。

## 5.5.2　单缓冲和双缓冲

**1. 单缓冲**

单缓冲指当一个进程发出一个 I/O 请求时，操作系统便在主存中为之分配一个缓冲区，用来临时存放输入/输出数据。它是操作系统提供的一种最简单的缓冲形式。单缓冲的输出情况是：当需要输出的信息很多时，可用一个缓冲区存放部分信息，当输出设备取空此缓冲区后，便产生中断，CPU 处理中断，然后很快又装满缓冲区，启动输出设备继续输出，而 CPU 转去执行其他程序，从而 CPU 与输出设备就实现了并行工作。输入设备与 CPU 并行工作的道理也是如此。

由于单缓冲只设置一个缓冲区，那么在某一时刻该缓冲区只能存放输入数据或输出数据，而不能既是输入数据又是输出数据，否则会引起缓冲区中数据的混乱。在单缓冲方式下，输入设备与输出设备的工作情况是：当数据输入到缓冲区时，输入设备忙着输入，而输出设备空闲，而当数据从缓冲区中输出时，输出设备忙着输出，而输入设备空闲。对缓冲区来说，信息的输入和输出是串行工作的。例如，把一叠卡片输入并打印出来，设读卡机和打印机的速度分别是每分钟 600 张和每分钟 600 行，则每读入并打印出一张卡片上的记录需时 200ms，此时读卡机和打印机是串行工作的，即读卡机在将数据输入缓冲区时，打印机空闲；打印机工作时读卡机空闲。

由上述可知，单缓冲只能缓解输入设备、输出设备速度差异造成的矛盾，不能解决外设之间的并行问题。为解决并行问题，必须引入双缓冲。

**2. 双缓冲**

双缓冲指在操作系统中为某一设备设置两个缓冲区，当一个缓冲区中的数据尚未被处理时可使用另一个缓冲区存放从设备读入的数据，以此来进一步提高 CPU 和外设的并行程度。图 5.10 所示为双缓冲示意图。A、B 为两个缓冲区。

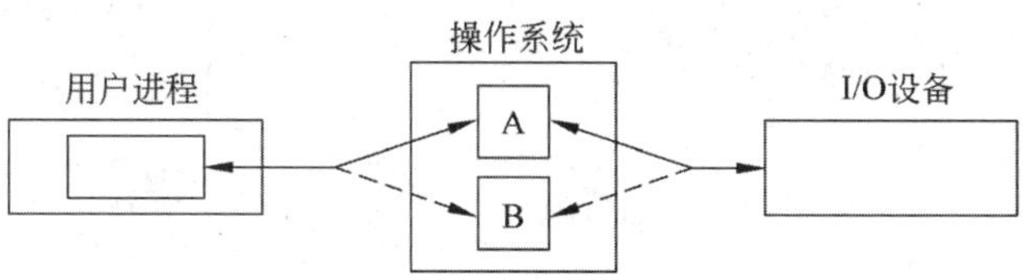


图 5.10　双缓冲(1)

当用户进程要求输入数据时，首先输入设备将数据送往缓冲区 A 中，然后用户进程从缓冲区 A 中取出数据进行计算，此时如果从输入设备又读出一些数据，操作系统将会把数据暂存到缓冲区 B 中，待用户进程处理完 A 中的数据后，就从 B 中取数进行计算。

与此同时，输入设备又可将数据送往 A，如此交替使用缓冲区 A 和 B，从而更加缓和了 CPU 和外设之间的速度矛盾，同时它们间的并行程度也进一步提高。当数据输出时与输入情况类似。

另外，双缓冲还实现了外设间的并行工作。以读卡机和打印机为例（见图 5.11），具体实现过程如下：

首先读卡机将第一张卡片的信息读入缓冲区 A，装满后就启动打印机打印 A 的内容，同时可以启动读卡机向缓冲区 B 读入下一张卡片的信息。如果信息的输入和输出速率相同（或相差不大）时，那么正好在缓冲区 A 中的内容打印完时，缓冲区 B 也将被装满；然后交换动作，打印缓冲区 B 中的信息，读卡片信息到缓冲区 A 中，如此反复进行，使得读卡机和打印机能够完全并行工作，I/O 设备得到了充分利用。

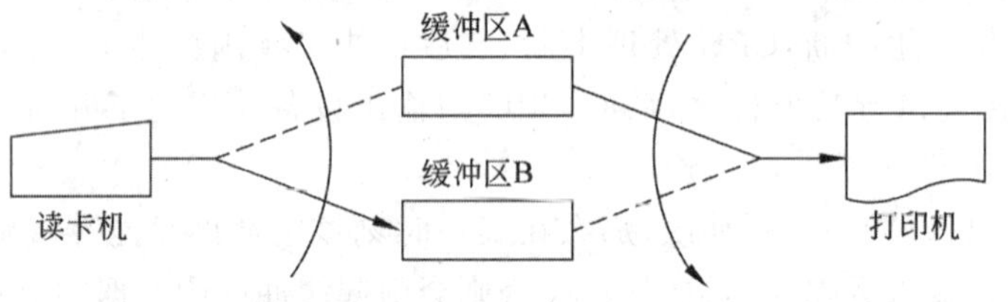


图 5.11　双缓冲(2)

双缓冲虽然比单缓冲方式能进一步提高 CPU 和外设的并行程度，并且能使外设并行工作，但是在实际中仍然少用，因为计算机外设越来越多，输入/输出工作频繁，使得双缓冲难以匹配 CPU 与设备的速度差异。所以，现代计算机多采用多缓冲机制。

### 5.5.3　循环缓冲

可以将多个缓冲区组织成循环缓冲形式，如图 5.12 所示。

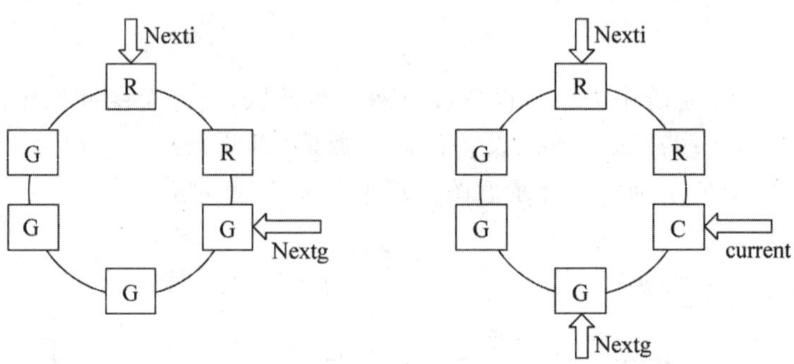


图 5.12　循环缓冲

指针 Nexti 用于指示输入进程下次可用的空缓冲区指针 R；指针 Nextg 用于指示计算进程下一个可用缓冲区 G；指针 current 用于指示计算进程正在使用的缓冲区 C。

计算进程和输入进程可用下述两个过程来使用循环缓冲区。

**1. Getbuf 过程**

当计算进程要使用缓冲区中的数据时，可调用 Getbuf 过程。该过程将由指针 Nextg 所指示的缓冲区提供给进程使用，并相应地将之改为现行工作缓冲区，并令 current 指针指向该缓冲区的第一个单元，同时将 Nextg 移向下一个 G 缓冲区。

类似地，每当输入进程要使用空缓冲区来装入数据时，也调用 Getbuf 过程，由该过程将指针 Nexti 所指示的缓冲区提供给输入进程使用，同时将 Nexti 指针移向下一个 R 缓冲区。

**2. Releasebuf 过程**

当计算进程把 C 缓冲区中的数据提取完毕时，便调用 Releasebuf 过程，将缓冲区 G 释放。此时，把该缓冲区由当前工作缓冲区 C 改为空缓冲区 R。

类似地，当输入进程把缓冲区装满时，也调用 Releasebuf 过程，将该缓冲区释放，并改为 G 缓冲区。

### 5.5.4 缓冲池

缓冲池由内存中的一组缓冲区构成。操作系统与用户进程将轮流地使用各个缓冲区，以改善系统性能。但是这里要注意，系统性能并不是随着缓冲区的数量不断增加而无休止地提高，当缓冲区达到一定数量时，对系统性能的提高微乎其微，甚至会使系统性能下降。缓冲池中多个缓冲区可供多个进程使用，即可用于输出又可用于输入，是一种现代操作系统经常采用的公用缓冲技术，下面就从以下几个方面分别介绍。

**1. 缓冲池的组成**

缓冲池一般包含三种类型的缓冲区：空闲缓冲区、装满输入数据的缓冲区、装满输出数据的缓冲区。

为了管理方便，系统将同一类型的缓冲区连成一个队列，形成以下三个队列。

(1) 空闲缓冲区队列 emq：由空闲缓冲区所连成的队列。其队首指针 F(emq)和队尾指针 L(emq)分别指向该队列的首尾缓冲区。

(2) 输入队列 inq：这是由装满输入数据的缓冲区所连成的队列。其队首指针 F(inq)和队尾指针 L(inq)分别指向该队列的首、尾缓冲区。

(3) 输出队列 outq：这是由装满输出数据的缓冲区所连成的队列。其队首指针 F(outq)和队尾指针 L(outq)分别指向该队列的首、尾缓冲区。

除了上述三个队列外，还应具有四种工作缓冲区：

(1) 用于收容输入数据的工作缓冲区；

(2) 用于提取输入数据的工作缓冲区；

(3) 用于收容输出数据的工作缓冲区；

(4) 用于提取输出数据的工作缓冲区。

**2. 缓冲池管理的基本操作 Getbuf 过程和 Putbuf 过程**

Getbuf(type)：用于从 type 所指定的队列的队首摘下一个缓冲区。

Putbuf(type,number)：用于将由参数 number 所指示的缓冲区挂在 type 队列上。

### 3. 缓冲池的工作方式

缓冲池工作在收容输入、提取输入、收容输出和提取输出四种方式下(见图 5.13)。

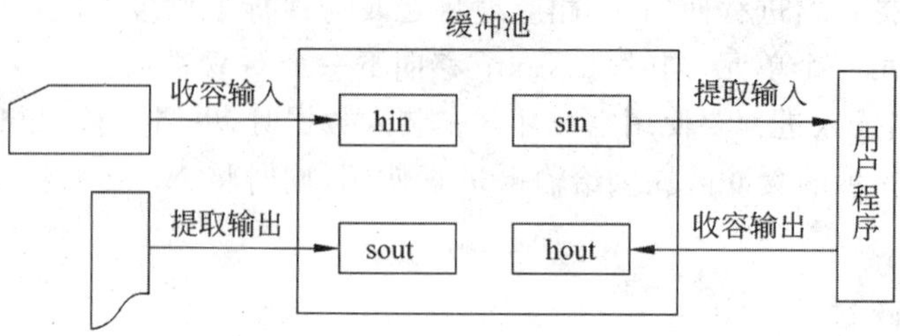


图 5.13　缓冲区的工作方式

(1) 收容输入工作方式：在输入进程需要输入数据时，调用 Getbuf(emq)过程，从空缓冲区队列 emq 的队首摘下一个空缓冲区，把它作为收容输入工作缓冲区。然后，把数据输入其中，装满后再调用 Putbuf(inq, hin)过程，将该缓冲区挂在输入队列 inq 的队尾。

(2) 提取输入工作方式：当计算进程需要输入数据时，调用 Getbuf(inq)过程，从输入队列取得一个缓冲区作为提取输入工作缓冲区，计算进程从中提取数据。计算进程用完该数据后，再调用 Putbuf(emq,sin)过程，将该缓冲区挂到空缓冲队列 emq 上。

(3) 收容输出工作方式：当计算进程需要输出时调用 Getbuf(emq)过程，从空缓冲队列 emq 的队首取得一个空缓冲，作为收容输出工作缓冲区 hout。当其中装满输出数据后，又调用 Putbuf(outq,hout)过程，将该缓冲区挂在输出队列 outq 末尾。

(4) 提取输出工作方式：当要输出时，由输出进程调用 Getbuf(outq)过程，从输出队列的队首取一个装满输出数据的缓冲区，作为提取输出工作缓冲区 sout。在数据提取完后，再调用 Putbuf(emq, sout)过程，将它挂在空缓冲队列 emq 的末尾。

## 5.6 设备分配

在前面介绍过的中断处理、设备驱动程序以及缓冲技术等都假定每一个准备传送数据的进程都已申请到了它所需要的外设、控制器和通道。而事实上，这些资源是有限的，不是每一个进程随时随地都能得到它们。

为使系统有条不紊地工作，进程必须首先向设备管理程序提出资源申请，只要是可能和安全的，然后便由设备分配程序根据相应的分配算法为进程分配资源。如果申请进程得不到它所申请的资源，将被放入相应资源等待队列中等待，直到所需要的资源被释放。如果进程得到了它所需要的资源，就使用它，用完之后系统会及时按相应的设备回收算法回收这些资源，以便其他进程使用。

### 5.6.1 设备分配中的数据结构

为了及时掌握设备情况以便分配设备控制器和通道，设备管理系统必须建立相应的数据结构。在这些数据结构中，记录了相应设备或控制器等的状态，以及对它们进行控制所需要的信息。

在进行设备分配时所需的数据结构主要有设备控制表(Device Control Table, DCT)、控制器控制表(Controller Control Table, COCT)、通道控制表(Channel Control Table, CHCT)、系统设备表(System Device Table, SDT)。

图 5.14 列出了各自的主要组成部分,下面对它们做一简要介绍。

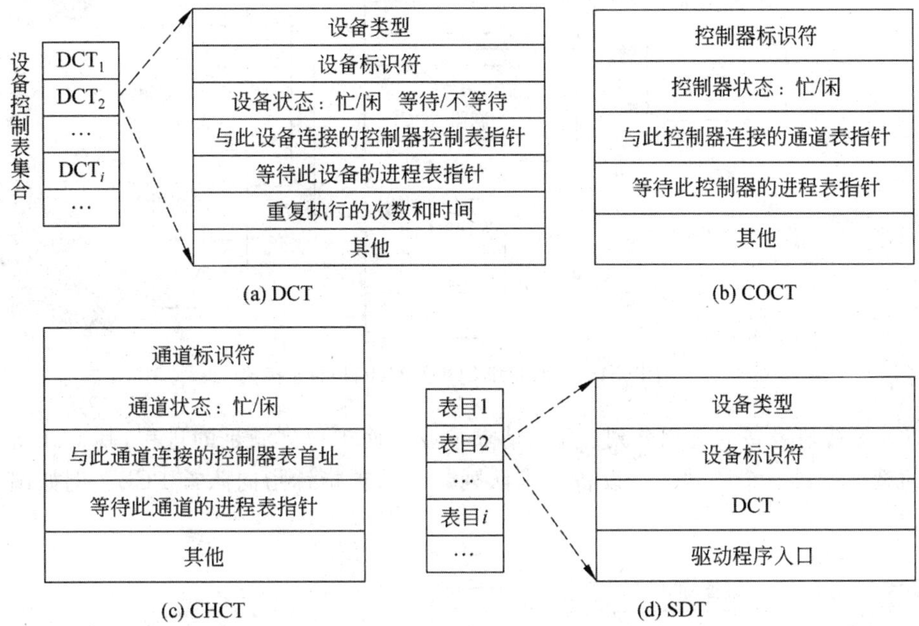


图 5.14　设备分配所需的数据结构表

**1. 设备控制表**

系统为每一个设备都配置了一张设备控制表(DCT),用来记录设备的特性、设备和 I/O 控制器的连接情况以及设备的分配和使用情况,如图 5.14(a)所示。

DCT 在系统生成时或在该设备和系统连接时创建,但表中的内容可根据系统执行情况动态修改。它主要包括以下内容。

(1) 设备标识符:该设备的设备名或设备号,用来标识设备。

(2) 设备类型:用来表示设备的特性,例如是块设备还是字符设备等。

(3) 设备地址:每个设备都有相应的地址,这个地址既可以与内存统一编址,也可以单独编址。

(4) 设备状态:指设备处于等待还是不等待、忙还是闲的状态。当设备自身正处于使用状态时,应将设备的忙标志置"1"。若与该设备相连接的控制器或通道正忙,不能启动该设备,则此时将设备的等待标志置"1"。

(5) 与设备连接的控制器表指针:该指针指向该设备所连接的控制器控制表。在有多条通路的情况下,一个设备将与多个控制器相连,如图 5.15 所示,与设备 A 连接的控制器有 B 和 C。在该项内置入与此设备相连的控制器控制表首址,因为控制器 B 和 C 连到同一设备 A 上,所以控制器 B 和 C 的 COCT 也连接在了一起。

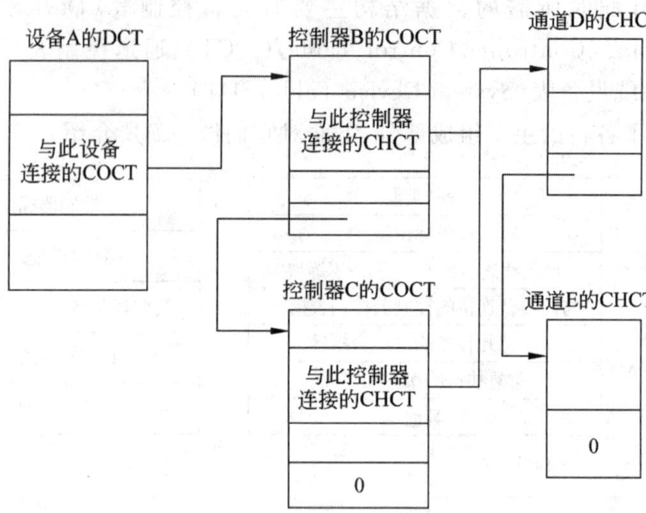


图 5.15 DCT 和 COCT、CHCT 的连接

(6) 等待该设备的进程队列：凡因请求本设备而未得到满足的进程，其 PCB 都按照一定的策略排成一个队列——设备请求队列。其队首指针指向队首 PCB。例如图 5.16 所示。

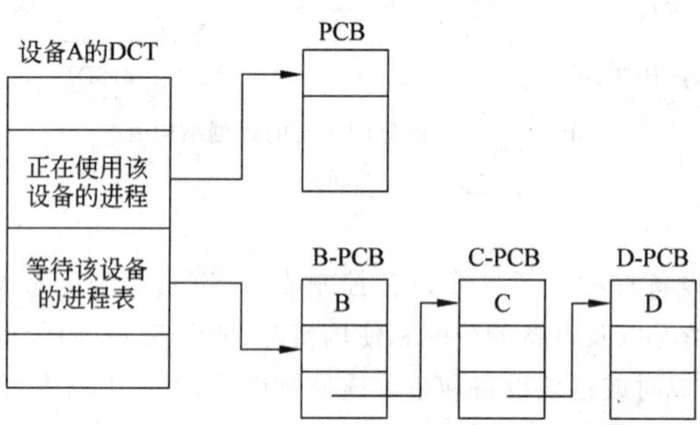


图 5.16 DCT 和 PCB 的连接

(7) 重复执行次数或时间。由于外部设备在传送数据时，较易发生信息传送错误，因而在许多系统中，如果发生传送错误，并不立即认为传送失败，而是令它重新传送，并由系统规定设备在工作中发生错误时应重复执行的次数。在重复执行时，若能恢复正常传送，则仍认为传送成功，仅当屡次失败致使重复执行次数达到规定值而传送仍不成功时，才认为传送失败。

(8) 其他信息，如一些释放信息等。

**2. 控制器控制表**

系统为每个控制器都设置了一个控制器控制表(COCT)，用它来反映 I/O 控制器的使用情况以及所连接的通道情况，如图 5.14(b)所示。COCT 中各相应项意义与 DCT 类似。

### 3. 通道控制表

通道控制表(CHCT)存在于设置有通道的系统中,也是每个通道都配有一张通道控制表,如图 5.14(c)所示。它与 DCT 类似,包括通道标识符、通道忙/闲标识符等,在此不再细讲。

### 4. 系统设备表

系统设备表(SDT)记录系统中设备资源的状态,即反映出系统中有多少设备,其中有多少是空闲的,而又有多少已分配给了哪些进程。在整个系统中设置唯一的系统设备表(SDT),是系统范围数据结构,记录了系统中全部设备情况,并为每个设备设置了一个表项,如图 5.14(d)所示。SDT 的每个表项主要包括:

(1) 设备类型和设备标识符,含义同 DCT;

(2) 正在使用设备的进程标识;

(3) 指向有关设备的设备控制表——DCT 指针。

除了以上四种主要的数据结构外,还有设备数据块(Device Data Block,DDB)、设备分配块(Device Allocation Block,DAB)和 I/O 请求包(I/O Request Package,IRP)等。

设备数据块(DDB)用以描述同类设备的公共属性以及与该类设备有关的处理程序等信息(例如,分配程序的地址、设备中断处理程序的地址、启动 I/O 例程的地址等),系统为每一类外设建立了一个 DDB。

设备分配块(DAB)描述的是当进程请求分配设备时,若得到了所需设备时写入设备及控制器、通道的有关信息(DCT、COCT、CHCT 的地址信息等)。

I/O 请求包(IRP)存放当进程发出 I/O 请求时的有关 I/O 信息(请求 I/O 的进程标识符、I/O 操作的输入/输出功能码、请求 I/O 时进程的优先级、缓冲区始址等)。IRP 是动态建立的,并且它将被连接到 DCT 中。

有了这些数据结构之后,对于配置有通道的计算机系统,设备分配程序还应考虑至少如下三个问题:

(1) 是否有能用来为 I/O 请求提供服务的通路?

(2) 是否有多条通路可用?

(3) 如果当前没有可用通路,那么通路何时才能空闲?

所以设备分配程序一方面要随时记录设备、控制器和通道的状态信息,另一方面还要构成设备到内存的通路。

根据所请求的 I/O 设备,由系统设备表找到该设备的设备控制表(DCT),然后检查 DCT。

例如,所要求的设备是图 5.15 中的设备 A,于是 I/O 设备分配程序检查设备 A 的 DCT,从中找到与此设备相连的 COCT,发现控制器 B、C 与 A 相连。如果控制器 B 不忙,则从控制器 B 的 COCT 中找出与此控制器相连的通道。其结果是:通道 D 和 E 与控制器 B 的 COCT 相连。如果通道 D 正忙,而通道 E 空闲,那么便可构成一条 I/O 通路:通道 E——控制器 B——设备 A。

对于所请求的 I/O 设备,根据上述的查找方法,可能出现三种情况。

(1) 对于所请求的I/O设备,仅有一条通路可用。例如:通道E——控制器B——设备A。

(2) 对于所请求的I/O设备,可以找出一条以上的可用通路。例如上例中,最多可找出四条可用通路:

通道D——控制器B——设备A

通道D——控制器C——设备A

通道E——控制器B——设备A

通道E——控制器C——设备A

(3) 对于所请求的I/O设备,没有一条可用的通路。若通道D、E都处于忙状态,则对于设备A,就没有可用通路。

在I/O繁忙的情况下,暂时没有可用通路是完全可能的。但是当I/O完成后就会有一个或多个部件(设备、控制器和通道)被释放,于是此时I/O设备分配程序又会构成I/O通路。为此,当有进程提出I/O请求后,如果有可用通路,则在DCT、COCT、CHCT中将进程名(或进程PCB的首址)登记在表示正在使用该设备(或控制器或通道)的状态表项内;如果没有一个可用的通路,则进行排队等候,如图5.16所示。至此,上述三个问题都已解决,设备分配程序就可以按照一定的策略进行设备分配。至于分配时该按照什么样的原则和算法,下一节将具体讲解。

## 5.6.2 设备分配时应考虑的因素

**1. 设备的固有属性**

在分配设备时,首先应考虑与设备分配有关的设备属性。设备的固有属性可分成三种:

第一种是独占性,是指这种设备在一段时间内,只允许一个进程独占;

第二种是共享性,是指这种设备允许多个进程同时共享,此时须注意对这些进程访问该设备的先后次序进行合理调度;

第三种是可虚拟设备,指设备本身虽是独占设备,但经过某种技术处理,可以把它改造成多台逻辑上的虚拟设备,因而虚拟设备是可共享的设备,可以将它同时分配给多个进程使用。

**2. 设备分配算法**

设备分配算法包括如下两种。

(1) 先来先服务。当有多个进程对同一设备提出I/O请求时,该算法是根据各进程对某设备提出请求的先后次序,将这些进程排成一个设备请求队列,设备分配程序总是把设备首先分配给队首进程。

(2) 优先级高者优先。在这种分配策略中,优先权高的进程所提出的I/O请求也赋予高优先权,显然这有助于优先权高的进程尽快完成。在利用该算法形成设备队列时,将优先权高的进程排在设备队列前面,而对于优先级相同的I/O请求,则按先来先服务原则排队。

**3. 设备分配中的安全性**

设备分配中的安全性包括如下内容。

(1) 安全分配方式。在这种分配方式中，每当进程发出I/O请求后，便进入阻塞状态，直到其I/O操作完成时才被唤醒。这样使得进程阻塞后不可能再请求任何资源，从而防止发生死锁。

(2) 不安全分配方式。在这种分配方式中，进程在发出I/O请求后仍继续运行，需要时又发出第二个I/O请求、第三个I/O请求等。仅当进程所请求的设备已经被另一进程占用时，请求进程才进入阻塞状态。这种分配方式的优点是，一个进程可同时操作多个设备，使进程推进迅速。其缺点是可能造成死锁。

## 5.6.3 独占设备的分配程序

对于独占设备，应采用独享分配策略。即将一个设备分配给某进程后，便由该进程独占，直至该进程完成或释放该设备，系统才能将该设备分配给其他进程使用。

下面通过一个具有I/O通道的系统的例子，来介绍设备分配过程。当某进程提出I/O请求后，系统的设备分配程序可按下述步骤进行设备分配。

(1) 分配设备。首先根据I/O请求中的物理设备名，查找系统设备表(SDT)，从中找出该设备的DCT，再根据DCT中的设备状态字段，可知该设备是否正忙。若忙，便将请求I/O的进程的PCB挂在设备队列上；否则，便按照一定的算法来计算本次设备分配的安全性。如果不会导致系统进入不安全状态，便将设备分配给请求进程；否则仍将其PCB插入设备等待队列。

(2) 分配控制器。在系统把设备分配给请求I/O的进程后，再到其DCT中找出与该设备连接的控制器的COCT，从COCT的状态字段中可知该控制器是否忙碌。若忙，便将请求I/O的进程的PCB挂在该控制器的等待队列上；否则，将该控制器分配给进程。

(3) 分配通道。在该COCT中又可以找到与该控制器相连接的通道的CHCT，再根据CHCT内的状态信息，可知该通道是否忙碌。若忙，便将请求I/O的进程挂在该通道的等待队列上；否则，将该通道分配给进程。

只有在设备、控制器和通道三者都分配成功时，这次的设备分配才算成功。然后，便可启动该I/O设备进行数据传送。

## 5.6.4 SPOOLing技术

SPOOLing技术，是在多道程序设计中将一台独占设备改造为共享设备的一种行之有效的技术。通过SPOOLing技术，可以将一台物理I/O设备虚拟为多台逻辑I/O设备，从而允许多个用户共享一台物理I/O设备。

早期的计算机系统，为了缓和CPU的高速性和I/O设备低速性之间的矛盾而引入了脱机输入/输出技术。该技术利用专门的外围控制机，将低速I/O设备上的数据传送到高速磁盘上；或者相反。

当系统中引入了多道技术后，完全可以利用其中的一道程序，来模拟脱机输入时的外围控制机功能，把低速I/O设备上的数据传送到高速磁盘上；再用另一道程序模拟脱机输出时的外围控制机功能,把数据从磁盘传送到低速输出设备上,这样,便可在主机的直接控制下,实现脱机输入、输出功能。此时的外围操作与 CPU 对数据的处理同时进行,把这种联机情况下实现的同时外围操作称为 SPOOLing(Simultaneous Peripheral Operation On Line),或称为假脱机技术。

例如,一般的打印机是一种独占设备,每次只能有一个进程使用它,即使占有该打印机的进程暂时不用它,其他进程也无法使用此打印机进行打印。为了避免这种情况,提高 I/O 速度,应创建一个特殊的守护进程(daemon)以及一个特殊的目录——SPOOLing 目录。在打印一个文件之前,进程首先产生完整的待打印文件并将其放在 SPOOLing 目录下。当进程把该文件放到 SPOOLing 系统中之后就可以认为打印过程已经完成,虽然打印机还没有进行该文件的打印,因此 SPOOLing 也称为打印的"假脱机"过程。而整个的打印作业由该守护进程进行处理,只有该守护进程能够真正使用打印机设备文件。通过禁止用户直接使用打印机设备文件就解决了打印机的独占问题。

SPOOLing 技术除用于打印机外,还可以用于在网络上进行文件传输。例如我们常用的 Internet 电子邮件系统。Internet 通过许多网络将大量的计算机连在一起,当向某人发送 E-mail 时,用户使用某一个程序如 Send,该程序接收要发送的信件并将其送入一个固定的 SPOOLing 目录下待以后由守护进程将其取出然后发送。整个 E-mail 系统在操作系统之外运行。

SPOOLing 系统的特点如下:

(1) 提高了 I/O 速度;

(2) 将独占设备改造为共享设备;

(3) 实现了虚拟设备功能。

## 5.7 磁盘存储器的管理

磁盘存储器容量大、存储速度快,并且可以实现随机存取,是当前存放大量程序和数据的理想设备。对文件的操作,都将涉及对磁盘的访问。磁盘 I/O 速度的高低和磁盘系统的可靠性,都将直接影响到系统性能。因此设法改善磁盘系统的性能,已成为现代操作系统的重要任务之一。

### 5.7.1 磁盘性能

**1. 数据的组织和格式**

磁盘设备可包括一个或多个盘片,每片分两面,每面可分成若干条磁道,各磁道之间留有必要的间隙。为处理简单起见,每条磁道上可存储相同数目的二进制位。每条磁道又分成若干个扇区,每个扇区的大小相当于一个盘块。各扇区间保留一定的间隙。

**2. 磁盘的类型**

对磁盘,可从不同角度进行分类。最常见的是将磁盘分成硬盘和软盘、单片盘和多片盘、固定头磁盘和活动头磁盘等。下面仅对固定头磁盘和活动头磁盘做些介绍。

1) 固定头磁盘

固定头磁盘在每条磁道上都有一个读/写头，所有的磁头都被装在一个刚性磁臂中。通过这些磁头可访问所有磁道，可进行并行读/写。这种结构的磁盘主要用于大容量磁盘上。

2) 活动头磁盘

活动头磁盘每个盘面仅配有一个磁头，也被装入磁臂中。为了能访问该盘面上的所有磁道，该磁头必须能移动以进行寻道。移动磁头仅能以串行方式读/写，致使 I/O 速度较慢，但由于结构简单，仍广泛应用于中小型磁盘设备中。本节主要针对这类磁盘的 I/O 进行讨论。

**3. 磁盘访问时间**

磁盘设备在工作时，以恒定速度旋转。为了读或写，磁头必须能移动到所要求的磁道上，并等待所要求的扇区的开始位置旋转到磁头下，然后再开始读或写数据。因此可把对磁盘的访问时间分成三部分。

(1) 寻道时间 $T_s$：把磁臂(磁头)移动到指定磁道上所经历的时间。该时间是启动磁臂的时间 $s$ 与磁头移动 $n$ 条磁道所花费的时间之和。

(2) 旋转延迟时间 $T_\tau$：指定扇区移动到磁头下面所经历的时间。对于硬盘，典型的旋转速度大多为 5400r/min，每转需时 11.1ms，平均旋转延迟时间 $T_\tau$ 为 5.55ms。

(3) 传输时间 $T_t$：把数据从磁盘读出或向磁盘写入数据所经历的时间。$T_t$ 的大小与每次读/写的字节数 $b$ 和旋转速度有关。

在访问时间中，寻道时间和旋转延迟时间基本上都与读/写数据的多少无关，并且通常占据了访问时间中的大头。例如，假定寻道时间和旋转延迟时间平均为 20ms，而磁道的传输速率为 10Mb/s，如果要传输 10KB，此时总的访问时间为 21ms，可见传输时间所占比例非常小。

## 5.7.2 磁盘调度

磁盘是可供多个进程共享的设备，当有多个进程都要求访问磁盘时，应采用一种最佳的调度算法，以使各进程对磁盘的平均访问时间最小。由于在访问磁盘的时间中，主要是寻道时间，因此磁盘调度的目标，是使磁盘的平均寻道时间最少。

目前常用的磁盘调度算法有先来先服务、最短寻道时间优先及扫描算法等。

**1. 先来先服务**

先来先服务(First Come, First Served,FCFS)算法是根据进程请求访问磁盘的先后次序进行调度。此算法的优点是简单，且每个进程的请求都能依次得到处理，不会出现某一进程的请求长期得不到满足的情况。但此算法未对寻道进行优化，使平均寻道时间可能较长。

例如，有 9 个进程先后提出磁盘 I/O 请求，图 5.17 给出了按 FCFS 算法进行调度的情况。

**2. 最短寻道时间优先**

最短寻道时间优先(Shortest Seek Time First,SSTF)算法选择这样的进程,其要求访问的磁道,与当前磁头所在的磁道距离最近,以使每次的寻道时间最短。这种算法不能保证平均寻道时间最短。

图 5.18 给出了按 SSTF 算法进行调度的情况。可以看出,SSTF 算法的平均寻道长度,明显低于 FCFS 算法,因而 SSTF 较之 FCFS 有更好的寻道性能。

| 从100号磁道开始 | |
|---|---|
| 被访问的下一个磁道号 | 移动距离(磁道数) |
| 55 | 45 |
| 58 | 3 |
| 39 | 19 |
| 18 | 21 |
| 90 | 72 |
| 160 | 70 |
| 150 | 10 |
| 38 | 112 |
| 184 | 146 |
| 平均寻道长度：55.3 | |

图 5.17　FCFS 调度算法

| 从100号磁道开始 | |
|---|---|
| 被访问的下一个磁道号 | 移动距离(磁道数) |
| 90 | 10 |
| 58 | 32 |
| 55 | 3 |
| 39 | 16 |
| 38 | 1 |
| 18 | 20 |
| 150 | 132 |
| 160 | 10 |
| 184 | 24 |
| 平均寻道长度：27.5 | |

图 5.18　SSTF 调度算法

**3. 扫描算法**

扫描(SCAN)算法不仅考虑到欲访问的磁道与当前磁道间的距离,更优先考虑的是磁头当前的移动方向。例如,当磁头正在自里向外移动时,SCAN 算法所考虑的下一个访问对象,应是其欲访问的磁道,既在当前磁道之外,又是距离最近的。这样自里向外地访问,直至再无更外的磁道需要访问时,才将磁臂换向自外向里移动。这时,同样也是选择这样的进程来调度,即要访问的磁道在当前位置内距离最近者,这样,磁头又逐步从外向里移动,直至再无更里面的磁道要访问。这种算法又称为电梯调度算法。

图 5.19 给出了按 SCAN 算法进行调度的情况。

**4. 循环扫描算法**

SCAN 算法能获得较好的寻道性能,但也存在问题：当磁头刚从里向外移动而越过了某一磁道时,恰好又有一进程请求访问此磁道,这时,该进程必须等待,待磁头继续从里向外,然后再从外向里扫描完所有要访问的磁道后,才处理该进程的请求,致使该进程的请求被大大推迟。为了减少这种延迟,循环扫描(CSCAN)算法规定磁头单向移动,例如,只是自里向外移动,当磁头移到最外的磁道并访问后,立即返回到最里的欲访问磁道,即将最小磁道号紧接着最大磁道号构成循环,进行循环扫描。

图 5.20 给出了按 CSCAN 算法进行调度的情况。

| 从100号磁道开始，向磁道号增加方向访问 | |
|---|---|
| 被访问的下一个磁道号 | 移动距离（磁道数） |
| 150 | 50 |
| 160 | 10 |
| 184 | 24 |
| 90 | 94 |
| 58 | 32 |
| 55 | 3 |
| 39 | 16 |
| 38 | 1 |
| 18 | 20 |
| 平均寻道长度：27.8 | |

图 5.19　SCAN 调度算法

| 从100号磁道开始，向磁道号增加方向访问 | |
|---|---|
| 被访问的下一个磁道号 | 移动距离（磁道数） |
| 150 | 50 |
| 160 | 10 |
| 184 | 24 |
| 18 | 166 |
| 38 | 20 |
| 39 | 1 |
| 55 | 16 |
| 58 | 3 |
| 90 | 32 |
| 平均寻道长度：35.7 | |

图 5.20　CSCAN 调度算法

## 5.7.3　磁盘高速缓存

磁盘的 I/O 速度远低于对内存的访问速度，通常要低上 4～6 个数量级。因此，磁盘的 I/O 已经成为计算机系统的瓶颈。于是众多方法被用来提高磁盘 I/O 的速度，其中最主要的技术便是采用磁盘高速缓存。

这里所说的磁盘高速缓存，指利用内存中的存储空间，来暂存从磁盘中读出的一系列盘块中的信息。因此，这里的高速缓存指一组在逻辑上属于磁盘，而物理上驻留在内存中的盘块。

如同请求调页一样，在将磁盘中的盘块数据读入高速缓存时，同样会出现因高速缓存中已经装满盘块数据而需要将高速缓存中的数据先换出的问题，相应地，也必然存在采用哪种置换算法的问题。较常用的置换算法仍然是最近最久未使用（LRU）算法、最近未使用（NRU）算法及最少使用（LFU）算法等。

## 5.7.4　提高磁盘 I/O 速度的其他方法

**1. 提前读**

用户对文件进行访问时，常采用顺序方式，即顺序访问文件所在各盘块的数据。在这种情况下，在读当前块时可以预知下一次要读的盘块。因此，可以采取预先读方式，即在读当前块的同时，还要求将下一盘块中的数据也读入缓冲区，这样，当下一次要读该盘块中的数据时，由于该数据块已被提前读入缓冲区，此时便可直接从缓冲区中取得下一盘块的数据，而不必再去启动磁盘 I/O。

**2. 延迟写**

缓冲区中的数据，本应立即写回磁盘，但考虑到该缓冲区中的数据在不久之后可能还会再被本进程或其他进程访问，因而并不立即将缓冲区中的数据写入磁盘，而是将它挂在空闲缓冲区队列的末尾。随着空闲缓冲区的使用,该缓冲区也缓缓往前移动,直至移到空闲缓冲区队列之首。当再有进程申请到该缓冲区时,才将该缓冲区中的数据写入磁盘,而把该缓冲区作为空闲缓冲区分配出去。

**3. 优化物理块的分布**

另一种提高 I/O 速度的重要措施,是优化文件物理块的分布,使磁头的移动距离最小。如果将同属于一个文件的盘块安排在同一条磁道或相邻的磁道上,显然会减少磁头在磁道间的移动,从而提高对文件的访问速度。

对文件盘块位置的优化,应在为文件分配盘块时进行。例如,如果系统中的空白存储空间采用位示图方式表示,只要从位示图中找到一片相邻接的多个空闲盘块即可。

**4. 虚拟盘**

所谓虚拟盘,是指利用内存空间去仿真磁盘,又称 RAM 盘。该盘的设备驱动程序可以接受所有标准的磁盘操作,但这些操作的执行,不是在磁盘上而是在内存中进行的,这些对用户都是透明的。

虚拟盘的主要问题是:它是易失性存储器,一旦系统或电源发生故障,或系统再次启动时,原来保存在虚拟盘中的数据将会丢失。因此虚拟盘通常用于存放临时文件,如编译程序产生的目标程序等。

## 5.8 Linux 设备管理

Linux 设备管理是 Linux 操作系统的主要功能之一,它利用一种通用的方法来对所有的输入/输出设备进行控制,从而完成数据的输入和输出操作,即设计了一个统一而简单的输入/输出系统调用接口。输入/输出子系统分为上下两部分:一部分是下层的与设备有关的部分,常称为设备驱动程序,它直接与相应设备打交道,并且向上层提供一组访问接口;另一部分是上层的与设备无关的文件系统,它根据上层用户的输入/输出请求,向下通过特定的设备驱动程序接口和设备进行通信。Linux 设备管理结构参见图5.21。

Linux 将各种设备都作为特殊文件来处理。例如对设备也可以进行 read(读)和 write(写)等操作。这样许多原来由设备管理实现的部分,如设备访问控制、输入/输出缓冲区的管理现在都由文件系统统一完成,从而减轻了设备管理人员的负担。由此可见,Linux 的操作系统和文件系统结合得很紧密,以至于许多输入/输出的基础操作,都通过文件管理来完成,而在底层的设备操作则通过具体的设备驱动程序来实现。设备驱动程序在 Linux 中是一个内核模块,通过使用 mknod 命令,它可以转化为文件系统的 i 节点。这样一个具体的设备文件就和底层的驱动程序对应起来了。由于 Linux 把具体的设备都用特殊的设备文件来表示,简化了设备的处理过程。因此许多具体的操作,如缓冲区的管理、独占/共享设备的分配都是在文件系统中实现的。

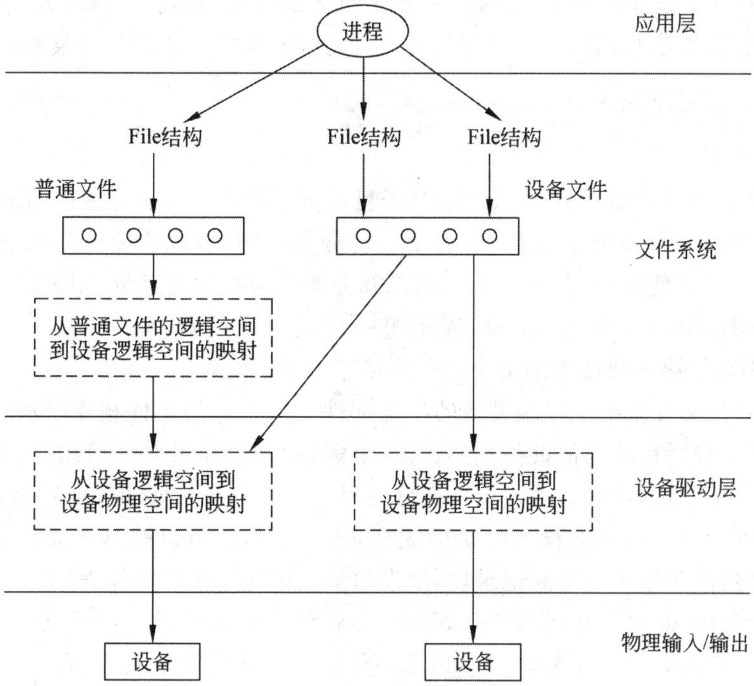


图 5.21　Linux 设备管理结构示意

## 5.8.1　Linux 设备管理基础

**1. 设备文件概述**

1）设备分类

设备分类的目的是控制不同的 I/O 设备驱动程序和其他软件部分，便于将抽象的控制部分留给文件系统处理，而与设备直接相关的部分由设备驱动程序解决。在 Linux 中将 I/O 设备分为字符设备、块设备及网络设备三种。字符设备通常是指以字节为单位进行数据处理且只允许按顺序访问，而无须缓存直接读写的设备，如系统的串口设备/dev/cual。块设备则仅能以块为单位读写，典型的块大小为 512 或 1024 字节。块设备的存取是通过 buffer cache 来进行的，并且可以随机进行访问，即不论数据块位于设备中何处，都可以对其进行随机读写。网络设备可以通过 BSD 套接口访问，关于 Linux 所用的设备可查看文件/proc/devices 的命令来获悉。

2）主设备号与次设备号

由于 Linux 系统中的每个设备都用一种特殊的设备文件来表示，例如，/dev/hda 就代表系统中的第一个 IDE 硬盘，因此在 Linux 系统中除了设备类型外，内核还需要一对称为主设备号与次设备号的参数，才能唯一标识设备。块设备和字符设备的设备文件可以通过 mknod 命令来创建，并要使用主、次设备号来标识设备。网络设备也用设备文件来表示，但 Linux 在寻找和初始化网络设备时才建立这种文件。主设备号相同的设备使用相同的驱动程序，而次设备号则用来区分同一个驱动程序控制的不同设备。例如，主

IDE 硬盘的默认主设备号是 3，它的每个分区的次设备号都不相同，如/dev/hda2 表示主 IDE 硬盘的主设备号为 3，而次设备号为 2。相关信息可以通过如下命令来获得：

```
[root@ jiaohui/proc]#ls-1/dev/had*
```

3）设备文件

Linux 将设备文件放在目录/dev 或其子目录下。设备文件名通常由两部分组成。第一部分由 2 个或 3 个字母组成，用来表示设备分类。例如，IDE 接口的普通硬盘为 hd，SCSI 硬盘为 sd，软盘为 fd，并口为 lp。第二部分通常为数字或字母，用来区别设备实例。例如，/dev/hda、/dev/hdb、/dev/hdc 表示第一、二、三块硬盘；而/dev/hda1、/dev/hda2、/dev/hda3 则表示第一块硬盘的第一、第二、第三分区。

设备文件是文件系统中代表设备的特殊文件。与普通的文件相比，设备文件在磁盘（或宿主文件系统所在的其他设备）上只占一个索引节点，而没有任何用于存放数据的记录块与之相联系。当然，这是因为设备文件的目的并不在于存储和读取数据，而只在于为应用程序提供一条通向具体设备的访问途径，使应用程序可以跟具体设备建立起连接。可想而知，既然没有用于数据的记录块，则索引节点中的记录块映像表（对于 Ext2 文件系统来说是 ext2_inode 结构中的数组 i_block[]）就没有什么用处了。所以，在这种情况下就用这个数组中的第一个元素，即 i_block[0]，记载目标设备的设备号。对于 ext2 普通文件，这个数组中的元素在文件创建之初都是空的，只是在写文件时才随着记录块的分配而写入具体的内容；而对于设备文件，则必须在创建时就将其所代表的设备号（内核常常使用设备类型、主设备号和次设备号来标识一个具体的设备）写入这个数组的第一个元素中。普通文件（以及某些特殊文件）可以通过系统调用 open()创建，只要在调用参数中将 O_CREAT 标志位设成 1，就可以让 open()在目标文件不存在时先创建这个文件。此外，也可以通过系统调用 creat()创建文件，事实上 sys_creat()就是通过 sys_open()实现的。可是，这两个系统调用都不能用来创建设备文件，因为设备文件的创建需要有一个参数来传递设备号，而系统调用 open()和 creat()都不包括这个参数。实际上，从 Linux 的早期就为设备文件的创建另外设置了一个系统调用 mknod()，并且一直沿用至今。

在 Linux 内核中，设备文件是通过 file 结构来表示的：

```
struct file {
mode_t                  f_mode;
loff_t                  f_pos;
unsigned short          f_flags;
unsigned short          f_count;
unsigned long           f_reada, f_ramax, f_raend, f_ralen, f_rawin;
struct file             * f_next, * f_prev;
struct fown_struct      f_owner ;
struct inode            * f_inode;
struct file_operations  * f_op;
unsigned long           f_version;
void                    * private_data;
```

```
                        /* neeed for tty driver, and maybe others */
}
```

在内核中，mknod()是由 sys_mknod()实现的，其代码在 fs/namei. c 中：

```
==================include/namei.c 1205-1246=================
asmlinkage long sys_mknod(const char * filename, int mode, dev_t dev)
{   int error=0;
    char * tmp;
    struct dentry * dentry;
    struct nameidata nd;

    if (S_ISDIR(mode))
        return-EPERM;
    tmp=getname(filename);
    if (IS_ERR(tmp))
        return PTR_ERR(tmp);

    if (path_init(tmp, LOOKUP_PARENT, &nd))
        error=path_walk(tmp, &nd);
    if (error)
        goto out;
    dentry=lookup_create(&nd, 0);
    error=PTR_ERR(dentry);
    if (! IS_ERR(dentry)) {
        switch (mode & S_IFMT) {
        case 0: case S_IFREG:
            error=vfs_create(nd.dentry->d_inode,dentry,mode);
            break;
        case S_IFCHR: case S_IFBLK: case S_IFIFO: case S_IFSOCK:
            error=vfs_mknod(nd.dentry->d_inode,dentry,mode,dev);
            break;
        case S_IFDIR:
            error=-EPERM;
            break;
        default:
            error=-EINVAL;
        }
        dput(dentry);
    }
    up(&nd.dentry->d_inode->i_sem);
    path_release(&nd);
out:
    putname(tmp);
```

```
    return error;
}
```

参数 dev 即为设备号，其类型为 dev_t，实际是一个 16 位的无符号短整数。有关的定义在 include/asm-i386/posix_types. h 以及 include/linux/types. h：

```
=================include/asm-i386/posix_types.h 10-10===============
typedef unsigned short __kernel_dev_t;
=================include/linux/types.h 14-14========================
typedef __kernel_dev_t      dev_t;
```

**2. I/O 空间以及 I/O 端口操作**

1) I/O 空间

计算机的 I/O 空间由所有设备的寄存器组成。根据是否与内存互相独立，可以将 I/O 空间的设置分为两种情况。一种是 I/O 空间与内存空间相互独立，这样 I/O 空间的访问就不能用普通的内存访问指令，而需要使用专门的 I/O 指令如 inb 和 outb 等。Intel 系列的处理机就使用了这种方法。另一种是将 I/O 寄存器作为内存的一部分，这样使用普通的内存访问指令就可以读写 I/O 寄存器，从而完成 I/O 操作。Motorola 680x0 就采用了这种体系结构。

关于 Linux 系统所使用的 I/O 空间，可以查看文件/proc/ioports：

```
[root@jiaohui/proc]#more ioports
```

2) I/O 端口操作

就 i386 结构的 CPU 而言，用于外部设备寄存器读/写的指令主要就是两条，即 in 和 out。但是像访问内存指令一样，根据读/写的对象为字节、字或长字而有 inb/inw/inl 和 outb/outw/outl 等变形。不过，Linux 内核的代码中一般都不直接使用这些指令，而将这些函数“包装”在一些相应的函数中，这些函数有 inb()、outb()、inw()、outw()等。这里，inb()、outb()、inw()、outw()这些函数的定义也是由 gcc 在编译时的预处理阶段根据一些宏定义生成的。下面来看这些函数的生成，有关的代码都在 include/asm-i386/io. h 中。以 outb()、outw()、outl()为例：

```
====================include/asm-i386/io.h 92-94==================
__OUT(b,"b",char)
__OUT(w,"w",short)
__OUT(l,,int)
```

这里是_OUT()宏定义，其代码如下：

```
====================include/asm-i386/io.h 58-61==================
#define __OUT(s,s1,x) \
__OUT1(s,x) __OUT2(s,s1,"w") :: "a" (value), "Nd" (port)); } \
__OUT1(s##_p,x) __OUT2(s,s1,"w") __FULL_SLOW_DOWN_IO :: "a" (value), "Nd" (port));} \
```

再看宏定义_OUT1,_OUT2 以及_FULL_SLOW_DOWN_IO:

```
====================include/asm-i386/io.h 52-56==================
#define __OUT1(s,x) \
extern inline void out##s(unsigned x value, unsigned short port) {
#define __OUT2(s,s1,s2) \
__asm__ __volatile__ ("out" #s " %" s1 "0,%" s2 "1"
====================include/asm-i386/io.h 46-46==================
#define __FULL_SLOW_DOWN_IO __SLOW_DOWN_IO
====================include/asm-i386/io.h 38-38==================
#define __SLOW_DOWN_IO "\njmp 1f\n1:\tjmp 1f\n1:"
```

经过 gcc 的预处理以后,代码的 92 行如下:

```
extern inline void outb(unsigned char value, unsigned short port){
_asm__ _volatile_ ("outb %b0, %w1" :: "a " (value), "Nd" (port));}
extern inline void outb_p(unsigned char value, unsigned short port)
_asln__ _volatile_ ("outb %b0, %w1"
"jmp if"
"1: jmp if"
"1: "
:: "a" (value), "Nd" (port));}
```

这里生成了两个函数,一个是 outb(),还有一个是 outb_p()。区别在于 outb_p()中在输出指令以后有意通过两条 jmp 指令引入了一些延迟。有些外设寄存器的速度比较慢,在写入以后需要一些恢复时间。如果 CPU 的速度太快,就有可能在对同一寄存器的连续两次写操作之间隔得太紧而使寄存器来不及恢复,在这种情况下就应该调用 outb_p()而不是 outb(),使寄存器有时间恢复。此外,汇编指令中的%b0 和%wl 表示%0 的宽度为 8 位,而%1 的宽度为 16 位。还可以看出,%b0 中的 b 是从 92 行传下来的,而%wl 中的 w 则是固定的(见 59 和 60 行),因为外设寄存器的地址是 16 位的。此外,变量 value 与寄存器%eax 结合,port 与%edx 结合。

**3. 设备驱动程序接口**

设备驱动程序必须为 Linux 内核或者从属子系统提供一个统一的标准设备接口。例如,SCSI 设备驱动程序为 SCSI 子系统提供了一个 SCSI 设备接口,终端驱动为 Linux 内核提供了一个文件 I/O 接口等。这些接口通过数据结构 file-operations(见 include/Linux/fs.h)来完成:

```
struct file_operations
{
    int (*lseek) (struct inode*,struct file*,off_t,int);
    int (*read) (struct inode*,struct file*,char*,int);
    int (*write) (struct inode*,struct file*,const char*,int);
```

```
    int (*readdir) (struct inode*,struct file*,void*,filldir_t);
    int (*select) (struct inode*,struct file*,int,select_table*);
    int (*ioctl) (struct inode*,struct file*,unsigned int, unsigned long);
    int (*mmap) (struct inode*,struct file*, struct vm_area_struct*);
    int (*open) (struct inode*,struct file*);
    void (*release) (struct inode*,struct file*);
    int (*fsync) (struct inode*,struct file*);
    int (*fasync) (struct inode*,struct file*,int);
    int (*check_media_change) (kdev_t dev);
    int (*revalidate) (kdev_t dev);
}
```

实际上,这个接口和文件系统的i节点一样,它里面存放的是一些函数指针,这些指针指向设备驱动程序的具体函数。系统对设备驱动程序的调用就是通过这些函数指针来完成的。

以下是对常用访问接口的简单介绍:

(1) lseek():读写位置定位。

(2) read():从设备中读数据。

(3) write():向设备中写数据。

(4) readdir():只用于文件系统,不用于设备。

(5) select():用于实现设备的复用。

(6) ioctl():对设备进行控制,如转动等。

(7) mmap():将设备空间映射到进程地址空间。

(8) open():打开并初始化设备。

(9) release():关闭设备并释放资源。

(10) fsync():关闭内存与设备之间的同步通信。

(11) fasync():关闭内存与设备之间的异步通信。

(12) revalidate():缓冲区操作,仅用于块设备。

(13) check_media_change():仅用于块设备,用来检查设备内容自上次操作后是否发生了变化。

## 5.8.2 Linux设备驱动程序

### 1. 设备驱动程序概述

Linux内核设备驱动程序是一组运行在特权级上的、常驻内存的、对底层硬件进行操作的共享库,由它负责管理各个设备。

Linux设备驱动程序的主要功能如下。

(1) 对设备进行初始化。

(2) 使设备投入运行和退出运行。

(3) 从设备接收数据并将其送入内核。

(4) 从内核将数据送到外设。

(5) 检测和处理设备完成任务和出错情况。

Linux 内核中存在许多不同的设备驱动程序,它们具有以下共性。

(1) 驱动程序都属于内核代码,在内核模式下运行。因为设备驱动程序是内核的一部分,所以它一旦出错,将导致系统严重损伤。一个编写极差的设备驱动程序甚至能使系统崩溃并导致文件系统被破坏。

(2) 为内核提供了统一的接口。

(3) 驱动程序的执行属于内核机制并使用内核服务。例如内存分配、等待队列和中断发送等。驱动程序可以动态地以模块形式加载或卸载,这样内核能有效地利用系统资源。

(4) 驱动程序可以配置。当内核被编译时,哪些代码要连入内核是可配置的。

在 Linux 中,设备驱动程序是一组相关函数的集合,含设备服务子程序和中断程序。设备服务子程序包含了所有与设备相关的代码。设备驱动程序利用结构 file_operations 与文件系统联系,因为对设备的各种操作的入口参数都放在 file_operations 中。对于一些特定的设备,其入口为 NULL。

**2. 设备驱动程序的框架**

设备驱动程序是内核的一部分,但是由于设备种类繁多,相应地设备驱动程序的代码也多,需要很多人来开发。为了能协调设备驱动程序和内核之间的开发,应有一个严格定义和管理的接口。例如,SVR4 提出了 DDI/DKI 规范。DDI/DKI 的意思是设备-驱动程序接口/设备驱动程序-内核接口(Device-Driver Interface/Driver-Kernel Interface)。

Linux 的设备驱动程序与外界的接口与 DDI/DKI 规范相似,分为三部分。

(1) 驱动程序与系统引导的接口。利用驱动程序对设备进行初始化。

(2) 驱动程序与操作系统内核的接口。它通过数据结构 file_operations(include/linux/fs. h)完成。

(3) 驱动程序与设备的接口。这部分描述了驱动程序如何与设备进行交互,这与具体设备密切相关。

根据功能,设备驱动程序的代码可分为以下几部分。

(1) 驱动程序的注册与注销。系统引导时,通过 sys_setup()进行系统初始化,而 sys_setup()又调用 device_setup()进行设备初始化,这些又分为字符设备的初始化和块设备的初始化。字符设备初始化由 chr_dev_init()完成,包括对内存(register_chrdev())、终端(tty_init())、打印机(lp_init())、鼠标(misc_init())、声卡(soundcard_init())等字符设备的初始化。块设备初始化由 blk_dev_init()完成,包括对 IDE 硬盘(ide_init())、软盘(floppy_init())、光驱等块设备的初始化。

每个字符设备或块设备的初始化都要通过 register_chrdev()或 register_blkdev()向内核注册。在成功地向系统注册了设备驱动程序后,就可以用 mknod 命令来把设备映射为一个特别文件。其他程序使用这个设备的时候,只要对此特别文件进行操作就行了。以下为这两个函数的原型:

```
//include/Linux/fs.h
```

```
extern int register_chrdev(unsigned int, const char * , struct file_operations
* );
extern int register_blkdev(unsigned int, const char * , struct file_operations
* );
```

在关闭字符设备或块设备时,还需要通过 unregister_chrdev()和 unregister_blkdev()从内核中注销设备:

```
//include/Linux/fs.h
extern int unregister_chrdev(unsigned int major,const char * name);
extern int unregister_blkdev(unsigned int major,const char * name);
```

(2) 设备的打开与释放。打开设备是由函数 open()完成的。例如,打印机是用 lp_open()打开的,而硬盘是用 hd_open()打开的。打开设备通常需要经过以下过程。

① 检查与设备有关的错误,如设备尚未准备好等;

② 如果首次打开,则是初始化设备;

③ 确定从设备号,根据需要可更新设备文件的 f_op;

④ 如果需要,分配且设置设备文件中的 private_data;

⑤ 递增设备使用的计数器。

释放设备(有时也称为关闭设备)与打开设备刚好相反,这是由 release()完成的。例如,释放打印机是用 lp_release(),而释放终端设备是用 tty_release()。释放设备通常需要经过以下过程:

① 递减设备使用的计数器;

② 释放设备文件中的私有数据所占的内存空间;

③ 如果属于最后一个释放,则关闭设备。

(3) 设备的读写操作。字符设备使用各自的 read()和 write()来对设备进行数据读写。例如,对虚拟终端(virtual console screen 或 vcs)的读写是通过 vcs_read()和 vcs_write()来完成的。有关更多情况,可参见文件 drivers/char/vc_screen.c。

块设备通过使用 block_read()和 block_write()来进行数据读写。这两个通用函数向请求表中增加读写请求。由于是对内存缓冲区而不是对设备进行操作的,因此它们能加快读写请求速度。如果内存缓冲区没有要读入的数据或者需要将写请求写入设备,那么就需要真正地执行数据传输,这是通过数据结构 blk_dev_struct 中的 request_fn()来完成的。

对于具体的块设备,函数指针 request_fn 是不同的。软驱读写通过 do_fd_request(),而硬盘的读写通过 do_hd_request()来完成。

(4) 设备的控制操作。除了读写操作外,有时还需要控制设备。这可以通过设备驱动程序中的 ioctl()来完成。例如,对光驱的控制可以使用 cdrom_ioctl()。

与读写操作不同,ioctl()的用法和具体设备密切相关。例如,对软驱的控制可以使用 floppy_ioctl():

```
//drivers/block/floppy.c
```

```
static int fd_ioctl (struct inode * inode, struct file * filp, unsigned int cmd,
unsigned long param);
```

其中 cmd 的取值及含义都是与软驱有关的。例如，FDEJECT 表示弹出软盘。

除了 ioctl()，设备驱动程序还可能有其他控制函数，例如 lseek()等。

(5) 设备的中断与轮回处理。对于不支持中断的设备，读写操作需要轮流查询设备状态，以便决定是否继续进行数据传输。例如，打印机驱动程序在默认情况下轮流查询打印机的状态。如果设备支持中断，则可按中断方式进行。

## 5.8.3 Linux 的中断处理

**1. Linux 对中断的管理**

Linux 内核为了将来自硬件设备的中断传递到相应的设备驱动程序，在驱动程序初始化的时候就将其对应的中断程序进行登记，即通过调用函数 request_irq()将其中断处理信息添加到结构为 irq_action 的数组中，从而使中断号和中断服务子程序联系起来。

request_irq()函数原形如下：

```
int request_irq(unsigned int irq,                              /* 中断请求信号 */
void(* handler)(int,void* ,struct pt_regs* ),                  /* 指向中断服务子程序 */
unsigned long irqflags,                                        /* 中断类型 */
const char* devname,                                           /* 产生中断的设备名字 */
void* dev_id);                                                 /* 用于共享的中断号 */
static struct irqaction* irq_action [NR_IRQX+1];
```

根据设备的中断号，可以在数组 irq_action(其数据结构如下)中检索到设备的中断信息。对中断资源的请求在驱动程序初始化时就已经完成。

```
struct irq_action
{
    void (* handler) (int,void* struct pt_regs* );
    unsigned long mask;
    const char* name;
    void* dev_id;
    struct irqaction* next;
}
```

在传统的 PC 体系结构中，有些中断已经被固定下来。例如软盘的中断号总为 6。有时设备驱动程序可能不知道设备使用的中断号，对 PCI 设备来说这不是什么大问题，它们总是可以通过设备配置接口知道其中断号。但对于 ISA 设备，则没有取得中断号的方便方式，Linux 通过让设备驱动程序检测它们的中断号来解决这个问题。

一般来说，当一个进程通过设备驱动程序向设备发出读写请求后，该进程会将 CPU 使用权限转交给其他进程，自己进入睡眠状态。在设备完成请求后向 CPU 发出一个中断请求，然后 CPU 根据中断请求决定调用相应的设备驱动程序。

关于 Linux 系统的中断使用情况信息。可以查询文件/proc/interrupts：

```
[root@jisohui]#more/proc/interrupts
```

**2. Linux 的中断处理**

Linux 中断处理子系统的一个基本任务是将中断正确定位到中断处理代码中的正确位置。这些代码必须了解系统的中断拓扑结构。例如在中断控制器的引脚 6 上发生的软盘控制器中断,必须能辨认出中断的确来自软盘,并同系统的软盘设备驱动的中断处理代码联系起来。

中断发生时,Linux 首先读取系统可编程中断控制器中的状态寄存器,判断出中断源,将其转换成 irq_action 数组中的偏移值(例如中断控制器引脚 6 来自软盘控制器的中断将被转换成对应于中断处理过程数组中第十个指针),然后调用其相应的中断处理程序。

当 Linux 内核调用设备驱动程序的中断服务子程序时,必须找出中断产生的原因以及相应的解决办法,这是通过读取设备上状态寄存器的内容来完成的。一旦找到中断产生的原因,设备驱动程序还要完成更多的工作,于是 Linux 内核将过程推迟到以后再完成,以避免 CPU 在中断模式下花费太多的时间。因此,为了处理硬中断服务程序,往往先关中断,以避免再次中断;但关中断的时间不能太长,太长了会丢失外部中断信号。为了处理特殊必要的"长"中断服务程序,Linux 将它们一分为二,分别称做 top half 和 bottom half。前者是中断服务程序的入口部分,必须关中断运行;后者是由 top half 调度的中断服务程序的剩余部分,可以开中断运行。

## 5.9 设备驱动程序的设计

目前,随着计算机技术的飞速发展,设备驱动程序的设计越来越成为一个热门的话题。但设备驱动程序设计与一般应用程序设计是不同的。因为驱动程序是系统的一个信任组件,针对的是内核模式代码的编写,开发设计者必须仔细考虑。下面先从驱动程序的统一模型与其性能的一般指南开始讨论,然后介绍具体的 Linux 设备驱动程序是如何设计的。

### 5.9.1 设备驱动程序的统一模型与其性能的一般指南

**1. 设备驱动程序的统一模型**

在计算机系统中,各种设备的功能和特性不同,需要把这些功能和特性都不同的部件组合在一起,建立一体化的统一的系统,这就必须进行高度的抽象,以建立统一的驱动程序逻辑模型。所谓驱动程序逻辑模型有以下特点。

(1) 所有的驱动程序是统一的结构,用统一方式建立,表现出相同的外部特征。

(2) 每个驱动程序都是由标准成套部件组成。

(3) 每个驱动程序都是一个独立的部件,可由动态连接库(DLL)动态地从操作系统中装入和卸出。

有了这样一个模型之后,就可以进行下面的设备驱动程序性能分析。

**2. 设备驱动程序性能的一般指南**

在这里给出的指南只能是比较粗略的，但它可以作为读者考虑怎样进行设备驱动程序设计的跳板。

(1) 知道要达到的性能目标。开始进行驱动程序设计时，必须有特定的性能目标，要明确到达哪里，否则在到达目标时也不知道。

① 设备自身必须有一些定时需要。例如，它可能需要在某个最小间隔内得到服务，或者以某个特定的速率产生数据。了解设备和它如何被使用是确定性能目标的重要因素。

② 应用程序可能期望设备尽快响应，或者是它每秒钟能够处理多少事务。

③ 用户的感觉可能是选择性能目标的决定因素。显卡、声卡甚至定点设备的驱动程序在很大程度上都是由对用户的感觉来判断。

在设计的早期阶段，以尽可能具体的条款表述性能目标。如果可能的话，列出一些数字；然后看一下驱动程序总体设计，看这些性能需求在哪里有最大的影响。

(2) 了解硬件。尽可能多地了解驱动程序要管理的硬件。它有哪些影响驱动程序性能的因素？有些什么特定的操作顺序使事情进行得较快或较慢？有没有充分利用设备自身内置的处理能力？如果正处理多部件控制器，它支持几个设备同时重叠操作？了解驱动程序管理的硬件越多，就能更好地看到自己的选项是什么。

(3) 选择合适的驱动程序设计方法。与其他大多数种类的软件一样，驱动程序的开发也应该使用有组织的开发方法。

① 使用正规的设计方法。例如，使用数据流图、状态机模型等技术。数据流图有助于把驱动程序分解成分立的功能单元。这些图使设计者更容易看到驱动程序中的功能单元之间的关系，以及它们如何把输入数据转换成输出数据。使用状态机模型是描述驱动程序中控制流的另一种好方法，特别是管理复杂的硬件或软件协议的驱动程序。在验证状态机的过程中，可以发现驱动程序内的同步问题。这些技术把驱动程序分成很好定义的功能单元，致使驱动程序更容易开发。在某些情况下，即意味着把单个驱动程序分解成一对端口和类驱动程序，处理硬件有关的和硬件无关的功能。在项目开始分析和设计驱动程序时所花的时间对减少调试和维护的时间是值得的。

② 使用渐进开发方法。在完成了初始分析和设计之后，就要进行实际的开发。通过一些辅助检查，例如确定驱动程序需要什么种类的内核模式对象；确定驱动程序需要的任何其他上下文、状态信息和存放这些信息的位置；增加查找和分配驱动程序硬件的代码，以及在驱动程序卸载时释放硬件的代码等。利用这一系列渐进开发的步骤，很容易发现问题，以减少调试的时间，提高设备驱动程序的性能。

③ 使用样板驱动程序。有许多方法可以使用已有的相关设备驱动程序样板代码，使得开发更容易。至少可以从这个代码中得到提示、线索和注解，甚至直接剪贴有用的代码段。在有的系统中，例如 Windows NT 中就有庞大的样本代码。

当然，在具体设计驱动程序时，应该综合以上多种方法，突出自己的创造性特点。

(4) 创造性地优化代码。一些最有效的优化不是来自压缩代码，而是对问题完全不同的解决方法。如果确实需要压缩代码来得到更好的性能，则下面是要考虑的一些事情。

首先，要清楚地知道实现什么目标。目标应是找到新的方法，而不仅仅是压缩现有代码的方法。最新的C编译器有非常好的代码压缩能力，如果我们知道代码所运行的上下文环境，就可以发现完成特定任务的完全不同的方法，而不要使自己去压缩代码来进行优化。

其次，把注意力集中在确实影响整体性能的相对小的代码区域。往往是这种情况，有一两个小的例程是提高驱动程序速度的瓶颈，而这几个例程可能只占整个驱动程序的10%。应尽可能快地找到这些热点或关键代码。

最后，不要认为一个特定的优化在所有平台上都有相同的效果。某些优化可能只适用于特定类型的CPU。如果计划在多个CPU或总线体系结构上支持驱动程序，那么要保证在每个平台上有同样的提高，至少要保证在某个配置上的优化在别的配置上不降低性能。

(5) 计量所做的每件事情。仅仅是花几个小时对程序代码做了一些优化工作，代码可能要快得多，这是令人惊异的。不要陷入痴心妄想的陷阱，要计量所做的每件事情的影响。如果没有任何量化的数据做依据，就不知道是做了好事还是坏事。

另外，还有一些关于驱动程序内存分配、命名约定等需要考虑的问题。只有顾及全局，才能提高设备驱动程序性能，设计出更高质量的驱动程序。

## 5.9.2 Linux 下 PCI 设备驱动程序的设计

下面介绍Linux下PCI设备驱动程序的设计。

Linux是一种日趋成熟完善的操作系统，越来越多的软硬件厂商开始使用Linux平台来开发自己的产品，因而基于该平台的设备驱动程序的需求也愈来愈多。PCI是外围设备互连(Peripheral Component Interconnect)的简称，是一种广泛采用的总线标准。它提供了一组完整的总线接口规范，其目的是描述如何将计算机系统中的外围设备以一种结构化和可控化的方式连接在一起，同时它还刻画了外围设备在连接时的电气特性和行为规约，并且详细定义了计算机系统中的各个不同部件之间应该如何正确地进行交互。PCI提供了许多优于其他总线标准(如EISA)的新特性：在计算机和外设间传输数据时具有更好的性能；能够尽量独立于具体的平台；可以很方便地实现即插即用，等等。因此，目前它已经成为计算机系统中应用最为广泛，并且最为通用的总线标准。Linux的内核能较好地支持PCI总线，本小节以Intel 386体系结构为主，探讨在Linux下PCI设备驱动程序的实现。

#### 1. 关键数据结构

PCI设备上有三种地址空间：PCI的I/O空间、PCI的存储空间和PCI的配置空间。CPU可以访问PCI设备上的所有地址空间，其中I/O空间和存储空间提供给设备驱动程序使用，而配置空间则由Linux内核中的PCI初始化代码使用。内核在启动时负责对所有PCI设备进行初始化，配置好所有的PCI设备，包括中断号以及I/O基址，并在文件/proc/pci中列出所有找到的PCI设备，以及这些设备的参数和属性。

Linux驱动程序通常使用一个结构(struct)来表示一种设备，而结构体中的变量则代表某一具体设备，该变量存放了与该设备相关的所有信息。好的驱动程序都应该能驱动多个同种设备，每个设备之间用次设备号进行区分。将若干个同类设备的结构(struct)组成一个数组，就可以简单地使用数组下标来表示次设备号。

在PCI驱动程序设计中，下面两个关键数据结构起着核心作用。

(1) pci_driver：这个数据结构在文件include/linux/pci.h中，这是Linux内核版本2.4之后为新型的PCI设备驱动程序所添加的，其中最主要的是用于识别设备的id_table结构，以及用于检测设备的函数probe()和卸载设备的函数remove()。

```
struct pci_driver
{
    struct list_head node;
    char    * name;
    const   struct pci_device_id * id_table;
    int     ( * probe) (struct pci_dev * dev, const struct pci_device_id * id);
    void    ( * remove) (struct pci_dev * dev);
    int     ( * save_state) (struct pci_dev * dev, u32 state);
    int     ( * suspend) (struct pci_dev * dev, u32 state);
    int     ( * resume) (struct pci_dev * dev);
    int     ( * enable_wake) (struct pci_dev * dev, u32 state, int enable);
};
```

(2) pci_dev：这个数据结构也在文件include/linux/pci.h中，它详细描述了一个PCI设备几乎所有的硬件信息，包括厂商ID、设备ID、各种资源等。

```
struct pci_dev
{
    struct list_head        global_list;
    struct list_head        bus_list;
    struct pci_bus          * bus;
    struct pci_bus          * subordinate;
    void                    * sysdata;
    struct proc_dir_entry * procent;
    unsigned int            devfn;
    unsigned short          vendor;
    unsigned short          device;
    unsigned short          subsystem_vendor;
    unsigned short          subsystem_device;
    unsigned int            class;
    u8                      hdr_type;
    u8                      rom_base_reg;
    struct pci_driver       * driver;
    void                    * driver_data;
    u64                     dma_mask;
    u32                     current_state;
    unsigned short          vendor_compatible[DEVICE_COUNT_COMPATIBLE];
```

```
    unsigned short      device_compatible[DEVICE_COUNT_COMPATIBLE];
    unsigned int        irq;
    struct resource     resource[DEVICE_COUNT_RESOURCE];
    struct resource     dma_resource[DEVICE_COUNT_DMA];
    struct resource     irq_resource[DEVICE_COUNT_IRQ];
    char                name[80];
    char                slot_name[8];
    int                 active;
    int                 ro;
    unsigned short      regs;
    int                 (*prepare)(struct pci_dev*dev);
    int                 (*activate)(struct pci_dev*dev);
    int                 (*deactivate)(struct pci_dev*dev);
};
```

**2. 基本框架**

在用模块方式设计PCI设备驱动程序时，通常至少要实现以下几个部分：初始化设备模块、设备打开模块、数据读写和控制模块、中断处理模块、设备释放模块、设备卸载模块。下面给出一个典型的PCI设备驱动程序的基本框架，从中不难体会到这几个关键模块是如何组织起来的。

(1) /*指明该驱动程序适用于哪些PCI设备*/

```
static struct pci_device_id demo_pci_tbl [] __initdata=
{{ pci_vendor_id_demo,pci_device_id_demo,pci_any_id,0,0,DEMO},{0,}};
```

(2) /*对特定PCI设备进行描述的数据结构*/

```
struct demo_card
{
    unsigned int magic;
    struct demo_card*next;          /*使用链表保存所有同类的PCI设备*/
    /*...*/
};
```

(3) /*中断处理模块*/

```
static void demo_interrupt(int irq, void*dev_id, struct pt_regs*regs)
{ /*...*/ };
```

(4) /*设备文件操作接口*/

```
static struct file_operations demo_fops=
{
    owner:    this_module,        /*demo_fops所属的设备模块*/
    read:     demo_read,          /*读设备操作*/
    write:    demo_write,         /*写设备操作*/
```

```
    ioctl:     demo_ioctl,          /* 控制设备操作 */
    mmap:      demo_mmap,           /* 内存重映射操作 */
    open:      demo_open,           /* 打开设备操作 */
    release:   demo_release         /* 释放设备操作 */
    /* ...*/
};
```

(5) /* 设备模块信息 */

```
static struct pci_driver demo_pci_driver=
{
    name:     demo_module_name,         /* 设备模块名称 */
    id_table:demo_pci_tbl,              /* 能够驱动的设备列表 */
    probe:    demo_probe,               /* 查找并初始化设备 */
    remove:   demo_remove               /* 卸载设备模块 */
    /* ...*/
};
static int __init demo_init_module (void)
{ /* ...*/ };
static void __exit demo_cleanup_module (void)
{
    pci_unregister_driver(&demo_pci_driver);
};
```

(6) /* 加载驱动程序模块入口 */

```
module_init(demo_init_module)
```

(7) /* 卸载驱动程序模块入口 */

```
module_exit(demo_cleanup_module)
```

上面 7 段代码给出了一个典型的 PCI 设备驱动程序的框架，是一种相对固定的模式。需要注意的是，同加载和卸载模块相关的函数或数据结构都要在前面加上__init、__exit 等标志符，以便同普通函数区分开来。构造出这样一个框架之后，接下来的工作就是如何实现框架内的各个功能模块了。

**3. 各功能模块的具体实现**

1) 初始化设备模块

在 Linux 系统下，想要完成对一个 PCI 设备的初始化，需要完成以下工作：检查 PCI 总线是否被 Linux 内核支持；检查设备是否插在总线插槽上，如果在的话则保存它所占用的插槽的位置等信息；读出配置头中的信息提供给驱动程序使用。

当 Linux 内核启动并完成对所有 PCI 设备进行扫描、登录和分配资源等初始化操作的同时，会建立起系统中所有 PCI 设备的拓扑结构，此后当 PCI 驱动程序需要对设备进行初始化时，一般都会调用如下的代码：

```
static int __init demo_init_module (void)
{
    if (!pci_present())                                /* 检查系统是否支持 PCI 总线 */
    return-ENODEV;
    if (!pci_register_driver(&demo_pci_driver))    /* 注册硬件驱动程序 */
    {
        pci_unregister_driver(&demo_pci_driver);
        return-ENODEV;
    }
    /* ...*/
    return 0;
}
```

驱动程序首先调用函数 pci_present()检查 PCI 总线是否已经被 Linux 内核支持，如果系统支持 PCI 总线结构，这个函数的返回值为 0，如果驱动程序在调用这个函数时得到了一个非 0 的返回值，那么驱动程序就必须得中止自己的任务了。在 2.4 版本以前的内核中，需要手工调用 pci_find_device()函数来查找 PCI 设备，但在 2.4 版本以后更好的办法是调用 pci_register_driver()函数来注册 PCI 设备的驱动程序，此时需要提供一个 pci_driver 结构，在该结构中给出的 probe 探测例程将负责完成对硬件的检测工作。

```
static int __init demo_probe(struct pci_dev * pci_dev, const struct pci_device_
id * pci_id)
{
    struct demo_card * card;
    if (pci_enable_device(pci_dev))                         /* 启动 PCI 设备 */
    return-EIO;
    if (pci_set_dma_mask(pci_dev, DEMO_DMA_MASK))     /* 设备 DMA 标识 */
        return-ENODEV;
    /* 在内核空间中动态申请内存 */
    if ((card=kmalloc(sizeof(struct demo_card), GFP_KERNEL))==NULL)
    {
            printk(KERN_ERR "pci_demo: out of memory\n");
            return-ENOMEM;
    }
    memset(card, 0, sizeof(* card));
    card->iobase=pci_resource_start (pci_dev, 1);    /* 读取 PCI 配置信息 */
    card->pci_dev=pci_dev;
    card->pci_id=pci_id->device;
    card->irq=pci_dev->irq;
    card->next=devs;
    card->magic=DEMO_CARD_MAGIC;
    pci_set_master(pci_dev);                               /* 设置成总线主 DMA 模式 */
    /* 申请 I/O 资源 */
    request_region(card->iobase, 64, card_names[pci_id->driver_data]);
    return 0;
```

```
}
```

2）打开设备模块

打开设备模块的代码如下。

```
static int demo_open(struct inode * inode, struct file * file)
{
        /* 申请中断,注册中断处理程序 */
    request_irq(card->irq,&demo_interrupt,SA_SHIRQ,
            card_names[pci_id->driver_data],&card);
    /* 检查读写模式 */
    if(file->f_mode & FMODE_READ)
    {
        /* ... */
    }
    if (file->f_mode & FMODE_WRITE)
    {
        /* ... */
    }
    /* 申请对设备的控制权 */
    down(&card->open_sem);
    while(card->open_mode & file->f_mode)
    {
        if (file->f_flags & O_NONBLOCK)
        {
                /* NONBLOCK 模式,返回-EBUSY */
                up(&card->open_sem);
                return-EBUSY;
    }
    else
        {
                /* 等待调度,获得控制权 */
                card->open_mode |=f_mode & (FMODE_READ | FMODE_WRITE);
                up(&card->open_sem);
                /* 设备打开计数增 1 */
                MOD_INC_USE_COUNT;
                /* ... */
        }
    }
}
```

3）数据读写和控制信息模块

PCI 设备驱动程序可以通过 demo_fops 结构中的函数 demo_ioctl()，向应用程序提供对硬件进行控制的接口。例如，通过它可以从 I/O 寄存器中读取一个数据，并传送到用户空间中：

```
static int demo_ioctl(struct inode * inode, struct file * file, unsigned int cmd,
unsigned long arg)
{
    /* ...*/
    switch(cmd)
    {
        case DEMO_RDATA:
        /* 从 I/O 端口读取 4 字节的数据 */
        val=inl(card->iobae+0x10);
        /* 将读取的数据传输到用户空间 */
        return 0;
        /* ...*/
    }
}
```

事实上，在 demo_fops 中还可以实现诸如 demo_read()、demo_mmap()等操作，Linux 内核源码中的 driver 目录中提供了许多设备驱动程序的源代码，在那里可以找到类似的例子。在对资源的访问方式上，除了有 I/O 指令以外，还有对外设 I/O 内存的访问。对这些内存的操作一方面可以通过把 I/O 内存重新映射后作为普通内存进行操作，另一方面也可以通过总线主 DMA(Bus Master DMA)的方式让设备把数据通过 DMA 传送到系统内存中。

4) 中断处理模块

PCI 的中断资源比较有限，只有 0～15 的中断号，因此大部分外部设备都是以共享的形式申请中断号的。当中断发生的时候，中断处理程序首先负责对中断进行识别，然后再做进一步的处理。

```
static void demo_interrupt(int irq, void * dev_id, struct pt_regs * regs)
{
    struct demo_card * card= (struct demo_card * )dev_id;
    spin_lock(&card->lock);
    status=inl(card->iobase+GLOB_STA);          /* 识别中断 */
    if (!(status & INT_MASK))
    {
        spin_unlock(&card->lock);
        return;                                 /* not for us */
    }
    /* 告诉设备已经收到中断 */
    outl(status & INT_MASK, card->iobase+GLOB_STA);
    spin_unlock(&card->lock);
    /* 其他进一步的处理，如更新 DMA 缓冲区指针等 */
}
```

5) 释放设备模块

释放设备模块主要负责释放对设备的控制权，释放占用的内存和中断等，所做的事情正好与打开设备模块相反：

```
static int demo_release(struct inode * inode, struct file * file)
{
        /* ...*/
        /* 释放对设备的控制权 */
        card->open_mode &= (FMODE_READ | FMODE_WRITE);
        /* 唤醒其他等待获取控制权的进程 */
        wake_up(&card->open_wait);
        up(&card->open_sem);
        /* 释放中断 */
        free_irq(card->irq, card);
        /* 设备打开计数增 1 */
        MOD_DEC_USE_COUNT;
        /* ...*/
}
```

6）卸载设备模块

卸载设备模块与初始化设备模块是相对应的，实现起来相对比较简单，主要是调用函数 pci_unregister_driver()，从 Linux 内核中注销设备驱动程序：

```
static void __exit demo_cleanup_module (void)
{
        pci_unregister_driver(&demo_pci_driver);
}
```

PCI 总线不仅是目前应用广泛的计算机总线标准，而且是一种兼容性最强、功能最全的计算机总线。Linux 作为一种新的操作系统，其发展前景是无法估量的，同时也使 PCI 总线与各种新型设备互连成为可能。由于 Linux 源代码开放，因此给连接到 PCI 总线上的任何设备编写驱动程序变得相对容易。要注意本节介绍的 PCI 总线设备驱动程序是在 Linux 内核版本 2.4 下实现的。

## 5.10 本章小结

现代操作系统外部设备的多样性和复杂性以及不同设备需要不同的设备处理程序，使得对设备的管理成了操作系统中最烦琐的部分。设备管理是 OS 中负责直接处理硬件设备的部分，它对硬件设备进行抽象，使用户程序通过 OS 完成对 I/O 设备的操作。当然设备管理在完成控制各类设备和 CPU 进行 I/O 操作的同时，还要尽可能地提高设备之间、设备与 CPU 之间的并行操作以及设备利用率，从而使整个系统获得最佳效率。另外，它还应该为用户提供一个透明的、易于扩展的接口，使得用户不必了解具体设备的物理特性便可以对设备进行更新与添加等操作。

本章首先讲解了设备管理的主要任务和功能，然后依次重点介绍与讨论了计算机的输入/输出硬件组织（包括设备的分类、设备控制器以及通道）、输入/输出软件组织（根据它的层次结构自底向上所分的四大部分：中断处理程序、设备驱动程序、与设备无关的I/O软件以及用户层的输入输出软件）、缓冲技术（单缓冲、双缓冲、缓冲池）和设备的分配与回收算法，最后介绍了Linux的设备管理和现在正在讨论的一个热门话题：设备驱动程序的设计。

中断处理程序和设备驱动程序是设备管理中的重要组成部分。本章重点介绍了它们的处理过程。缓冲技术的引入是为了缓和CPU、通道和I/O设备间的速度矛盾，提高它们之间的并行程度等，从单缓冲、双缓冲到缓冲池技术的引入都是为了这些目的，这一部分内容也是本章的重点。

系统具备了设备分配所需的数据结构之后，应该在一定的设备分配原则下，采取合适的分配算法来分配设备，以保证设备有较高的利用率和避免死锁。本章给出了设备分配程序的总控程序以及介绍了独占型设备和共享型设备的分配程序。另外还简要叙述了设备的回收过程。

本章最后介绍了Linux的设备管理和设备驱动程序的设计。Linux中的输入/输出操作主要依靠设备驱动程序和CPU交互来完成。但为了提高效率，Linux操作系统把每个设备和文件的i节点对应起来，而且它的设备管理和缓冲区的管理都在文件系统中实现。对于设备驱动程序的设计，我们在其一般指南的讲解前提下，详细介绍了PCI总线设备驱动程序设计是如何实现的。

# 习题5

5.1 设备管理的主要任务和功能各是什么？

5.2 简述设备控制器的组成及功能。

5.3 什么是通道？为什么要引入通道？通道按信息交换方式一般分为哪几种？

5.4 输入/输出软件组织自底向上由哪几个层次组成？

5.5 简述中断处理过程和设备驱动程序的处理过程。

5.6 简述Linux的中断处理过程。

5.7 什么是设备无关性？为什么要引入设备无关性？

5.8 简述与设备无关的I/O软件和用户层的I/O软件。

5.9 什么是SPOOLing技术？

5.10 为什么要引入缓冲技术？什么是单缓冲、双缓冲和缓冲池？

5.11 设备分配的原则是什么？常用的设备分配算法有哪些？

5.12 为什么要引入磁盘高速缓存？何谓磁盘高速缓存？

5.13 目前常用的磁盘调度算法有哪几种？每种算法优先考虑的问题是什么？

5.14 什么是提前读、延迟写和虚拟盘？

5.15 简述Linux中设备文件的概念及其优点。

5.16 简述Linux设备驱动程序的主要功能以及它的主要代码部分。

5.17 简述设备驱动程序的一般指南，并在此指导下编写Linux并口打印驱动程序。

# 第6章 系统安全

CHAPTER

**教学要点**

本章主要介绍系统安全的重要性，以及当前用于保护计算机安全的几种方法；总结提供安全和保护的操作系统的特性及其局限性。

应重点掌握系统安全的基本概念、身份认证技术、访问控制技术和典型的数据加密算法等。

随着计算机与网络的使用日益普及，越来越多的组织与个人依赖于计算机系统进行信息存储和数据传递，安全问题也就逐渐成为一个重要和必须考虑的问题。

对系统安全性的主要威胁来自偶然无意、自然灾害和人为攻击三个方面。其中前两个是偶然发生的，主要采取一定的预防措施来避免，而对于人为攻击，操作系统必须采取相应的保护和防御措施，以消除或限制恶意程序或入侵者对系统的危害。

## 6.1 系统安全的设计目标与原则

### 6.1.1 操作系统安全的主要设计目标

操作系统安全的主要设计目标如下：

(1) 标识系统中的用户并进行身份验证；

(2) 依据系统安全策略对用户的操作进行权限控制，防止用户对计算机资源的非法访问(窃取、篡改和破坏)；

(3) 监督系统运行的安全性，监测恶意程序和入侵者(病毒、蠕虫、木马等)的活动；

(4) 保证系统自身的安全性和完整性，杜绝系统内部的安全漏洞。

为了实现这些目标，需要建立相应的安全机制，包括硬件保护机制、标识与鉴别、存取控制、最小特权管理、安全审计、入侵检测、网络信息安全等。

### 6.1.2 指导安全系统设计的一般原则

指导安全系统设计的一般原则如下：

(1) 每个进程赋予一个最小的可能权限；

(2) 把不可访问属性定为默认值；

(3) 公开系统设计，几乎所有的入侵者都知道系统的工作方式；

(4) 检查当前的访问权限，确定访问合法；

(5) 保护机制要力求简单一致、嵌入到系统的底层；

(6) 保护方案简单易用。

### 6.1.3 安全评测标准

**1. 橘皮书**

美国国防部根据国防信息系统的保密需求在1983年制定了历史上第一个计算机安全评价标准《可信计算机系统评测标准(Trusted Computer System Evaluation Criteria, TCSEC)》，又称橘皮书。它在用户登录、授权管理、访问控制、审计跟踪、隐蔽通道分析、可信通路建立、安全检测、文档写作等各个方面，均提出了规范性要求。

它根据所采用的安全策略和具备的安全功能，将系统分为4类：D类、C类、B类和A类。其中，C类和B类又分为若干子类——称为级：C类分为C1级和C2级，B类分为B1级、B2级和B3级。所有类、级以层次方式排序，就形成了7个安全级别，各级别的安全性依次提高，较高级别包含较低级别的安全性，最高类A类代表安全性最高的系统。

**2. 中国国标 GB 17859—1999**

1999年我国参考TCSEC制定了相应的国家标准GB 17859—1999《计算机信息系统安全等级划分准则》，将计算机系统安全保护能力划分为5个安全等级。

(1) 第一级：用户自主保护级；

(2) 第二级：系统审计保护级；

(3) 第三级：安全标记保护级；

(4) 第四级：结构化保护级；

(5) 第五级：访问验证保护级。

## 6.2 安全保护机制

### 6.2.1 身份认证

当用户登录时，检验其身份的过程叫做身份认证。检验过程中通常需要用户具有能够证明其身份的特殊信息，并且这个信息是秘密的或者独一无二的。这是安全系统的第一关，因为一旦一个用户登录成功，则意味着系统将一组权限赋予了该用户。

**1. 口令**

使用最广泛的身份认证形式是用户输入口令。口令保护容易理解，也容易实现。口令认证的工作过程是：登录程序要求用户输入用户名和口令，然后登录程序读取口令文件（通常是许多行已经加密的 ASCII 文件），然后进行鉴别（字符匹配），如果相符，则允许登录，否则不予登录。

这种方式简单有效但较为脆弱，主要表现在口令质量、口令泄露、网络传输三个方面，它的安全性依赖于口令的保密性，所以，需要从口令的选择策略、内部存储、有效期和限制登录尝试次数等方面加强口令机制的安全。

**2. 物理鉴别**

另外一个完全不同的认证方法是检查用户是否有某些"证件"，通常是磁卡。将磁卡插入终端，系统可以鉴别卡片所有者。这种方法可以和口令一起使用，自动提款机就是这样工作的。

还有一种方法是利用生物技术测量那些难以伪造的物理特征。例如，指纹识别、声音识别和视网膜扫描识别等，目前这些技术已经取得了长足进展，并已达到了实用阶段。

另一种技术是签名分析。用户使用与终端相连的特制笔签名后，系统在线与存储的已知样本进行比较。不是比较签名，而是比较签名时笔的移动情况，一个优秀的模仿者或许可以模仿签名，但是，至于签名时行笔的确切顺序，就很难模仿了。

## 6.2.2　访问控制技术

"口令"是防止用户数据被他人存取或窃取，并没有控制用户对数据的访问方式。要实施同一数据对不同用户的保护，就需要通过检查用户拥有的访问权限与本次存取操作是否一致，来防止未授权用户访问数据和被授权用户越权访问。

**1. 访问控制矩阵（访问表）**

为了对用户的文件访问操作（如读、写、执行等）进行控制，操作系统可以在内部建立一个二维的"访问控制矩阵"：一维列出操作系统的全部用户名；另一维列出系统内的全部文件。矩阵中的每一项指明用户对相应文件的访问权限。当用户的进程请求访问文件时，操作系统就通过访问控制矩阵，验证用户所需的访问与规定的访问权限是否一致。若越权，则拒绝此次用户对文件的访问。由于这种"访问控制矩阵"的空间开销大，因此只有在较小规模的系统上才有实用价值。

具体实现时，可为每个文件建立一张访问表，列出所有用户名和对应的访问权限。表 6.1 所示为文件 Text 的访问表，当用户访问 Text 文件时，操作系统为其验证"访问控制表"中规定的访问权限（R：读；W：写；E：执行），如果越权则拒绝访问。

**表 6.1　文件 Text 的访问表**

| 用户名 | 对 Text 文件的访问权限 | 用户名 | 对 Text 文件的访问权限 |
|---|---|---|---|
| User1 | R　W　E | User3 | E |
| User2 | R　E | ⋮ | ⋮ |

**2. 访问权限表**

随着用户数的增加,“访问控制表”的空间也相当大。考虑文件共享的实际情况,通常文件只属于文件主个人私用,一般只允许少数与文件主具有协作任务的同组用户进行有限的共享,因此许多实际系统将用户分为三类:文件主(Owner)、同组的若干用户(Group)和其他用户。只需要三个域列出访问表中这三类用户的访问权限即可,然后直接保存在文件控制块中。当用户需要访问文件时,系统根据进程用户所属的类型,在访问表中验证此次访问的权限。

由于文件主在创建文件时,在参数中说明创建者用户名及创建者所在的组的组名,因此系统在建立文件的同时,也将文件主的名字、所属组名列在该文件的控制块中,用户进程按照文件控制块中的说明进行访问权限控制。如果用户是文件主,就按照文件主拥有的权限进行文件访问;如果用户和文件主在同一个用户组,则可以按照同组用户访问权限访问文件,否则只能按照其他用户权限访问文件。UNIX 和 Linux 操作系统就是用该方法实现文件访问控制的。

**3. 保护域**

有了访问控制表和权限表,每次用户对某个文件进行访问时,操作系统将打开用户的权限表和其欲访问的文件的访问控制表。如果这两个表非常大,那么执行访问控制的时间成本将会增大。这时就需要进行某种优化以减少访问控制操作的时间,提高访问效率,这就是保护域。

域是(对象,权限)对的集合,每个对标明了一个对象和一个可执行操作的子集,这里权限表示允许执行的操作。

图 6.1 显示了三个域,并给出了每个域的对象,以及对这些对象允许的操作(读、写、执行)。注意,打印机同时属于两个域。同一对象可能出现在多个域中,并且在不同域中的权限也可以不同。

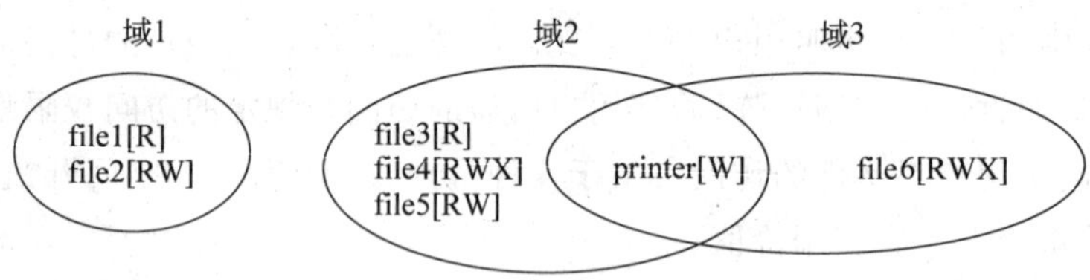


图 6.1 保护域

无论何时,进程都运行在某个保护域中。换句话说,它可以访问某些对象,对每个对象有一定的权限。进程在执行时,可以从一个域切换到另一个域,切换的规则完全独立于系统。

用矩阵表示对象与域的关系更为清楚。矩阵的行表示域,列表示对象。图 6.1 对应的矩阵如表 6.2 所示,给定该矩阵及当前域号,系统可以给出是否能够按特定方式从某指定域中访问对象。

表 6.2　保护域矩阵

| | file1 | file2 | file3 | file4 | file5 | file6 | printer | plotter |
|---|---|---|---|---|---|---|---|---|
| 域 1 | R | RW | | | | | | |
| 域 2 | | | R | RWX | RW | | W | |
| 域 3 | | | | | | RWX | W | W |

如果把域本身也当做对象，图 6.1 可用表 6.3 来表示，只是增加了三个域作为对象。域 1 中的进程可以切换到域 2，然而，一旦切换后，它不能重新回到域 1。

表 6.3　扩充的保护域矩阵

| | file1 | file2 | file3 | file4 | file5 | file6 | printer | plotter | 域 1 | 域 2 | 域 3 |
|---|---|---|---|---|---|---|---|---|---|---|---|
| 域 1 | R | RW | | | | | | | | enter | |
| 域 2 | | | R | RWX | RW | | W | | | | |
| 域 3 | | | | | | RWX | W | W | | | |

使用保护域的优点是可以将保护权限相同的对象组成一个集合来处理，缺点是可能会浪费空间，例如上面两个表中有很多的空白域。如果这种浪费不可忍受，可以回到访问控制表或权限表的方法上来。

### 6.2.3　最小特权管理

特权是超越访问控制限制的能力，它和访问控制相结合使用，提高了系统的灵活性。在大多数操作系统中，超级用户一般具有特权，普通用户不具有任何特权。其结果是：一个进程或者具有所有特权(超级用户进程)，或者不具有任何特权(非超级用户)。这种特权管理方式虽然便于系统维护和配置，但不利于系统安全性。一旦发生超级用户口令泄露或超级用户进程被控制，将会对系统造成极大的威胁。另外超级用户的误操作也是系统极大的安全隐患。因此应该实行最小特权管理机制。

最小特权管理的思想是系统不应给用户、程序或进程超过其执行任务所需特权以外的任何特权。例如，一个负责接收邮件的进程，可以具有访问网络设备的特权，但不应该具有对保存用户账号和口令的系统文件的访问特权。在最小特权管理机制下，任何用户、程序或者进程都不能获取全部特权，从而减少特权用户口令丢失或错误软件、恶意软件、误操作所引起的损失。

最小特权管理可以从以下三方面进行。

(1) 用户的特权：将超级用户的特权进一步划分，分别授予不同的系统管理员和操作员，使他们只具有完成各自职责所需的特权。例如，可在系统中设置 5 个特权管理职责：系统安全管理员、审计员、系统操作员、安全操作员和网络管理员。系统安全管理员负责配置系统的安全策略，系统操作员负责日常的开、关机操作，网络管理员则负责网络配置和网络软件管理。

(2) 文件的特权：对执行文件赋予其执行任务所需的特权级。这样可以让非特权用户完成部分系统管理工作,如开、关机,文件备份等,但又不具备任何其他特权,既提高了系统管理的灵活性,又不损害系统的安全性。

(3) 进程的特权:根据进程执行的程序和所代表的用户,赋予其相应的特权集。当进程请求一个特权操作(如访问网络设备)时,系统在进程的特权集中检查其是否具有这种操作特权。这样,即使入侵者通过某种手段(如缓冲区溢出)取得该进程的控制权,也只能获得部分特权,不能对系统造成更大的威胁。

### 6.2.4 安全审计

安全审计是对系统中有关安全活动进行记录、检查及审核。它的主要目的就是检测和阻止非法用户对计算机系统的入侵,同时显示合法用户的误操作。审计作为一种事后追查的手段还保护系统的安全,对涉及系统安全的操作进行完整的记录。审计为系统进行事故原因调查、事故发生前的预测、事故发生时的报警,以及事故发生后的实时处理提供详细、可靠的依据和支持,以备有违反系统安全规则的事件发生后,能够有效地追查事件发生的地点、过程和责任人。

#### 1. 审计事件

审计事件是系统审计用户操作的基本单位。系统将需要审计的用户活动归纳成一个可区分、可识别、可标识和可记录的审计单位,即审计事件。

例如,创建一个名为 file1 的文件,这一动作是通过系统调用 create(“file1”,mode)或 open(“file1”,O_CREATE,mode)实现的。为了审计用户这一动作,系统可以设置审计事件 create,这个事件在用户调用上述系统调用时由核心记录下来。

系统通常会根据需要定义一个审计事件集,如用户的注册活动、对敏感文件的访问、特权命令和特殊设备的使用等。用户或进程的相关操作处于系统的监视之下,一旦行为落入审计事件中,系统就会将这一信息记录下来。

显然,审计过程会增大系统的开销,如果设置的审计事件过多,势必会大大影响系统性能。所以实际系统中应对用户的安全行为进行适当的筛选,选择最主要的事件进行审计,以免设置太多的审计事件降低系统性能。

#### 2. 审计日志

审计日志是存放审计记录的文件。通常在每次启动审计时,系统会按照已设定好的路径和命名规则产生一个新的日志文件。

审计记录一般应包括如下信息:时间发生的日期和时间、事件主体的唯一标识符、事件的类型、事件的成功与失败等。对于登录与鉴别事件,审计记录应该包括事件发生的源地点(如终端标识符)。对于访问一个客体或删除一个客体的事件,审计记录应该包括客体名及其安全级。

审计日志本身是安全保护的重点对象。入侵者进入系统后通常必须做的事情之一,就是试图修改日志文件,以消除它们的活动痕迹。操作系统必须严格控制对日志文件的访问权限,使其免遭有意或无意的修改、非法访问及破坏。

**3. 审计过程**

审计过程分为两部分：审计实践的检测和审计数据的存储。前者称为审计点，即系统中检查审计事件的入口点；后者通常由一个内核审计进程完成。

当系统检查到可审计事件时，在审计点调用审计函数或审计系统调用向审计进程发消息，由审计进程完成审计信息的缓冲、存储、归档工作。为了提高系统效率，审计数据先写入一个缓冲区中，直到缓冲区写满或者容量达到规定限度时，审计进程才一次性地将审计缓冲区中的有效内容全部写入审计日志文件中。

### 6.2.5 数据加密技术

在信息交流高度发达的网络时代，很难防止非法用户对某些重要数据的窃取行为。因而对于高度机密的关键数据，除了设置权限以外，还需要对其进行加密，以更有效地保障其安全性。加密是对数据中的内容，按照一定的变换规则进行重新编码，从而得到新的无法正常阅读的加密数据。

尽管加密技术在不断完善，但随着计算机计算能力的提高，绝对的无法解密的加密算法是不存在的。应该说，任何加密技术都是可以破解的。因而我们只是需要保障数据在一个特定时期内的安全性。即破解加密数据应该具有足够大的难度，以至短时间内破解是不可能的。

当今流行的加密算法有置换表加密算法、对称加密算法以及非对称加密算法等。

**1. 置换表加密算法**

置换表加密算法是一种最简单的加密算法，但是也能很好地满足基本加密数据的需求。这种方法在计算机出现之前就已经被广泛地使用。文件中每一个数据段（一般一个字节）对应着“置换表”中的一个偏移量，偏移量所对应的值就输出成为加密后的文件。加密程序和解密程序都是通过这样一个置换表进行的。这种加密算法比较简单，加密解密速度都很快。但缺点也很明显：一旦这个“置换表”被对方获得，这个加密方案就完全被识破了。

**2. 对称加密算法**

对称加密算法是指加密解密都使用相同密钥的加密算法。不同的密钥可以产生不同的加密结果。这种算法一般速度比较快，适合大文件和数据的加密解密。但是缺点也和置换表算法一样：一旦丢失了密钥，那么文件系统的加密防护就形同虚设。数据加密标准（Data Encryption Standard，DES）是使用得最为广泛的对称加密算法，1977 年被美国国家标准局采纳。

**3. 非对称加密算法**

非对称加密算法是指加密解密使用不同的密钥的算法。著名的基于 RSA（Rivest、Shamir 和 Adelman 三个创始人的名字首字母）的公共密钥算法就是其中的一种。它通过一个公共密钥来加密文件，而只有用户的私有密钥才能对该文件进行解密。在该算法的设计中，通过公共密钥来破解出私有密钥几乎是不可能的，因而具有极高的安全性。但是这种加密算法速度一般比较慢，无法满足文件系统高速运作的要求。在一些高档的服务器中，加密协处理器芯片会经常被采用，以提高系统的整体运算效率。

当前网络上广泛使用的数字证书和数字签名就是基于非对称加密算法设计的。

## 6.3 Linux的安全机制

Linux是一种多用户、多任务的操作系统。系统具有两个执行态：核心态和用户态。系统保证用户态下的进程只能存取它自己的指令和数据，而不能存取内核和其他进程的指令和数据，并且保证特权指令只能在核心态下执行。Linux实现了基本的安全机制，但仍然存在安全隐患，其新功能的不断纳入及安全机制的错误配置和使用不当，可能带来安全问题。

### 6.3.1 身份认证

当用户创建账户时，系统管理员为其分配一个唯一的用户号(UID)和一个用户组号(GID)，并为用户建立一个主目录。系统中超级用户(Root)的UID为0。每个用户可以属于一个或多个用户组。每个用户组有唯一的GID。

超级用户拥有所有特权，负责系统的配置和管理，可以控制一切，包括用户账户、文件和目录、网络资源等。因此，超级账户及口令管理至关重要，它们是入侵者攻击的主要目标。

系统使用DES或MD5算法对用户口令进行加密后存储在/etc/password文件中。用户登录系统时，需要输入口令。系统对输入的口令采用同样的算法加密，并与存储在/etc/password文件中的口令密文进行比较，鉴别用户的真实身份。

/etc/password文件中含有所有账户的全部信息，普通用户只有"读"权限。为了防止入侵者获取口令密文进而猜测口令，系统将口令密文存放在另一个shadow文件中，shadow文件只有超级用户可存取。这时/etc/password文件中口令密文被代替成"*"的字串。

当用户设置或修改口令时，如果输入的口令安全性不够，系统会给出警告。应该避免使用用户名或者它的相关变化形式，许多破解程序首先是以用户名的各种可能变换作为破解起点的。系统管理员还可以设置口令的最小长度和有效期限。

### 6.3.2 访问控制

Linux中实现了粗粒度的访问控制。用户可以为自己的文件设置和修改访问权限。权限的类型有3种：读、写和执行。授权的对象有3类：文件属主、用户组和其他用户。显然，这种粗粒度的访问控制不能满足许多应用系统的安全要求。为此，开发了Linux ACL(Access Control List，访问控制列表)系统。ACL提供了更完善的文件授权设置，可将访问控制细化到单个用户，而非笼统的"同用户组"或"其他用户"。

系统中每个进程都有真实UID、真实GID、有效UID及有效GID。进程的真实UID、GID是创建该进程的用户的UID、GID，表示进程隶属于谁，而有效UID、GID标识了进程的主体身份。当进程试图访问文件时，核心将进程的有效UID、GID与文件的存取权限域中的相应值进行比较，决定是否赋予其相应权限。一般情况下，进程真实 UID、GID 就是进程的有效 UID、GID。

有时需要让没有被授权的用户完成某些需要授权的任务。例如，普通用户允许使用 password 程序来改变自己的口令，但不能拥有"写"/etc/password 文件的权限，以防止其修改其他用户的口令。为了解决这个问题，Linux 允许对可执行文件设置 SUID 或 SGID 标志。当进程执行带 SUID(或 SGID)标志的执行文件时，进程的有效 UID(或 GID)被改变为执行文件属主的 UID(或 GID)，于是，进程就拥有了执行文件属主所拥有的存取权限。

使用 SUID/SGID 方法，可以限制用户通过特定的程序访问那些不允许被直接访问的信息。但是，这种方法也给入侵者留下了可乘之机。入侵者或恶意软件专门寻找超级用户的 SUID 程序作为攻击目标，企图获得超级用户的存取权限。一旦获得成功，入侵者可能会留下自己的 SUID 程序作为进入系统的后门。

### 6.3.3 审计

Linux 实现了比较完善的审计功能，包含丰富的审计内容，遍及系统、应用和网络协议层，全面监控系统中发生的事件，并及时地对系统异常进行报警提示。大部分日志文件存放在/var/log 目录下。常见的日志文件如下。

(1) acct 或 pacct：记录每个用户使用过的命令。

(2) aculog：调制解调器呼叫记录。

(3) lastlog：记录用户最后一次登录情况(包括登录时间、成功或失败)。

(4) loginlog：不良的登录尝试记录。

(5) messages：记录输出到系统控制台或由 syslog 系统服务程序产生的信息。

(6) sulog：记录 su 命令的使用情况。

(7) utmp：记录当前登录的每个用户。

(8) wtmp：记录用户的登录和注销及系统的开机和关机的历史情况。

(9) xferlog：记录 ftp 的使用情况。

审计服务程序 syslogd 专门负责审计信息的存储。系统和内核程序将需要记录的信息发给 syslogd，syslogd 根据配置(/etc/syslog.conf)，按照信息的来源和重要性，将它们记录成不同的日志文件、输出到指定设备或发送到其他主机中。

## 6.4 本章小结

安全已成为计算机领域中一个极为重要的课题。事实上，人们认识安全问题是从计算机系统遭受各种破坏和入侵开始的，安全威胁大多是通过挖掘操作系统和应用程序的弱点或者缺陷来实现的。

针对系统安全保护的需要，美国国防部在 1983 年制定了历史上第一个计算机安全评价标准《可信计算机系统评测标准(Trusted Computer System Evaluation Criteria, TCSEC)》，又称橘皮书。我国在 1990 年参考 TCSEC 制定了相应的国家标准 GB

17859—1999《计算机信息系统安全等级划分准则》。

为了实现操作系统的安全目标，需要建立相应的安全机制。包括身份认证、访问控制、最小特权管理、安全审计和数据加密等。身份认证是系统通过鉴别过程验证用户的真实身份，当前应用最为广泛的身份认证方法是口令鉴别机制。访问控制是对计算机系统中主体访问客体的操作进行控制，利用访问控制表、权限表和保护域的方法来实现。最小特权管理是系统不允许任意一个用户、程序或者进程获取全部特权，从而减少特权用户口令丢失或错误软件、恶意软件、误操作所引起的损失。安全审计是对系统中有关安全活动进行记录、检查及审核，以事后追查的手段保证系统安全。数据加密是对数据按照一定的变换规则进行重新编码，从而得到新的无法正常阅读的加密数据，达到保护数据安全的目的。常见的加密算法有置换表加密算法、对称加密算法和非对称加密算法等。

即使具备了以上多种安全机制，也不能认为系统就固若金汤了，俗话讲"不怕贼偷，就怕贼惦记着"，也就是系统中没有绝对意义的安全。如果不计成本，所有的安全防护措施都有它的局限性，理论上都可以被破坏和入侵，所采取的措施只是尽力保护系统安全，使得破坏和入侵的成本远远高于数据本身的价值。

## 习题 6

6.1 简述系统安全的设计目标和原则。

6.2 什么是橘皮书(TCSEC)？我国的系统安全国家标准是什么？

6.3 为什么口令是最常用的身份认证技术？怎样设置安全的口令？

6.4 常用的访问控制技术有哪些？

6.5 什么是最小特权管理？

6.6 如何进行安全审计？

6.7 对称加密算法和非对称加密算法有什么区别？

6.8 有没有绝对安全的系统，为什么？

# 附录A 缩 略 语

ADDENDUM

**A**

API：Application Programming Interface，应用编程接口，是为用户程序或其他系统程序在执行过程中访问系统资源、调用操作系统功能而建立的，是用户程序获得操作系统服务的唯一途径。

ACM：Association for Computing Machinery，计算机协会。

AT&T：American Telephone & Telegraph，美国电报电话公司。

AIX：是IBM公司开发的业界领先的优秀商务UNIX操作系统，在可靠性、可用性、开放性、扩展性、高性能、安全性等方面都非常突出，尤其是在Internet的关键应用领域以及系统和硬件管理能力方面，其性能表现更为出色。

ASCII：American Standard Code for Information Interchange，美国信息交换标准码。

ACL：Access Control List。访问控制表。在按行存储技术中，每个对象被赋予一张排序的列表，其中列出了可以访问该对象的所有域，以及如何进行访问。

**B**

Batch Operating System：批处理操作系统，采用批量化处理作业方式的操作系统。

BSD：Berkeley Software Distribution，伯克利软件套件。

BASIC：Beginner's All-purpose Symbolic Instruction Code，初学者通用符号指令代码。

**C**

CTSS：Compatible Time-Sharing System，兼容分时系统。

CDOS：Cromemco Disk Operating System，Cromemco 磁盘操作系统。

CSRG：Computer Science Research Group，计算机科学研究小组。

COSE：Common Open Software Environment，共同开放软件环境。

Capability List：存取权限表，是以用户或用户组为单位建立的，将一个用户或用户组所要存取的文件集中起来存入一张表中，其中每个表目指明用户(用户组)对相应文件的存取权限。

COCT：Controller Control Table，控制器控制表。系统为每个控制器都设置了一个COCT，用它来反映I/O控制器的使用情况以及所连接的通道情况。

CHCT：Channel Control Table，通道控制表。与DCT类似，包括通道标识符、通道忙/闲标识符等。

CF：Communication Function，通信功能。通信过程中对通信各阶段进行分解，将整个通信控制分成一组组操作，这样的一组操作就称为通信功能。

**D**

DOS：Disk Operating System，磁盘操作系统。

Distributed Operating System：分布式操作系统，通过高速互连网络将许多台计算机连接起来形成一个统一的计算机系统，可以获得极高的运算能力及广泛的数据共享的操作系统。

DOSEMU：DOS Emulation。Linux的DOS"仿真器"，可以运行大多数MS-DOS应用程序。

DNS：Domain Name Server，域名服务器。

Deadlock：死锁，指系统和进程所处的一个状态，在系统中两个或多个并发进程无限期等待永远不会发生的条件。

DMA：Directed Memory Access，直接存储器存取。

DCT：Device Control Table，设备控制表，系统为每一个设备都配置了一张设备控制表(DCT)，用来记录设备的特性、设备和I/O控制器的连接情况以及设备的分配和使用情况。

DDB：Device Data Block，设备数据块，用以描述同类设备的公共属性以及与该类设备有关的处理程序等信息。

DAB：Device Allocation Block，设备分配块。

DDI/DKI：Device-Driver Interface/Driver-Kernel Interface，设备驱动程序接口/设备驱动程序内核接口。

DLL：Dynamic Link Library，动态连接库。

**E**

Embedded Operating System：嵌入式操作系统，是运行在嵌入式系统环境中，对整个嵌入式系统以及它所操作、控制的各种部件装置等资源进行统一协调、调度、指挥控制的系统软件。

EXT2：Second Extended File System，是Remy Card于1993年在EXT文件系统的基础上改进完成的。Linux内核使用EXT2文件系统作为它的根文件系统。Linux最常用的文件系统，格式设计易于向后兼容，所以新版的文件系统代码无须改动就可以支持已有的文件系统。

EISA：Extended Industry Standard Architecture，扩展工业标准结构。

**F**

FORTRAN：Formula Translation System，运算程序语言，计算机运算中的程序语言之父，它是第一个能将数学公式转换成计算机程序的语言。擅长于数学函数运算，主要应用于数值分析、系统仿真及自动控制等领域。

FreeBSD：美国加利福尼亚州大学伯克利分校开发的免费支持 POSIX 标准的操作系统。

FTP：File Transfer Protocol，文件传送协议。

FCFS：First Come First Service，先来先服务调度算法，按照进程就绪的先后顺序来调度进程，到达得越早，就越先执行。

FAT：File Allocation Table，文件分区表，位于磁盘 0 扇区的一个特殊文件，该文件包括存储在该磁盘上的文件的大小以及文件存储在哪些簇的有关信息。经过了 MS-DOS、Windows 3. x、Windows 9x、Windows NT、Windows 2000/XP 和 OS/2 等操作系统的不断改进，它已经发展成为包含 FAT12、FAT16 和 FAT32 的庞大家族。

FAT32：File Allocation Table 32，用于 Windows95/98 在 FAT16 基础上经过改进的文件分区表。

FIFO 算法：First In First Out 算法，先进先出算法，先淘汰那些驻留在内存时间最长的页面，即先进入内存的页面先被置换掉。

FCB：File Control Block，文件控制块，每一个文件在文件目录中登记一项，作为文件系统建立和维护文件的清单。

**G**

GUI：Graphical User Interface，图形用户接口，采用了图形化的操作界面，引入形象的各种图符，将系统的各项功能、各种应用程序和文件，直观、逼真地表示出来。用户可以通过鼠标、菜单、对话框和滚动条完成对他们作业和文件的各种控制和操作。

GPL：General Public License，通用公用版权协议。

GNU：是 GNU's Not UNIX 的递归缩写，它的发音为"guh-NEW"。是一个与 UNIX 兼容的软件系统，目的在于能够自由地把此系统给想要用它的人。GNU 工程：开始于 1984 年，旨在开发一个类似 UNIX 的，并且是自由软件的整操作系统——GNU 系统。

**H**

HPFS：高性能文件系统，是 IBM OS/2 的文件系统。

**I**

IBM：International Business Machines Corp.，国际商业机器公司。

IRC：Internet Relay Chatting，Internet，在线聊天系统。

IDE：Integrated Device Electronics，集成设备电子器件接口。

ISO：International Organization for Standardization，国际标准化组织。

**J**

JCL：Job Control Language，作业控制语言，由一组作业控制语句或作业控制操作命令组成。是系统提供给用户用于书写作业说明书的语言。

**L**

LRU 算法：Least Recently Used 算法，最近最久未使用算法，当需要置换一页时，选择最近一段时间最久未使用的页面予以淘汰。

Linux：一套免费使用和自由传播的类 UNIX 操作系统，这个系统是由全世界各地的成千上万的程序员设计和实现的。它以高效性和灵活性著称。并且能够在 PC 上实现全部的 UNIX 特性，具有多任务、多用户的能力。

LFS：Log-structured File System，日志结构的文件系统，基本思想是把整个磁盘作为日志，所有写操作都存放在内存的缓冲区中，并定期地收集到一个单独的段中，作为日志尾部的相邻段写回磁盘。

LPT：Line Print Terminal，打印终端，打印口，并行口，用于连接打印机或其他设备。

**M**

MDOS：Motorola Disk Operating System，Motorola 磁盘操作系统。

Minix：一个运行于 Intel x86 平台的微内核结构的教学用多用户小型操作系统，是开放源代码的 UNIX 操作系统。

MIPS：Million Instructions Per Second，每秒百万条指令。

MFD：Master File Directory，主目录表。

MAC：Medium Access Control，介质访问控制。

**N**

NOS：Network Operating System，网络操作系统，利用局域网底层提供的数据传输功能，为高层网络用户提供资源共享等网络服务的系统软件。

NFS：Network File System，网络文件系统。是一个允许用户通过 TCP/IP 网络从其他计算机安装文件系统的系统。允许多台计算机之间共享文件系统，易于从网络中的计算机上存取文件。

NTFS：New Technology File System。是微软为了配合 Windows NT 的推出而设计的文件系统，为系统提供了极大的安全性和可靠性。它支持多文件系统，具有磁盘崩溃时文件的恢复功能，使用统一的字符编码标准字符集，并提供长文件名支持。

NIS：Network Information Services，网络信息服务。

Netbios：网络输入输出系统。

**O**

OPT 算法：最优算法，从内存中移出以后不再使用的页面；如无这样的页面，则选择以后最长时间内不需要访问的页面。

OSF：Open Software Foundation，开放软件基金会。

OSI：Open Systems Interconnection，开放系统互连。

## P

PCB：Process Control Block，进程控制块，多个程序并发执行时建立的一个专用数据结构。

PowerPC：IBM 和苹果公司联合生产的个人台式机。

PCI：Peripheral Component Interconnect，外围设备互连，是一种广泛采用的总线标准。它提供了一组完整的总线接口规范，其目的是描述如何将计算机系统中的外围设备以一种结构化和可控化的方式连接在一起，同时它还刻画了外围设备在连接时的电气特性和行为规约，并且详细定义了计算机系统中的各个不同部件之间应该如何正确地进行交互。

## R

RTOS：Real Time Operating System，实时操作系统，当外界事件或数据产生时，能够接收并以足够快的速度予以处理，其处理的结果又能在规定的时间之内来控制监控的生产过程或对处理系统做出快速响应，并控制所有实时任务协调一致运行的操作系统。

RISC：Reduced Instruction Set Computer，精简指令集计算机。通过减少指令总数和简化指令的功能来降低硬件设计的复杂度，提高指令的执行速度。

RR：Round-Robin，时间片轮转。时间片轮转调度算法是将所有进程排成一个就绪队列，每个进程执行一个时间片，各进程轮流运行。

RDBMS：Relational Database Management System，关系型数据库管理系统。

Ring Topology：环型拓扑，指各个网络节点通过环接口连在一条首尾相连接的闭合环形通信线路中。

RPC：Remote Procedure Calls，远程过程调用。即将单机环境下的过程调用延伸到网络环境中。

## S

SLIP：Serial Line Internet Protocol，串行线路接口协议。

SOSP：Symposium Operating Systems Principles，操作系统原理讨论会。

Solaris OS：由升阳（SUN）所发展的 UNIX 作业环境，包含 SUNOS 操作系统（OS）与图形使用者接口（GUI），支持对称多重处理器（SMP）。

SPOOLing：Simultaneous Peripheral Operations On Line，同时联机外围操作，又称脱机操作。在多道程序环境下，可利用多道程序中的一道程序来模拟脱机的输入/输出功能。

SPF：Shortest Process First，短进程优先，短作业优先调度算法从作业后备队列中挑选所需运行时间(估计值)最短的作业进入主存运行。

SMTP：Simple Mail Transfer Protocol，简单邮件传送协议。

SNMP：Simple Network Management Protocol，简单网络管理协议。

SPARC：SUN 公司的工作站系统。

SDT：System Device Table，系统设备表，记录系统中设备资源的状态，即反映出系统中有多少设备，其中有多少是空闲的，有多少已分配给了哪些进程。

SCSI：Small Computer System Interface，小型计算机系统接口。

Star Topology：星形拓扑结构，其中的每一个节点都有一条点到点链路与中心节点（中心交换设备即集线器）相连，信息的传输是通过中心节点的存储转发技术实现的。

SQL：Structured Query Language，结构化查询语言。

**T**

TSOS：Time Sharing Operating System，分时操作系统，允许多个联机用户同时使用一台计算机系统进行计算的操作系统。

TCP/IP：Transport Control Protocol/Internet Protocol，传送控制协议/网络协议。

TSS：Task State Segment，上下文信息。

**U**

UNIX：UNIX 是一个强大的多用户、多任务操作系统，支持多种处理器架构，最早由 Ken Thompson 和 Dennis Ritchie 在贝尔实验室开发。

**V**

VFAT：Virtual File Allocation Table，虚拟文件分区表。用于 Windows 95 的文件分区表。使用保护模式——允许 PC 寻址所有内存单元的操作状态。

VFS：Virtual File System，虚拟文件系统，是一个接口，该接口能够使本地的多种文件系统甚至远程的文件系统共存于同一台计算机上。通过 VFS 可以支持多种文件系统，如 EXT2、FAT、NTFS 等。

**W**

WINE：Linux 的 Windows“仿真器”，Windows 程序在它的帮助下，在 X-Windows 的内部运行。

WAIS：Wide Area Information Servers，广域信息服务系统。

附录 B ADDENDUM

# Linux 系统常用系统调用

以下是 Linux 系统调用的一个列表，包含了大部分常用系统调用和由系统调用派生出的函数。还有一些函数已经过时，被新的更好的函数所代替(gcc 在链接这些函数时会发出警告)，但因为兼容的原因还保留着，这些函数在前面标上“ * ”号以示区别。

**1. 进程控制类**

(1) fork：创建一个新进程
(2) clone：按指定条件创建子进程
(3) execve：运行可执行文件
(4) exit：中止进程
(5) _exit：立即中止当前进程
(6) getdtablesize：进程所能打开的最大文件数
(7) getpgid：获取指定进程组标识号
(8) setpgid：设置指定进程组标识号
(9) getpgrp：获取当前进程组标识号
(10) setpgrp：设置当前进程组标识号
(11) getpid：获取进程标识号
(12) getppid：获取父进程标识号
(13) getpriority：获取调度优先级
(14) setpriority：设置调度优先级
(15) modify_ldt：读写进程的本地描述表
(16) nanosleep：使进程睡眠指定的时间
(17) nice：改变分时进程的优先级
(18) pause：挂起进程，等待信号
(19) personality：设置进程运行域
(20) prctl：对进程进行特定操作
(21) ptrace：进程跟踪
(22) sched_get_priority_max：取得静态优先级的上限
(23) sched_get_priority_min：取得静态优先级的下限

(24) sched_getparam：取得进程的调度参数

(25) sched_getscheduler：取得指定进程的调度策略

(26) sched_rr_get_interval：取得按RR算法调度的实时进程的时间片长度

(27) sched_setparam：设置进程的调度参数

(28) sched_setscheduler：设置指定进程的调度策略和参数

(29) sched_yield：进程主动让出处理器，并将自己转至调度队列队尾

(30) vfork：创建一个子进程，以供执行新程序，常与execve等同时使用

(31) wait：等待子进程终止

(32) wait3：参见wait

(33) waitpid：等待指定子进程终止

(34) wait4：参见waitpid

(35) capget：获取进程权限

(36) capset：设置进程权限

(37) getsid：获取会晤标识号

(38) setsid：设置会晤标识号

**2. 文件系统控制类**

(1) fcntl：文件控制

(2) open：打开文件

(3) creat：创建新文件

(4) close：关闭文件描述字

(5) read：读文件

(6) write：写文件

(7) readv：从文件读入数据到缓冲数组中

(8) writev：将缓冲数组中的数据写入文件

(9) pread：对文件随机读

(10) pwrite：对文件随机写

(11) lseek：移动文件指针

(12) _llseek：在64位地址空间中移动文件指针

(13) dup：复制已打开的文件描述字

(14) dup2：按指定条件复制文件描述字

(15) flock：文件加/解锁

(16) poll I/O：多路转换

(17) truncate：截断文件

(18) ftruncate：参见truncate

(19) umask：设置文件权限掩码

(20) fsync：把文件在内存中的部分写回磁盘

**3. 文件系统操作**

(1) access：确定文件的可存取性

(2) chdir：改变当前工作目录
(3) fchdir：参见 chdir
(4) chmod：改变文件方式
(5) fchmod：参见 chmod
(6) chown：改变文件的属主或用户组
(7) fchown：参见 chown
(8) lchown：参见 chown
(9) chroot：改变根目录
(10) stat：取文件状态信息
(11) lstat：参见 stat
(12) fstat：参见 stat
(13) statfs：取文件系统信息
(14) fstatfs：参见 statfs
(15) readdir：读取目录项
(16) getdents：获取目录项
(17) mkdir：创建目录
(18) mknod：创建索引节点
(19) rmdir：删除目录
(20) rename：文件改名
(21) link：创建链接
(22) symlink：创建符号链接
(23) unlink：删除链接
(24) readlink：读符号链接的值
(25) mount：安装文件系统
(26) umount：卸下文件系统
(27) ustat：取文件系统信息
(28) utime：改变文件的访问修改时间
(29) utimes：参见 utime
(30) quotactl：控制磁盘配额

**4. 系统控制类**

(1) ioctl：I/O 总控制函数
(2) _sysctl：读/写系统参数
(3) acct：启用或禁止进程记账
(4) getrlimit：获取系统资源上限
(5) setrlimit：设置系统资源上限
(6) getrusage：获取系统资源使用情况
(7) uselib：选择要使用的二进制函数库
(8) ioperm：设置端口 I/O 权限

(9) iopl：改变进程 I/O 权限级别
(10) outb：低级端口操作
(11) reboot：重新启动
(12) swapon：打开交换文件和设备
(13) swapoff：关闭交换文件和设备
(14) bdflush：控制 bdflush 守护进程
(15) sysfs：取核心支持的文件系统类型
(16) sysinfo：取得系统信息
(17) adjtimex：调整系统时钟
(18) alarm：设置进程的闹钟
(19) getitimer：获取计时器值
(20) setitimer：设置计时器值
(21) gettimeofday：取时间和时区
(22) settimeofday：设置时间和时区
(23) stime：设置系统日期和时间
(24) time：取得系统时间
(25) times：取进程运行时间
(26) uname：获取当前 UNIX 系统的名称、版本和主机等信息
(27) vhangup：挂起当前终端
(28) nfsservctl：对 NFS 守护进程进行控制
(29) vm86：进入模拟 8086 模式
(30) create_module：创建可装载的模块项
(31) delete_module：删除可装载的模块项
(32) init_module：初始化模块
(33) query_module：查询模块信息
(34) * get_kernel_syms：取得核心符号，已被 query_module 代替

**5. 内存管理类**

(1) brk：改变数据段空间的分配
(2) sbrk：参见 brk
(3) mlock：内存页面加锁
(4) munlock：内存页面解锁
(5) mlockall：调用进程所有内存页面加锁
(6) munlockall：调用进程所有内存页面解锁
(7) mmap：映射虚拟内存页
(8) munmap：去除内存页映射
(9) mremap：重新映射虚拟内存地址
(10) msync：将映射内存中的数据写回磁盘
(11) mprotect：设置内存映像保护

(12) getpagesize：获取页面大小
(13) sync：将内存缓冲区数据写回硬盘
(14) cacheflush：将指定缓冲区中的内容写回磁盘

**6. 网络管理类**

(1) getdomainname：取域名
(2) setdomainname：设置域名
(3) gethostid：获取主机标识号
(4) sethostid：设置主机标识号
(5) gethostname：获取本主机名称
(6) sethostname：设置主机名称

**7. socket 控制**

(1) socketcall：socket 系统调用
(2) socket：建立 socket
(3) bind：绑定 socket 到端口
(4) connect：连接远程主机
(5) accept：响应 socket 连接请求
(6) send：通过 socket 发送信息
(7) sendto：发送 UDP 信息
(8) sendmsg：参见 send
(9) recv：通过 socket 接收信息
(10) recvfrom：接收 UDP 信息
(11) recvmsg：参见 recv
(12) listen：监听 socket 端口
(13) select：对多路同步 I/O 进行轮询
(14) shutdown：关闭 socket 上的连接
(15) getsockname：取得本地 socket 名字
(16) getpeername：获取通信对方的 socket 名字
(17) getsockopt：取端口设置
(18) setsockopt：设置端口参数
(19) sendfile：在文件或端口间传输数据
(20) socketpair：创建一对已连接的无名 socket

**8. 用户管理类**

(1) getuid：获取用户标识号
(2) setuid：设置用户标识号
(3) getgid：获取组标识号
(4) setgid：设置组标识号
(5) getegid：获取有效组标识号

(6) setegid：设置有效组标识号
(7) geteuid：获取有效用户标识号
(8) seteuid：设置有效用户标识号
(9) setregid：分别设置真实和有效的组标识号
(10) setreuid：分别设置真实和有效的用户标识号
(11) getresgid：分别获取真实的、有效的和保存过的组标识号
(12) setresgid：分别设置真实的、有效的和保存过的组标识号
(13) getresuid：分别获取真实的、有效的和保存过的用户标识号
(14) setresuid：分别设置真实的、有效的和保存过的用户标识号
(15) setfsgid：设置文件系统检查时使用的组标识号
(16) setfsuid：设置文件系统检查时使用的用户标识号
(17) getgroups：获取后补组标志清单
(18) setgroups：设置后补组标志清单

**9. 进程间通信类**

1) 信号
(1) sigaction：设置对指定信号的处理方法
(2) sigprocmask：根据参数对信号集中的信号执行阻塞/解除阻塞等操作
(3) sigpending：为指定的被阻塞信号设置队列
(4) sigsuspend：挂起进程等待特定信号
(5) kill：向进程或进程组发信号
(6) * sigblock：向被阻塞信号掩码中添加信号，已被 sigprocmask 代替
(7) * siggetmask：取得现有阻塞信号掩码，已被 sigprocmask 代替
(8) * sigsetmask：用给定信号掩码替换现有阻塞信号掩码，已被 sigprocmask 代替
(9) * sigmask：将给定的信号转化为掩码，已被 sigprocmask 代替
(10) * sigpause：作用同 sigsuspend，已被 sigsuspend 代替
(11) sigvec：为兼容 BSD 而设的信号处理函数，作用类似 sigaction
(12) ssetmask：ANSIC 的信号处理函数，作用类似 sigaction
2) 消息
(1) msgctl：消息控制操作
(2) msgget：获取消息队列
(3) msgsnd：发消息
(4) msgrcv：取消息
3) 管道
pipe：创建管道
4) 信号量
(1) semctl：信号量控制
(2) semget：获取一组信号量
(3) semop：信号量操作

5）共享内存

（1）shmctl：控制共享内存

（2）shmget：获取共享内存

（3）shmat：连接共享内存

（4）shmdt：拆卸共享内存

# 参考文献


[1] Abraham Silberschatz, Peter Galvin, Greg Gagne. Applied Operation System Concepts. Beijing: Higher Education Press,2001.

[2] Gray Nutt. Kernel Projects for Linux. 影印版. 北京:机械工业出版社,2002.

[3] 滕至阳. 现代操作系统教程. 北京:高等教育出版社,2002.

[4] 李善平,刘文峰. Linux内核2.4版源代码分析大全. 北京:机械工业出版社,2002.

[5] 孙钟秀,费翔林. 操作系统教程. 北京:高等教育出版社,2003.

[6] 何炎祥,李飞,李宁. 计算机操作系统. 北京:清华大学出版社,2004.

[7] 金洁珩,王娟. Red Hat Linux 9系统管理. 北京:机械工业出版社,2004.

[8] 张尧学,史美林,张高. 计算机操作系统教程. 第3版. 北京:清华大学出版社,2006.

[9] Robert Love. Linux内核设计与实现. 陈莉君,康华,张波,译. 北京:机械工业出版社,2006.

[10] 孟静. 操作系统原理简明教程. 北京:高等教育出版社,2006.

[11] 曾平,曾林,金晶,操作系统习题与解析. 北京:清华大学出版社,2006.

[12] 汤小丹,哲凤屏,汤子瀛. 计算机操作系统. 第3版. 西安:西安电子科技大学出版社,2007.

[13] Tanenbaum著. 操作系统设计与实现. 陈渝,译. 北京:电子工业出版社,2007.

[14] 罗宇,邹鹏,邓胜兰,等. 操作系统. 第2版. 北京:电子工业出版社,2007.

[15] 颜彬,李登实. 计算机操作系统. 北京:清华大学出版社,2007.

[16] 胡立栓,王育平. 操作系统原理与应用. 北京:清华大学出版社,2008.

[17] 费祥林. 操作系统教程. 第4版. 北京:高等教育出版社,2008.

[18] Andrew S Tanenbaum. 现代操作系统. 第3版. 陈向群,马洪兵译. 北京:机械工业出版社,2009.

[19] 邹恒明. 计算机的心智:操作系统之哲学原理. 北京:机械工业出版社,2009.

[20] 张玲. Linux操作系统原理与应用. 西安:西安电子科技大学出版社,2009.

[21] 张丽芬,刘昕,刘利雄,等. 操作系统实验教程及Linux和Windows系统调用编程. 北京:清华大学出版社,2010.

[22] 哈恩(Harley Hahn). 国外计算机科学经典教材·UNIX & Linux大学教程. 张杰良,译. 北京:清华大学出版社,2010.